JN290916

線型代数入門

荷見　守助
下村　勝孝
共著

内田老鶴圃

本書の全部あるいは一部を断わりなく転載または
複写(コピー)することは，著作権および出版権の
侵害となる場合がありますのでご注意下さい.

はしがき

本書は線型代数をはじめて勉強する人のための教科書または参考書として役立つようにとの意図で書かれたものである．線型代数は**行列と行列式**または**ベクトルと行列**などとも呼ばれてきたもので，本質的には一次式の数学である．行列は数字を長方形に配列したいわゆる「表」を数学の対象としたものである．また，行列式は正方形の行列に一定の法則で数を対応させる一種の関数である．どちらも起源は連立一次方程式の解法で，行列は 19 世紀，行列式は 17 世紀まで遡(さかのぼ)ることができる．

線型代数は式でいえば一次式，図形でいえば直線形といった最も身近なものを対象とするため，昔から多くの興味を集めてきた数学であるが，ベクトルと行列といういわば動的な表現法を得て，数学が必要なところには必ず顔を出すといっていいほど幅広い応用の分野を見出したのである．

ベクトルと行列の初歩は高校数学の中に登場するけれども，誰もが習うことではないから，それらは共通の知識とはいいがたい．また，大学等における授業でも平均的なこと以外に多くの時間を割く余裕は少ないから，それぞれに見合った知識の獲得は個人の努力にかかっていることになる．それで，本書では高校数学のベクトルや行列の知識は一切仮定せず，平面や空間の座標といったことから始めて，必要と思われることは量の多少は別としてなるべく丁寧に説明するように心掛けた．一方，大学初年級の程度を越える題材もかなり含まれているが，それは線型代数を何かの意味で役立てようとする読者を考慮してのことである．

本書の構成について説明する．最初の 3 章は「ベクトルと行列」といったいわば在来型の数学である．教科書としては，第 1 章のベクトルの定義を必要に応じて参照しながら，いきなり第 2 章から始めることもできる．第 2 章，第 3 章は連立一次方程式の解法が主題である．第 2 章では最善の方法の一つといわれるガウスの消去法，第 3 章では行列式を利用するクラメールの公式が中心であるが，ここまでくれば初学者の目標はほぼ達せられたといってよい．さらに，第 4 章以下から興味のある題材を適宜選択して幾何学的な面にも触れれば，線型代数のバランスのとれた理解が進むことと思われる．

第 4 章では行列を変換 (一種の関数) と見る 20 世紀型の数学を説明する．数学を仮に抽象と具体に分ければ，変換は抽象で行列は具体ということになる．抽象といっても，平面や 3 次元空間の現象を別の言葉で表現しただけのことであるが，それが実感できるにはそれなりの勉強が必要だから，すぐに分からなくても不思議はない．それで，慣れないうちは抽象の部分は横目で睨(にら)む程度にして具体の部分を選んで見てゆくことを勧める．それはともかく，以後の各章の主題を述べれば，第 5 章はピタゴラスの定理の成り立つユークリッド空間とその抽象化の話，第 6 章はスペクトルという言葉の数学的枠組みである固有値の話，第 7 章はユーリッド空間の変換の話，第 8 章は楕円や双曲線といった二次曲線や二次曲面を行列で表現する話，第 9 章は複素数を座標成分とする空間の話，第 10 章は最も一般な行列の標準形の話である．

本書の執筆は本文を荷見が，第 10 章の問題ならびに各章の演習問題を下村が担当した．線型代数は慣れ親しんだ主題であったが，諸般の事情から時間に追われることとなった．残りうるさまざまな遺漏については年長の著者が責を負うべきものである．読者諸賢の叱正をお願いする次第である．

本書の原稿は内田老鶴圃編集部の笠井千代樹，内藤林三両氏に丁寧に検討していただいた．また，同社の内田学氏には終始お世話になった．特に記して深く感謝の意を表したい．

平成 14 年 1 月　　　　水戸にて

著　者

目　　次

凡　例

1)　各種の命題 (定理，補題，注意，例，問，演習問題等) は各章ごとに番号をつけかえた．例えば，定理 5.3 は第 5 章の中にある定理，問 3.1 は第 3 章にある問，演習問題 2.5 は第 2 章の章末の演習問題である．

2)　定理の証明または説明で活字を小さくしたものが第 3 章と第 10 章にあるが，これらは最初の勉強では省略しても差支えないものである．第 3 章では行列式の特性を示す定理の説明の部分であるが，ここでは定理の性質を使って計算がなめらかにできるように練習することがまず大切である．また，第 10 章ではジョルダン標準形に達する過程の理論的な背景に関することで，進んだ読者を想定しているから，ここでも最初は例と問にあるような変形の練習を通じて慣れてゆくことを勧める．

3)　巻末の「略解とヒント」では問題の程度に応じて説明の度合いを加減した．省略の程度の高いものについては，是非自分の解答をつけてみることが望ましい．

4)　行列は原則として角括弧 [　] を使ったが，$1 \times n$ 型 (横ベクトル型) の場合には丸括弧 (　) も使っている．

5)　行列式の記号は $|\quad|$ を使う．絶対値も $|\quad|$ で似ているが，前後の関係から間違うことはまずない．

6)　数の集合の記号としては，$\mathbb{R}$ で実数全体，$\mathbb{C}$ で複素数全体を表す．また，$\mathrm{Re}\,\alpha, \mathrm{Im}\,\alpha$ でそれぞれ複素数 α の実部，虚部を表す．

第1章 ベクトル

1. ベクトル

1.1. スカラーとベクトル　本書の主題はベクトルと行列の数学であるといえるが，この主役の一つのベクトルはスカラーという言葉と対にして使われることが多い．日常現れるいろいろな量は，それを測るときに使った単位に測定して得られた数値を併せて表される．例えば，150 cm, 5.8 kg, 1 分 30 秒，25°C 等々．このような量を**スカラー**という．数学では普通は物事を抽象的に扱うから，特定の単位をつけない．それで，数学でスカラーという場合は数の別の呼び名であると思ってよい．スカラーは本書のような入門の段階では実数が普通であるが，少し進んでくると複素数もよく使われる．

スカラーとは違って，単位と数値だけでは足りなくて，方向が必要な量もある．例えば，ある物に加わる力は，その強さとともに働く方向が分かって初めて完全に決まる．また，野球の打球などでは，速さだけではあまり意味がなく，どこへ飛んでゆくかにも大きな関心が集まる．このように，数量と方向の両方が分かって初めて十分な知識になるような量を普通**ベクトル**と呼んでいる．ベクトルの説明としてこれだけでは多少正確さに欠けるが，ここでは大体の感じで満足することにしよう．

1.2. ベクトルの図示 ベクトルを絵に描くときは普通 1 本の矢印が使われる (図 1.1). この場合，矢が飛んでゆく方向がベクトルの方向であり，ベクトルの大きさは矢の長さで表される．これをもう少し詳しく見てみよう．

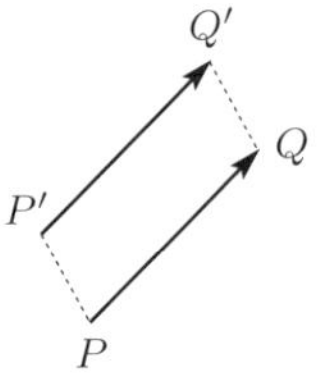

図 1.1: ベクトル

3 次元空間を $\mathbb{E}^3$ という記号で表し，その点を $P, Q, \ldots$ で表す． $\mathbb{E}^3$ 内の 2 点 P, Q に対し，PQ によって P と Q を結ぶ線分を表す．線分 PQ の端の点の一つを始点，もう一つを終点と名付けることを線分に**向きをつける**という．向きがついた線分を**有向線分**といい，$\overrightarrow{PQ}$ と書く．この記号の場合は P が始点，Q が終点である．

有向線分 $\overrightarrow{PQ}$ と $\overrightarrow{P'Q'}$ が平行移動で重ね合わされるとき，**同値**であるといって，$\overrightarrow{PQ} \equiv \overrightarrow{P'Q'}$ と書く．互いに同値な有向線分全部を一つにまとめて，一つの**幾何学的ベクトル** (または，単に**ベクトル**) と呼ぶ．これを図示するには，それに属する有向線分を一つ描いて見せればよく，その意味で個々の有向線分もベクトルと呼ぶ．本書では $\boldsymbol{a}, \boldsymbol{b}$ などの太字で表す．

1.3. ベクトルの計算 ベクトルの計算は和とスカラー倍が基本である．

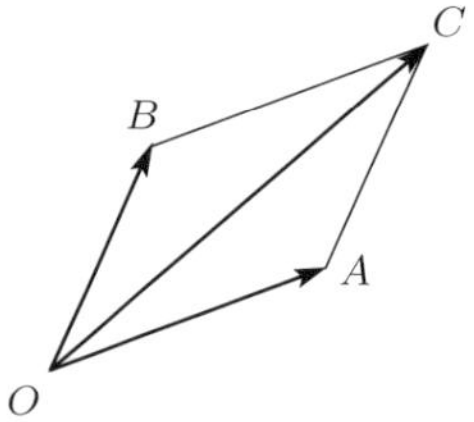

図 1.2: 力の合成

まず，二つのベクトルの和を考える．これは物理学での力の計算にならったものである．一つの点 O に二つの力 $\overrightarrow{OA}, \overrightarrow{OB}$ が図 1.2 に示すように作用しているとする．ここで，力 $\overrightarrow{OA}$ はこの矢印の方向に矢の長さに比例した大きさで働いているとし，$\overrightarrow{OB}$ についても同様とする．いま，この二つの力が同時に働けば，それは $\overrightarrow{OA}$ と $\overrightarrow{OB}$ を二辺とする平行四辺形 $OACB$ の対角線 $\overrightarrow{OC}$ の方向にその長さが表す力が働くことと同じである．これを**平行四辺形の法則**と呼び，記号では $\overrightarrow{OA} + \overrightarrow{OB} = \overrightarrow{OC}$ のように足し算で表す．

平行四辺形の法則によって二つのベクトル $\boldsymbol{a}$ と $\boldsymbol{b}$ を足すには，それぞれを表す有向線分を**つなぎ合せ**ればよい．まず，始点 P を任意に決め，ベクトル $\boldsymbol{a}$ を表す有向線分 $\overrightarrow{PQ}$ に，ベクトル $\boldsymbol{b}$ を表す有向線分 $\overrightarrow{QS}$ をつなげば，$\overrightarrow{PS}$ が和 $\boldsymbol{a}+\boldsymbol{b}$ を表す有向線分である (図 1.3)．また，同じ図から分かるように，P から出る有向線分で $\boldsymbol{b}$ を表すものを $\overrightarrow{PR}$ とすれば，線分 $\overrightarrow{RS}$ は $\boldsymbol{a}$ を表すことが平行四辺形の性質から分かるから，$\overrightarrow{PR}$ に $\overrightarrow{RS}$ をつないでできる線分 $\overrightarrow{PS}$ は $\boldsymbol{b}+\boldsymbol{a}$ も表している．従って，

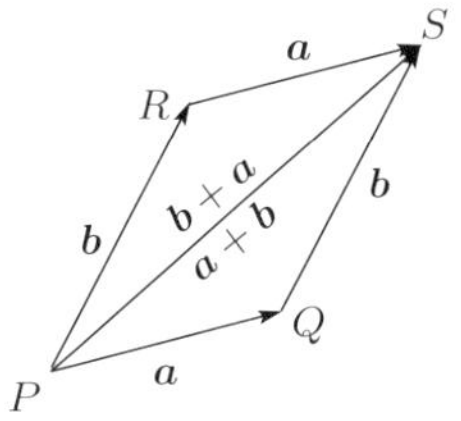

図 1.3: ベクトルの和

$$\boldsymbol{a}+\boldsymbol{b}=\boldsymbol{b}+\boldsymbol{a}$$

が成り立つ．すなわち，ベクトルを足す順序は交換することができる．

ベクトルの和に関する平行四辺形の法則は，ベクトルを座標で表す数ベクトルの概念を使えば，座標ごとの和ということで，単純な数の足し算に還元することができる．上で述べたベクトルの和の交換法則も実は実数や複素数の和の交換法則から自然に出てくることではある．

次に，ベクトルにはスカラー (数) を掛けることができる．ベクトル $\boldsymbol{a}$ が有向線分 $\overrightarrow{PQ}$ で表されているとする．まず，k が正数ならば，ベクトル $k\boldsymbol{a}$ を表す有向線分は $\overrightarrow{PQ}$ を向きはそのままにして長さだけを k 倍したものである．また，k が負の数のときは，方向が正反対で長さが $|k|$ 倍の有向線分で表されるものである．図 1.4 は $k=\frac{3}{2}$ と $k=-\frac{1}{2}$ の場合を示したものである．

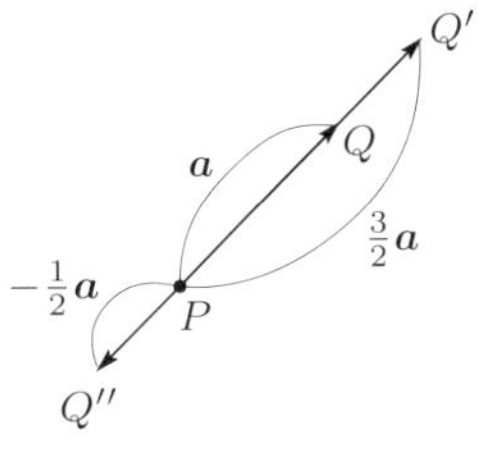

図 1.4: スカラー倍

以上で説明したベクトルの和とスカラー倍はベクトルの属する空間の次元に関係なく通用することである．実際の問題に現れるベクトルは必ずしも 3 次元の空間に属するとは限らないが，同じ始点を持つ 2 本のベクトルは (一直

線上にない限り) 一つの平面を決め，ベクトルの和を定義する平行四辺形もその平面の上にあるから，2 本のベクトルの和は常に 2 次元の現象である．

なお，ベクトルを特徴づける数量と方向のうちの量的な面は矢印の長さで表すといった．この長さを決めるためには，ベクトルの長さを測る**物差し**を導入せねばならない．この問題は以下で次第に明らかにされるはずである．

2. 平面ベクトルの数表現

2.1. 平面ベクトルの数表示 座標平面上で，x 軸および y 軸の単位ベクトルをそれぞれ $\boldsymbol{i}, \boldsymbol{j}$ と書く．すなわち，$\boldsymbol{i}$ は $(0,0)$ から $(1,0)$ への有向線分で表されるもの，$\boldsymbol{j}$ は $(0,0)$ から $(0,1)$ への有向線分で表されるものである．任意の実数 a に対し $a\boldsymbol{i}$ は x 軸に平行で長さが $|a|$ のベクトルであって，$a>0$ のときは $\boldsymbol{i}$ と同じ向きを持つものであり，$a<0$ のときは $\boldsymbol{i}$ と反対の向きを持つものものである．$a=0$ のときは，長さが 0 のいわゆる**零ベクトル**であって，方向は意味がない．同様に，$b\boldsymbol{j}$ $(b \in \mathbb{R})$ は y 軸に平行で長さが $|b|$ のベクトルで，$b>0$ ならば $\boldsymbol{j}$ と同じ向き，$b<0$ ならば $\boldsymbol{j}$ と反対の向きを持つものである．

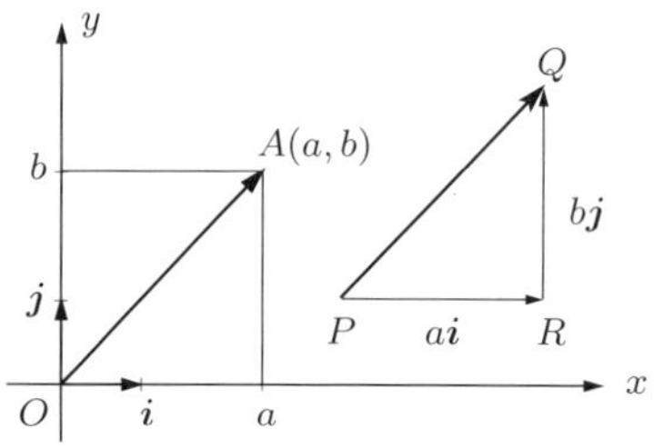

図 1.5: 平面ベクトルの数表示

さて，図 1.5 に示すように，任意のベクトル $\overrightarrow{PQ}$ に対して $\overrightarrow{PR}=a\boldsymbol{i}$, $\overrightarrow{RQ}=b\boldsymbol{j}$ を満たす $a,b \in \mathbb{R}$ が唯一つある．実際，a, b は $\overrightarrow{PQ}$ を平行移動して P を原点に重ねたとき Q が移る点 A の x, y 座標である．これから，$\overrightarrow{PQ}=a\boldsymbol{i}+b\boldsymbol{j}$ であることが分かる．ここに出てくる実数 a, b をこの順序に並べて作った記号 (a,b) を $\overrightarrow{PQ}$ を表す**数ベクトル**と呼ぶ．この a, b をそれぞれ $\overrightarrow{PQ}$ の x 成分，y 成分という．従って，他のベクトル $\overrightarrow{P'Q'}=a'\boldsymbol{i}+b'\boldsymbol{j}$ に対して，$\overrightarrow{PQ} \equiv \overrightarrow{P'Q'}$ で

あることは，$a = a'$ および $b = b'$ が成り立つことと同じである．すなわち，二つの平面ベクトルが等しいための必要十分条件は対応する数ベクトルが等しいことである．成分がどちらも 0 であるベクトルを**零ベクトル**という．記号は $\mathbf{0}$ であるが，数の 0 も用いることがある．

2.2. 平面ベクトルの計算 二つの平面ベクトル $\boldsymbol{v}_1, \boldsymbol{v}_2$ に対する数ベクトルを $(a_1, b_1), (a_2, b_2)$ とする．$\boldsymbol{v}_1$ と $\boldsymbol{v}_2$ の和を作ることは，これらを表す有向線分を**つぎ足す**ことであったが，これは数ベクトルでいえば，成分を足すことと同じである．よって，$\boldsymbol{v}_1 + \boldsymbol{v}_2$ は数ベクトルでは

$$(a_1, b_1) + (a_2, b_2) = (a_1 + a_2, b_1 + b_2)$$

となる．すなわち，左辺が平行四辺形の二辺で，右辺が対角線である．また，ベクトル $\boldsymbol{v}_1$ のスカラー倍 $c\boldsymbol{v}_1$ を数ベクトルで表せば次の通りである．

$$c(a_1, b_1) = (ca_1, cb_1)$$

2.3. 長さと角 平面のベクトル $\boldsymbol{v}$ の長さを $\|\boldsymbol{v}\|$ と書く．$\boldsymbol{v}$ が $a\boldsymbol{i} + b\boldsymbol{j}$ と表されるときは，ピタゴラスの定理により

$$\|\boldsymbol{v}\| = \sqrt{a^2 + b^2}$$

となる．次に，二つのベクトル $\boldsymbol{v}_1 = a_1\boldsymbol{i} + b_1\boldsymbol{j}$ と $\boldsymbol{v}_2 = a_2\boldsymbol{i} + b_2\boldsymbol{j}$ のなす角 θ を測ろう．ここで，角とはこれらのベクトルが同じ始点 A を持つとき，A で作る角 θ のことである．三角関数の余弦定理を使えば，

$$\cos\theta = \frac{a_1a_2 + b_1b_2}{\sqrt{a_1^2 + b_1^2}\sqrt{a_2^2 + b_2^2}} = \frac{a_1a_2 + b_1b_2}{\|\boldsymbol{v}_1\|\|\boldsymbol{v}_2\|}$$

が成り立つ (付録 A §1 の (A.3) 参照)．右辺の分子の式を $\boldsymbol{v}_1$ と $\boldsymbol{v}_2$ の**内積**と呼んで $(\boldsymbol{v}_1 \mid \boldsymbol{v}_2)$ と書く．従って，

$$(\boldsymbol{v}_1 \mid \boldsymbol{v}_2) = a_1a_2 + b_1b_2 = \|\boldsymbol{v}_1\|\|\boldsymbol{v}_2\|\cos\theta. \tag{1.1}$$

問 1.1 (零ベクトル) ベクトル $\boldsymbol{v}$ について次は同等であることを示せ.

(a) $\boldsymbol{v}$ の長さは 0 である.

(b) $\boldsymbol{v}$ を表す数ベクトルは $(0,0)$ である.

問 1.2 平面のベクトルの内積について次を確かめよ.

(1) $(\boldsymbol{a}\,|\,\boldsymbol{a}) \geqq 0$,

(2) $(\boldsymbol{a}\,|\,\boldsymbol{b}) = (\boldsymbol{b}\,|\,\boldsymbol{a})$,

(3) $(\boldsymbol{a}+\boldsymbol{b}\,|\,\boldsymbol{c}) = (\boldsymbol{a}\,|\,\boldsymbol{c}) + (\boldsymbol{b}\,|\,\boldsymbol{c})$.

3. 空間ベクトルの数表現

3 次元座標空間の場合も平面の場合と同様なのであらすじだけを述べよう.

3.1. 数ベクトルとの対応 まず, x 軸, y 軸, z 軸方向の単位ベクトルをそれぞれ $\boldsymbol{i}, \boldsymbol{j}, \boldsymbol{k}$ とする. すなわち, $\boldsymbol{i}$ は $(0,0,0)$ から $(1,0,0)$ へ, $\boldsymbol{j}$ は $(0,0,0)$ から $(0,1,0)$ へ, $\boldsymbol{k}$ は $(0,0,0)$ から $(0,0,1)$ への有向線分で表されるベクトルである. 任意のベクトル $\overrightarrow{PQ}$ に対し, 平行移動によって P を原点に移したとき Q の移動先の座標が (a,b,c) であることを

$$\overrightarrow{PQ} = a\boldsymbol{i} + b\boldsymbol{j} + c\boldsymbol{k}$$

と書く. 従って, 二つの空間ベクトルが同じであるためにはそれらが同じ表現 $a\boldsymbol{i} + b\boldsymbol{j} + c\boldsymbol{k}$ を持つことが必要十分である. (a,b,c) 自身もベクトルと見なして (3 次元) 数ベクトルと呼ぶことにすれば, 二つの空間ベクトルが同じであることと対応する数ベクトルが同じであることは同等の条件である.

3.2. 空間ベクトルの計算 二つのベクトル $\boldsymbol{v}_1$ と $\boldsymbol{v}_2$ の和 $\boldsymbol{v}_1 + \boldsymbol{v}_2$ は対応する数ベクトルの和に対応する (空間) ベクトルである. 実際, $\boldsymbol{v}_1$ と $\boldsymbol{v}_2$ に対応する数ベクトルをそれぞれ (a_1,b_1,c_1), (a_2,b_2,c_2), すなわち

$$\boldsymbol{v}_1 = a_1\boldsymbol{i} + b_1\boldsymbol{j} + c_1\boldsymbol{k}, \quad \boldsymbol{v}_2 = a_2\boldsymbol{i} + b_2\boldsymbol{j} + c_2\boldsymbol{k}$$

とする．このとき，$\boldsymbol{v}_1+\boldsymbol{v}_2$ を表すベクトルを実際に作るには，平面ベクトルの場合と同様に，まず，$\boldsymbol{v}_1$ を表す有向線分の一つを $\overrightarrow{AB}$ とし，次に $\boldsymbol{v}_2$ を表すように有向線分 $\overrightarrow{BC}$ を作れば，$\overrightarrow{AC}$ が $\boldsymbol{v}_1+\boldsymbol{v}_2$ を表す有向線分となる．これを数ベクトルで書けば，

$$(a_1, b_1, c_1)+(a_2, b_2, c_2)=(a_1+a_2, b_1+b_2, c_1+c_2)$$

で，この右辺が $\boldsymbol{v}_1+\boldsymbol{v}_2$ を表すものである．一方，ベクトル $\boldsymbol{v}_1$ のスカラー倍 $c\boldsymbol{v}_1$ ($c \in \mathbb{R}$) は，$c>0$ ならば $\boldsymbol{v}_1$ と同じ方向で長さを c 倍し，$c<0$ ならば $\boldsymbol{v}_1$ と反対の方向で長さを $|c|$ 倍したものである．数ベクトルでいえば，

$$c(a_1, b_1, c_1)=(ca_1, cb_1, cc_1)$$

となる．

3.3. 長さと角　空間ベクトルの長さなども対応する数ベクトルを使って表される．ベクトル $\boldsymbol{v}$ が $a\boldsymbol{i}+b\boldsymbol{j}+c\boldsymbol{k}$ で表されるとき，その長さ $\|\boldsymbol{v}\|$ は

$$\|\boldsymbol{v}\|=\sqrt{a^2+b^2+c^2}$$

である．また，二つのベクトル $\boldsymbol{v}_1=a_1\boldsymbol{i}+b_1\boldsymbol{j}+c_1\boldsymbol{k}$ と $\boldsymbol{v}_2=a_2\boldsymbol{i}+b_2\boldsymbol{j}+c_2\boldsymbol{k}$ のなす角 θ については，平面の場合と同様にして

(1.2)
$$\cos\theta=\frac{a_1a_2+b_1b_2+c_1c_2}{\|\boldsymbol{v}_1\|\|\boldsymbol{v}_2\|}$$

が分かる．右辺の分子を $\boldsymbol{v}_1$ と $\boldsymbol{v}_2$ の**内積**と呼び，$(\boldsymbol{v}_1 \,|\, \boldsymbol{v}_2)$ と書く．従って，

(1.3)
$$(\boldsymbol{v}_1 \,|\, \boldsymbol{v}_2)=a_1a_2+b_1b_2+c_1c_2=\|\boldsymbol{v}_1\|\|\boldsymbol{v}_2\|\cos\theta$$

が成り立つ．

問 1.3　次のベクトルの長さを求めよ．

(1)　$\boldsymbol{i}-2\boldsymbol{j}+2\boldsymbol{k}$,　　(2)　$9\boldsymbol{i}+2\boldsymbol{j}-6\boldsymbol{k}$,

(3)　$2\boldsymbol{i}-4\boldsymbol{j}+4\boldsymbol{k}$,　　(4)　$2\boldsymbol{i}-3\boldsymbol{j}+6\boldsymbol{k}$.

例 1.1 3 次元空間 $\mathbb{E}^3$ の原点 O から 2 点 $A(1,-2,-2)$, $B(8,-1,4)$ へ引いたベクトルのなす角 $\angle AOB$ を求めよ.

(解) ベクトルを $\boldsymbol{a}=\boldsymbol{i}-2\boldsymbol{j}-2\boldsymbol{k}$, $\boldsymbol{b}=8\boldsymbol{i}-\boldsymbol{j}+4\boldsymbol{k}$ とし, 角 $\angle AOB$ を θ とおく. このとき, (1.3) より

$$(\boldsymbol{a}\,|\,\boldsymbol{b}) = 8+2-8 = 2.$$

また, $\|\boldsymbol{a}\|=\sqrt{1+4+4}=3$, $\|\boldsymbol{b}\|=\sqrt{64+1+16}=9$ であるから,

$$\cos\theta = \frac{(\boldsymbol{a}\,|\,\boldsymbol{b})}{\|\boldsymbol{a}\|\|\boldsymbol{b}\|} = \frac{2}{27}. \qquad \therefore \quad \theta = \mathrm{Arccos}\,\frac{2}{27} \approx 85.8^\circ.$$

最後の近似値は電卓で計算した. 近似値の精度は目的に応じて決めればよい. □

3.4. 直交と射影 $\boldsymbol{v}_1$ と $\boldsymbol{v}_2$ が直交するとき, $\boldsymbol{v}_1 \perp \boldsymbol{v}_2$ と書く. $\cos\frac{\pi}{2}=0$ であるから, $\boldsymbol{v}_1$ と $\boldsymbol{v}_2$ が直交する条件は $(\boldsymbol{v}_1\,|\,\boldsymbol{v}_2)=0$ であり, これは抽象ベクトル空間においては直交性の定義となる.

$\boldsymbol{e}$ を長さが 1 のベクトルとする. このときは, 任意のベクトル $\boldsymbol{v}$ に対し, $\boldsymbol{v}$ と $\boldsymbol{e}$ のなす角を θ とすれば,

$$(\boldsymbol{v}\,|\,\boldsymbol{e}) = \|\boldsymbol{v}\|\cos\theta$$

が成り立つ. 従って, $(\boldsymbol{v}\,|\,\boldsymbol{e})\boldsymbol{e}$ はベクトル $\boldsymbol{v}$ をベクトル $\boldsymbol{e}$ の方向へ正射影したときのベクトルを表す (図 1.6 参照).

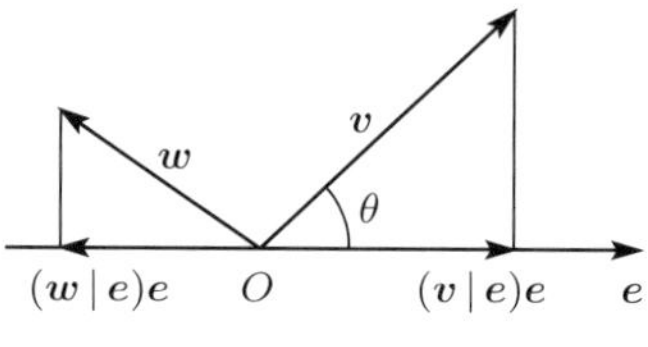

図 1.6: 射影

問 1.4 ベクトル $\boldsymbol{b}$ から $\boldsymbol{a}$ 上への正射影ベクトル $\boldsymbol{c}$ を計算する公式を作れ. 次に, $\boldsymbol{a}=\boldsymbol{i}-2\boldsymbol{j}+2\boldsymbol{k}$, $\boldsymbol{b}=2\boldsymbol{i}-3\boldsymbol{j}+5\boldsymbol{k}$ のとき, ベクトル $\boldsymbol{c}$ を計算せよ.

4. 数ベクトル

2, 3 次元の数ベクトルは平面や空間の座標として現れてきた．ここでは，一歩を進めて一般次元の数ベクトルを考えよう．

4.1. 定義　n 個の実数 $a_1, a_2, \ldots, a_n$ の順序のついた組 $(a_1, a_2, \ldots, a_n)$ を n 次元**数ベクトル**という．$a_1, a_2, \ldots, a_n$ のそれぞれをこのベクトルの**成分** (詳しくは，前から第 1 成分，第 2 成分，…，第 n 成分) と呼び，成分の個数 n をこのベクトルの**次元**という．成分を具体的に示す必要がないときは，$\boldsymbol{a}$, $\boldsymbol{b}$, $\boldsymbol{c}$, … などで数ベクトルを表す．

4.2. 計算法　数ベクトルの計算法について簡単に説明しておこう．数ベクトル計算のもととなる概念は相等，和およびスカラー倍の三つである．$(a_1, a_2, \ldots, a_n)$ と $(b_1, b_2, \ldots, b_n)$ を任意の n 次元数ベクトルとするとき，これらは次のように定義される．

(a)　(相等)　$(a_1, a_2, \ldots, a_n)$ と $(b_1, b_2, \ldots, b_n)$ が**相等**(あいひと)**しい**とは，

$$a_1 = b_1,\ a_2 = b_2, \ldots,\ a_n = b_n$$

が成り立つことで，このとき $(a_1, a_2, \ldots, a_n) = (b_1, b_2, \ldots, b_n)$ と書く．

(b)　(和)　成分ごとに計算する．すなわち，

$$(a_1, a_2, \ldots, a_n) + (b_1, b_2, \ldots, b_n) = (a_1 + b_1, a_2 + b_2, \ldots, a_n + b_n).$$

(c)　(スカラー倍)　$c(a_1, a_2, \ldots, a_n) = (ca_1, ca_2, \ldots, ca_n) \qquad (c \in \mathbb{R}).$

n 次元数ベクトル全体の集合に上記の相等の定義と和およびスカラー倍の演算を合わせ考えたものを n **次元の数ベクトル空間**と呼び，$\mathbb{R}^n$ で表す．

注意 1.1　上記の「相等」については，当たり前のことをわざわざ断っていると感じるかもしれないが，数学では二つのものが同じとはどういうことかをはっきり決めて話を始める．先入観に頼ると，これが違った人の間では話が通じなくなる．

計算の規則 数ベクトルの和とスカラー倍は成分ごとに計算すればよいから，数の計算の規則がそのまま通用する．その公式は次の通りである．ただし，$\boldsymbol{a}, \boldsymbol{b}, \boldsymbol{c}, \cdots \in \mathbb{R}^n$, $c, c' \in \mathbb{R}$ とする．

(V1) $\boldsymbol{a}+\boldsymbol{b}=\boldsymbol{b}+\boldsymbol{a}$,

(V2) $(\boldsymbol{a}+\boldsymbol{b})+\boldsymbol{c}=\boldsymbol{a}+(\boldsymbol{b}+\boldsymbol{c})$,

(V3) すべての $\boldsymbol{a}$ に対して $\boldsymbol{a}+\boldsymbol{0}=\boldsymbol{a}$ を満たすベクトル $\boldsymbol{0}$ がある，

(V4) 任意の $\boldsymbol{a}$, $\boldsymbol{b}$ に対し $\boldsymbol{a}+\boldsymbol{c}=\boldsymbol{b}$ となる $\boldsymbol{c}$ が唯一つある，

(V5) $c(\boldsymbol{a}+\boldsymbol{b})=c\boldsymbol{a}+c\boldsymbol{b}$,

(V6) $(c+c')\boldsymbol{a}=c\boldsymbol{a}+c'\boldsymbol{a}$,

(V7) $c(c'\boldsymbol{a})=(cc')\boldsymbol{a}$,

(V8) $1\boldsymbol{a}=\boldsymbol{a}$.

注意 1.2 (V3) の性質を持つベクトル $\boldsymbol{0}$ は唯一つあり，**零ベクトル**と呼ばれる．この場合は $(0,\ldots,0)$ である．また，任意の $\boldsymbol{a}, \boldsymbol{b} \in \mathbb{R}^n$ に対し (V4) で決まる数ベクトル $\boldsymbol{c}$ を $\boldsymbol{b}-\boldsymbol{a}$ と書く．特に，$\boldsymbol{b}=\boldsymbol{0}$ とすると，任意の $\boldsymbol{a} \in \mathbb{R}^n$ に対して等式 $\boldsymbol{a}+\boldsymbol{a}'=\boldsymbol{0}$ を満たす数ベクトル $\boldsymbol{a}'$ があるが，これを $-\boldsymbol{a}$ と書く．

注意 1.3 上の性質 (V1) – (V8) を公理として抽象的にベクトル空間が定義できる．その意味で，$\mathbb{R}^n$ は最も代表的なベクトル空間の一つである．

注意 1.4 以上では，スカラーとして実数を考えた．ベクトルと行列への入口として，これは常識的な選択である．しかし，話が進むと複素スカラーの数ベクトルが自然に必要になってくる．複素スカラーの数ベクトルはこれまでの数ベクトルの定義で，成分を全部複素数にし，スカラー倍も複素数を掛けることとして，読み直せばよい．n 次元の複素スカラーの数ベクトルの空間を $\mathbb{C}^n$ と書く．

4.3. 単位ベクトル 数ベクトル空間 $\mathbb{R}^n$ のベクトルでその成分の一つだけが 1 で他は全部 0 であるものを n 次元**単位ベクトル**と呼ぶ．具体的には，

$$\boldsymbol{e}_1=(1,0,\ldots,0),\ \boldsymbol{e}_2=(0,1,0,\ldots,0),\ldots,\boldsymbol{e}_n=(0,\ldots,0,1) \tag{1.4}$$

と書く．すべての $\mathbb{R}^n$ の元はこれらのスカラー倍の和として表される．

4.4. 数ベクトルの長さと角　平面や空間のベクトルと同様に，数ベクトルの長さと角を考えることができる．

2 点間の距離　数ベクトル $\boldsymbol{a} = (a_1, a_2, \ldots, a_n)$ の**長さ** $\|\boldsymbol{a}\|$ を

$$\|\boldsymbol{a}\| = \sqrt{a_1^2 + a_2^2 + \cdots + a_n^2} \tag{1.5}$$

で定義する．これは上で述べた平面や空間の場合と同様で，座標ベクトルが直交して長さが 1 であることを想定していることになる．従って，数ベクトル

$$\boldsymbol{a} = (a_1, a_2, \ldots, a_n), \quad \boldsymbol{b} = (b_1, b_2, \ldots, b_n)$$

が表す空間 $\mathbb{R}^n$ 内の 2 点 A, B 間の距離は次で与えられる．

$$\overline{AB} = \|\boldsymbol{a} - \boldsymbol{b}\| = \sqrt{(b_1 - a_1)^2 + (b_2 - a_2)^2 + \cdots + (b_n - a_n)^2} \tag{1.6}$$

ベクトルのなす角　上のベクトル $\boldsymbol{a}, \boldsymbol{b}$ のなす角 θ を測ろう．そのため，$\boldsymbol{a}, \boldsymbol{b}$ は零ベクトルではないとすると，$\triangle OAB$ に第二余弦定理を適用して，

$$\overline{AB}^2 = \overline{OA}^2 + \overline{OB}^2 - 2\,\overline{OA}\,\overline{OB}\cos\theta$$

が得られる．ここで，長さの公式を使えば，2 次元や 3 次元の場合と同様に

$$\cos\theta = \frac{a_1b_1 + a_2b_2 + \cdots + a_nb_n}{\|\boldsymbol{a}\|\|\boldsymbol{b}\|} \tag{1.7}$$

となる．右辺の分子をベクトル $\boldsymbol{a}, \boldsymbol{b}$ の**内積**と呼び，$(\boldsymbol{a}\,|\,\boldsymbol{b})$ で表す．すなわち，

$$(\boldsymbol{a}\,|\,\boldsymbol{b}) = a_1b_1 + a_2b_2 + \cdots + a_nb_n. \tag{1.8}$$

問 1.5　二つのベクトル $\boldsymbol{a}, \boldsymbol{b}\ (\neq \boldsymbol{0})$ が直交するための必要十分条件は $(\boldsymbol{a}\,|\,\boldsymbol{b}) = 0$ であることを示せ．

5. ベクトルの応用

ベクトルの理論は純粋に数学の問題であるが，物理学・工学・経済学といった幅広い分野に数学を応用する際なくてはならない概念である．ここでは，分かりやすい例をいくつか説明しよう．

5.1. 速度と加速度 速度は単位時間に通過する距離 (とその方向) によって表されるから，その単位は $\dfrac{\langle \text{長さ} \rangle}{\langle \text{時間} \rangle}$ である．速度を表すベクトルは，向きは走ってゆく方向であり，大きさは速さに比例する．また，並行した線路を走る 2 台の電車の乗客が他の電車を見ているとき，その見掛けの速さは速度のベクトルの差として観察される．これは**相対速度**と呼ばれるものである．

一方，速度の単位時間当りの変化の割合を**加速度**という．これは速度の差を時間で割ったものであるから，単位は $\dfrac{\langle \text{長さ} \rangle}{\langle \text{時間} \rangle^2}$ である．例えば，重力 (すなわち，地球の引力) の加速度は標準で $9.80665\ \mathrm{m/s^2}$ である．

5.2. 力の表現 物を動かそうとするときには，その物に何かの働きかけが必要であるが，その働きかけを**力**と呼ぶ．その実態をつかむのは難しいが，速度の変化として観察されるから，加速度の原因が力であると解釈する．

力は単位の質量を持つものに作用して単位の加速度を生じさせるものを単位として測られる．実際，1 キログラムの質量のものに作用して $1\ \mathrm{m/s^2}$ の加速度を生じる力を 1 **ニュートン** (単位記号は N) と呼んで，力の単位としている．この外に，**ダイン**, **重力キログラム**などが使われている．

例 1.2 (力の釣り合い) (a) 紅白の綱引きで綱が動かないのは，両方の引く力が釣り合っているためと考える．真中の目印を O とし，赤組の引く力を O から左側へ向うベクトル $\overrightarrow{OA}$ で，白組の引く力を右側に向うベクトル $\overrightarrow{OB}$ で表すとき，

$$\overrightarrow{OA} = -\overrightarrow{OB} \quad \text{または} \quad \overrightarrow{OA} + \overrightarrow{OB} = \mathbf{0}$$

が両側へ引く力が釣り合っている条件である．

(b) 二人の人が一つのものを一緒にぶら下げて持つ場合を考えよう．物は重力によって鉛直下方に引かれる．その力をベクトル $\overrightarrow{OC}$ で表す．この力を支えるには，O から鉛直上方に $\overrightarrow{OC}$ に釣り合うベクトル $\overrightarrow{OC'}$ で引く力が必要である．物を下げる場合の釣り合いは，例えば $\overrightarrow{OA}$ と $\overrightarrow{OB}$ のベクトルで表される力を二人が出しあってベクトル $\overrightarrow{OC'}$ になるようにすればよい．従って，釣り合いの条件は次で与えられる．

$$\overrightarrow{OA} + \overrightarrow{OB} = \overrightarrow{OC'} = -\overrightarrow{OC} \quad \text{または} \quad \overrightarrow{OA} + \overrightarrow{OB} + \overrightarrow{OC} = \mathbf{0}.$$

(c) 一つの点 O にいくつかの力が同時に働く場合を考える．力を表すベクトルを $\overrightarrow{OA_1}, \overrightarrow{OA_2}, \dots, \overrightarrow{OA_k}$ とするとき，これらの力が釣り合う条件は

$$\overrightarrow{OA_1} + \overrightarrow{OA_2} + \cdots + \overrightarrow{OA_k} = \mathbf{0}$$

である．綱引きは $k = 2$ の例であり，物を二人で下げるのは $k = 3$ の例である．

問 1.6 例 1.2 の (a), (b) を図示せよ．

6. ベクトル積

6.1. 定義 3 次元空間 $\mathbb{E}^3$ のベクトルには**ベクトル積**と呼ばれる特殊な掛け算がある．$\boldsymbol{a}$ と $\boldsymbol{b}$ を $\mathbf{0}$ ではない任意のベクトルとする．必要ならば平行移動して，始点を一致させる．このとき，もし $\boldsymbol{a}$ と $\boldsymbol{b}$ が平行でなければ，$\boldsymbol{a}$ と $\boldsymbol{b}$ は一つの平面を決める．これを Π と書く．この平面 Π 上で $\boldsymbol{a}$ から $\boldsymbol{b}$ への角を θ とおく．ただし，$0 \leqq \theta \leqq \pi$ とする．次に，$\boldsymbol{n}$ は平面 Π に垂直な単位ベクトルで，向きは角 θ 内で $\boldsymbol{a}$ から $\boldsymbol{b}$ へ回転したときに右ネジが進む方向に一致するとする (図 1.7)．このとき，$\boldsymbol{a}$ と $\boldsymbol{b}$ の**ベクトル積** $\boldsymbol{a} \times \boldsymbol{b}$ を

$$\boldsymbol{a} \times \boldsymbol{b} = (\|\boldsymbol{a}\|\|\boldsymbol{b}\| \sin\theta)\boldsymbol{n} \tag{1.9}$$

で定義する．$\boldsymbol{n}$ の係数はベクトル $\boldsymbol{a}, \boldsymbol{b}$ を二辺とする平行四辺形の面積である．$\boldsymbol{a}$ と $\boldsymbol{b}$ が平行ならば，$\theta = 0$ または π であるから，$\boldsymbol{a} \times \boldsymbol{b} = \mathbf{0}$ として矛盾なく定義できる．この場合にはベクトル $\boldsymbol{n}$ は意味がない．

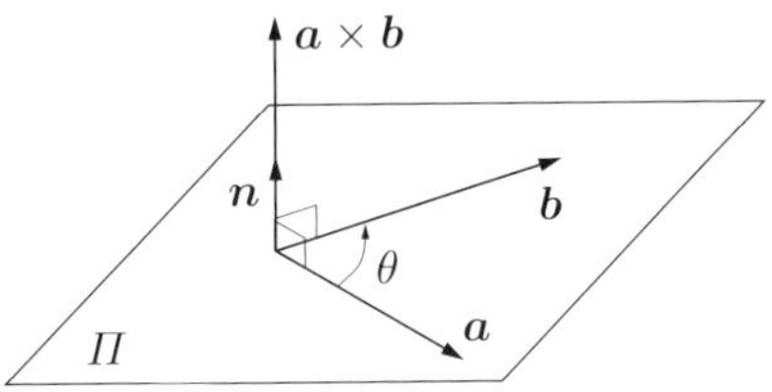

図 1.7: ベクトル積

注意 1.5 ベクトル積 $\boldsymbol{a} \times \boldsymbol{b}$ は次のようにも考えられる．$\boldsymbol{a}$ に垂直な平面 Π' を作り，$\boldsymbol{b}$ を Π' 上に正射影したものを $\boldsymbol{b}'$ と書くと，$\boldsymbol{a} \times \boldsymbol{b} = \boldsymbol{a} \times \boldsymbol{b}'$ が成り立つ．実際，$\boldsymbol{b}'$ は $\boldsymbol{a}, \boldsymbol{b}$ と同じ平面 Π の上にあり，$\boldsymbol{a}, \boldsymbol{b}'$ を二辺とする長方形の面積は $\boldsymbol{a}, \boldsymbol{b}$ を二辺とする平行四辺形の面積に等しいからである (図 1.8 (a))．

6.2. ベクトル積の性質 ベクトル積の定義で $\boldsymbol{a}$ と $\boldsymbol{b}$ の順序を変えると，回転の向きが変わるから

$$\boldsymbol{b} \times \boldsymbol{a} = -\boldsymbol{a} \times \boldsymbol{b} \tag{1.10}$$

が成り立つ．これに注意して，座標ベクトルの場合を考えると，次が分かる．

$$\begin{aligned} &\boldsymbol{i} \times \boldsymbol{j} = -\boldsymbol{j} \times \boldsymbol{i} = \boldsymbol{k}, \quad \boldsymbol{j} \times \boldsymbol{k} = -\boldsymbol{k} \times \boldsymbol{j} = \boldsymbol{i}, \\ &\boldsymbol{k} \times \boldsymbol{i} = -\boldsymbol{i} \times \boldsymbol{k} = \boldsymbol{j}, \\ &\boldsymbol{i} \times \boldsymbol{i} = \boldsymbol{j} \times \boldsymbol{j} = \boldsymbol{k} \times \boldsymbol{k} = \boldsymbol{0}. \end{aligned} \tag{1.11}$$

さらに，次の基本性質が成り立つ．

$$(c\boldsymbol{a}) \times (c'\boldsymbol{b}) = (cc')(\boldsymbol{a} \times \boldsymbol{b}) \qquad (c, c' \text{ はスカラー}), \tag{1.12}$$

$$\boldsymbol{a} \times (\boldsymbol{b} + \boldsymbol{c}) = \boldsymbol{a} \times \boldsymbol{b} + \boldsymbol{a} \times \boldsymbol{c}, \tag{1.13}$$

$$(\boldsymbol{b} + \boldsymbol{c}) \times \boldsymbol{a} = \boldsymbol{b} \times \boldsymbol{a} + \boldsymbol{c} \times \boldsymbol{a}. \tag{1.14}$$

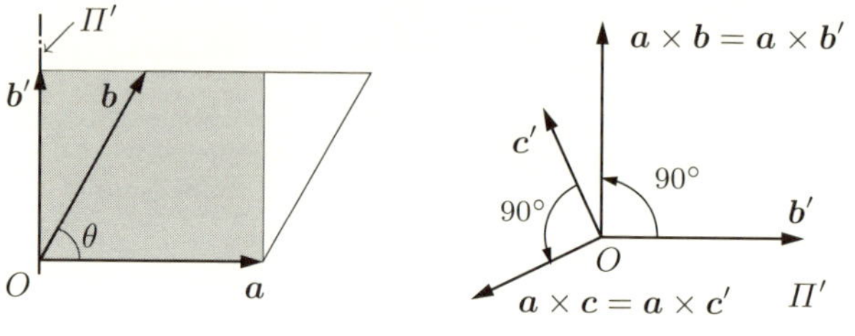

(a) $\boldsymbol{a} \times \boldsymbol{b} = \boldsymbol{a} \times \boldsymbol{b}'$ (b) 分配法則の説明

図 1.8: ベクトル積

分配法則 (1.13) のみを証明しよう．注意 1.5 に従い，ベクトル $\boldsymbol{b}$, $\boldsymbol{c}$ を平面 Π' 上へ正射影したものをそれぞれ $\boldsymbol{b}'$, $\boldsymbol{c}'$ とすれば，$\boldsymbol{a}\times\boldsymbol{b}=\boldsymbol{a}\times\boldsymbol{b}'$, $\boldsymbol{a}\times\boldsymbol{c}=\boldsymbol{a}\times\boldsymbol{c}'$ が成り立つ．これらのベクトルは全部平面 Π' 上にある．それを $\boldsymbol{a}$ の側から見た状態が図 1.8 (b) である．つまり，$\boldsymbol{a}\times\boldsymbol{b}$ (または，$\boldsymbol{a}\times\boldsymbol{c}$) は $\boldsymbol{b}'$ (または，$\boldsymbol{c}'$) を反時計回りに 90° 回転してから $\|\boldsymbol{a}\|$ を掛けたものに等しい．従って，それらの和である $\boldsymbol{a}\times\boldsymbol{b}+\boldsymbol{a}\times\boldsymbol{c}=\boldsymbol{a}\times\boldsymbol{b}'+\boldsymbol{a}\times\boldsymbol{c}'$ は $\boldsymbol{b}'$ と $\boldsymbol{c}'$ の和 $\boldsymbol{b}'+\boldsymbol{c}'$ を 90° 回転してから $\|\boldsymbol{a}\|$ を掛けたものに等しい．一方，$\boldsymbol{b}'+\boldsymbol{c}'$ は $\boldsymbol{b}+\boldsymbol{c}$ の Π' への正射影 $(\boldsymbol{b}+\boldsymbol{c})'$ に等しいから (なぜ？),

$$\boldsymbol{a}\times\boldsymbol{b}+\boldsymbol{a}\times\boldsymbol{c}=\boldsymbol{a}\times(\boldsymbol{b}'+\boldsymbol{c}')=\boldsymbol{a}\times(\boldsymbol{b}+\boldsymbol{c})'=\boldsymbol{a}\times(\boldsymbol{b}+\boldsymbol{c}).$$

6.3. 座標による表現　ベクトル $\boldsymbol{a}$, $\boldsymbol{b}$ が座標成分で与えられているとし，$\boldsymbol{a}=(a_1,a_2,a_3)=a_1\boldsymbol{i}+a_2\boldsymbol{j}+a_3\boldsymbol{k}$, $\boldsymbol{b}=(b_1,b_2,b_3)=b_1\boldsymbol{i}+b_2\boldsymbol{j}+b_3\boldsymbol{k}$ とおけば，ベクトル積の基本性質 (1.10), (1.11), (1.13), (1.14) により，

$$(1.15)\qquad \begin{aligned}\boldsymbol{a}\times\boldsymbol{b}&=(a_1\boldsymbol{i}+a_2\boldsymbol{j}+a_3\boldsymbol{k})\times(b_1\boldsymbol{i}+b_2\boldsymbol{j}+b_3\boldsymbol{k})\\&=(a_2b_3-a_3b_2)\boldsymbol{i}+(a_3b_1-a_1b_3)\boldsymbol{j}+(a_1b_2-a_2b_1)\boldsymbol{k}.\end{aligned}$$

演習問題

1.1　$\boldsymbol{a}=(1,2,0)$, $\boldsymbol{b}=(-3,7,-1)$, $\boldsymbol{c}=(3,-5,-2)$ として次を計算せよ．

(1) $3\boldsymbol{a}+5\boldsymbol{b}-9\boldsymbol{c}$,　　(2) $-2\boldsymbol{a}+5\boldsymbol{b}+\boldsymbol{c}$.

1.2　原点を始点とするベクトル $\boldsymbol{a}=3\boldsymbol{i}+4\boldsymbol{j}$, $\boldsymbol{b}=-\boldsymbol{i}+2\boldsymbol{j}$, $\boldsymbol{c}=5\boldsymbol{i}+y\boldsymbol{j}$ の終点が一直線上にあるような y を求めよ．

1.3　$(\boldsymbol{a}\,|\,\boldsymbol{b})=(\boldsymbol{a}\,|\,\boldsymbol{c})$ を満たすベクトル $\boldsymbol{a}$, $\boldsymbol{b}$, $\boldsymbol{c}$ に対し，$\boldsymbol{b}=\boldsymbol{c}$ は正しいか．

1.4　すべての n 次元数ベクトル $\boldsymbol{x}=(x_1,x_2,\ldots,x_n)$ は

$$x_1\boldsymbol{e}_1+x_2\boldsymbol{e}_2+\cdots+x_n\boldsymbol{e}_n$$

のように単位ベクトル $\boldsymbol{e}_1$, $\boldsymbol{e}_2$, . . . , $\boldsymbol{e}_n$ を用いて表されることを示せ．

1.5　前問の表し方は唯一通りであることを示せ．つまり $x_1, \ldots, x_n, y_1, \ldots, y_n$ をスカラーとするとき，$x_1\boldsymbol{e}_1 + x_2\boldsymbol{e}_2 + \cdots + x_n\boldsymbol{e}_n = y_1\boldsymbol{e}_1 + y_2\boldsymbol{e}_2 + \cdots + y_n\boldsymbol{e}_n$ ならば $x_1 = y_1, x_2 = y_2, \ldots, x_n = y_n$ であることを示せ．

1.6 (線分の中点)　点 A, B を表すベクトルを $\boldsymbol{a}, \boldsymbol{b}$ とすれば，線分 AB の中点は $\dfrac{\boldsymbol{a}+\boldsymbol{b}}{2}$ であることを示せ．

1.7　平行四辺形の対角線は互いに他を二等分することを示せ．

1.8　2 点 $A\ (x_1, y_1)$, $B\ (x_2, y_2)$ に対し，線分 AB を $m : n\ (m, n > 0)$ に内分する点は

$$\left(\frac{nx_1 + mx_2}{m+n}, \frac{ny_1 + my_2}{m+n}\right)$$

であることを示せ．また，m, n が異符号ならばどうか．

1.9　2 点 A, B を表すベクトルを $\boldsymbol{a}, \boldsymbol{b}$ とするとき，A, B を通る直線は

$$\boldsymbol{x} = \alpha\boldsymbol{a} + \beta\boldsymbol{b}, \quad \alpha + \beta = 1 \tag{1.16}$$

で表されることを示せ．

1.10　公式 (1.11), (1.14) を確かめよ．

1.11　空間ベクトル $\boldsymbol{a}, \boldsymbol{b}, \boldsymbol{c}$ が同じ平面上にあれば，$(\boldsymbol{a} \times \boldsymbol{b} \,|\, \boldsymbol{c}) = 0$ であることを示せ．

1.12　3 個の空間ベクトル $\boldsymbol{a}, \boldsymbol{b}, \boldsymbol{c}$ に対し次を示せ．

(1)　$(\boldsymbol{a} \times \boldsymbol{b}) \times \boldsymbol{c} = -(\boldsymbol{b} \,|\, \boldsymbol{c})\boldsymbol{a} + (\boldsymbol{a} \,|\, \boldsymbol{c})\boldsymbol{b}$.

(2)　上の等式から次を導け．

$$(\boldsymbol{a} \times \boldsymbol{b}) \times \boldsymbol{c} + (\boldsymbol{b} \times \boldsymbol{c}) \times \boldsymbol{a} + (\boldsymbol{c} \times \boldsymbol{a}) \times \boldsymbol{b} = \boldsymbol{0}.$$

第 2 章 行　列

1. 行列の定義と計算の規則

1.1. 行列とは　数字や文字を長方形に配列したものは普通 '表' と呼ばれ，日常いろいろなところで顔を出す．本章のテーマである '行列' はこの表自身を数学の対象とする概念であるといえる．

さて，自然数 m, n に対し，mn 個の数 a_{ij} $(1 \leqq i \leqq m,\ 1 \leqq j \leqq n)$ を

$$\begin{bmatrix} a_{11} & a_{12} & \cdots & a_{1n} \\ a_{21} & a_{22} & \cdots & a_{2n} \\ \vdots & \vdots & & \vdots \\ a_{m1} & a_{m2} & \cdots & a_{mn} \end{bmatrix}$$

のように長方形に配列したものを**行列**と呼ぶ．ここで，左右の括弧 [ ] は配列の範囲を示す区切りで，この他に ( ) がよく使われる．この記号で，左右の並びを**行**，上下の並びを**列**と呼ぶ．具体的には，上から第 1 行，第 2 行，…，と呼び，左から第 1 列，第 2 列，… と呼ぶ (図 2.1 参照)．

さらに，a_{ij} をこの行列の (i, j) **成分**という．行列の形をはっきりさせたいときは，$\boldsymbol{m \times n}$ **行列**または $\boldsymbol{(m, n)}$ **型行列**などと呼ぶ．ここで，m は行の数，n は列の数である．特に，$n \times n$ 行列を n 次の**正方行列**という．正方

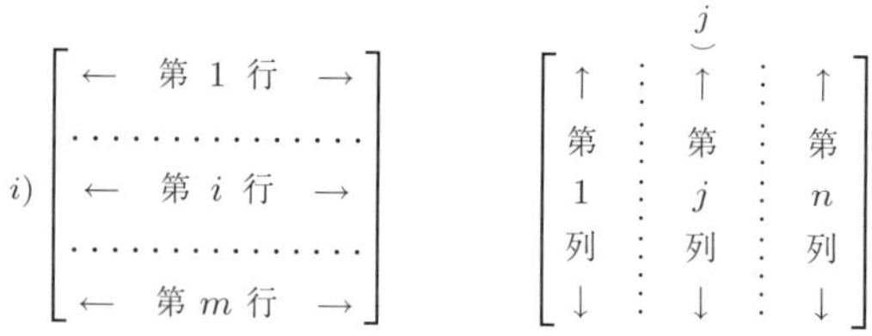

(a) 行の番号　　(b) 列の番号

図 2.1: 行と列

行列に対し一般の行列を**矩形行列**という．なお，矩形は長方形の伝統的な呼び名である．詳しく書く必要のないときは，$\begin{bmatrix} a_{ij} \end{bmatrix}$ などとも書く．

行列のベクトル表示　$m \times n$ 行列の各行を n 次元のベクトルと見なして，

$$\boldsymbol{a}_1' = (a_{11}, \ldots, a_{1n}), \ldots, \ \boldsymbol{a}_m' = (a_{m1}, \ldots, a_{mn})$$

とおき，A の**行ベクトル**という．このとき行列 A 自身は，

$$A = \begin{bmatrix} \boldsymbol{a}_1' \\ \vdots \\ \boldsymbol{a}_m' \end{bmatrix} \tag{2.1}$$

と表される．また，それぞれの列を m 次元の (縦) ベクトルと見なして，

$$\boldsymbol{a}_1 = \begin{bmatrix} a_{11} \\ \vdots \\ a_{m1} \end{bmatrix}, \ \ldots, \ \boldsymbol{a}_n = \begin{bmatrix} a_{1n} \\ \vdots \\ a_{mn} \end{bmatrix}$$

とおき，A の**列ベクトル**と呼ぶ．このときは，行列 A は次の形となる．

$$A = \begin{bmatrix} \boldsymbol{a}_1 & \ldots & \boldsymbol{a}_n \end{bmatrix} \tag{2.2}$$

問 2.1　次は行列の例であるが，何型の行列か．

(1) $\begin{bmatrix} 2 & 0 \\ 0 & 1 \end{bmatrix}$,　(2) $\begin{bmatrix} 0.3 & -1.7 & 2.3 \\ -1.1 & 0.8 & 5.2 \end{bmatrix}$,　(3) $\begin{bmatrix} -1 & \sqrt{2} & 3 \end{bmatrix}$.

1.2. 行列の例 言葉の説明をかねていくつかの例を示そう．

零行列 すべての成分が 0 である行列を**零行列**といい，0 で表す．また，その型も示したいときは $0_{m \times n}$ または $0_{m,n}$ などと表す．

対角成分 n 次の正方行列 $A = \left[a_{ij}\right]$ において，$a_{11}, a_{22}, \ldots, a_{nn}$ を A の**対角成分**と呼び，対角成分の載っている線を行列 A の**対角線** (詳しくは，主対角線) という．

対角行列 対角成分以外が全部 0 である正方行列を**対角行列**という．特に，対角成分が全部 1 の対角行列を**単位行列**といい，E または E_n で表す．

$$E = E_n = \begin{bmatrix} 1 & 0 & \ldots & 0 \\ 0 & 1 & \ldots & 0 \\ \vdots & \vdots & & \vdots \\ 0 & 0 & \ldots & 1 \end{bmatrix} \qquad (n \text{ は次数}) \tag{2.3}$$

三角行列 対角線より下が 0, すなわち $a_{ij} = 0\ (i > j)$, となる正方行列を**上三角行列**と呼ぶ．また，$a_{ij} = 0\ (i < j)$ を満たすとき**下三角行列**と呼ぶ．両者を**三角行列**という．対角成分も 0 のときは**狭義の三角行列**という．

対称行列 正方行列 A の成分 a_{ij} が対角線に関して対称，つまり $a_{ji} = a_{ij}$ のとき，**対称行列**という．すべての対角行列はもちろん対称行列である．また，$a_{ji} = -a_{ij}$ を満たすとき**歪対称行列**と呼ぶ．複素数を成分とする行列 A が $a_{ji} = \bar{a}_{ij}$ ($\bar{a}$ は a の複素共役) を満たすとき，**エルミート行列**と呼ぶ．

$$\begin{bmatrix} * & 0 & 0 & 0 \\ 0 & * & 0 & 0 \\ 0 & 0 & * & 0 \\ 0 & 0 & 0 & * \end{bmatrix}$$

(a) 対角行列

$$\begin{bmatrix} * & * & * & * \\ 0 & * & * & * \\ 0 & 0 & * & * \\ 0 & 0 & 0 & * \end{bmatrix}$$

(b) 上三角行列

$$\begin{bmatrix} * & a & b & c \\ a & * & d & e \\ b & d & * & f \\ c & e & f & * \end{bmatrix}$$

(c) 対称行列

図 2.2: いろいろな行列

1.3. 行列の演算 行列計算の基本は相等，和，スカラー倍である．さらに進んだ概念として，積と転置がある．最初の三つは数ベクトルの場合と形の違いはあるもののほとんど同じである．

相等 $m \times n$ 行列 $A = \left[a_{ij}\right]$ と $m' \times n'$ 行列 $B = \left[b_{ij}\right]$ に対し

(a) 行列の型が同じである．すなわち，$m = m'$ かつ $n = n'$,

(b) すべての $1 \leqq i \leqq m, 1 \leqq j \leqq n$ に対して $a_{ij} = b_{ij}$

の 2 条件が成り立つとき，A と B は**相等しい**といい，$A = B$ と表す．

和 二つの行列 $A = \left[a_{ij}\right], B = \left[b_{ij}\right]$ の型が同じときは，これらの成分ごとの和を成分とする行列を A と B の**和**といって，$A + B$ で表す．すなわち，$A + B = \left[c_{ij}\right]$ とおくとき，$c_{ij} = a_{ij} + b_{ij}$ $(1 \leqq i \leqq m, 1 \leqq j \leqq n)$ である．例えば，

$$\begin{bmatrix} 2 & -3 & 1 \\ -1 & 5 & -2 \end{bmatrix} + \begin{bmatrix} -1 & 0 & 4 \\ 3 & -2 & -3 \end{bmatrix} = \begin{bmatrix} 1 & -3 & 5 \\ 2 & 3 & -5 \end{bmatrix}.$$

スカラー倍 スカラー c を行列 $A = \left[a_{ij}\right]$ に掛けるとは，c を A のすべての成分 a_{ij} に掛けて新しい行列を作ることである．この結果を cA (または Ac) と書く．成分で表示すれば，$cA = \left[c_{ij}\right]$ (または $Ac = \left[d_{ij}\right]$) とおくとき，$c_{ij} = ca_{ij}$ (または $d_{ij} = a_{ij}c$) である．例えば，

$$3\begin{bmatrix} 2 & -3 & 1 \\ -1 & 5 & -2 \end{bmatrix} = \begin{bmatrix} 6 & -9 & 3 \\ -3 & 15 & -6 \end{bmatrix}.$$

問 2.2 次の計算を実行せよ．

(1) $3\begin{bmatrix} 5 & -2 \\ 0 & 3 \\ -2 & 1 \end{bmatrix} - 2\begin{bmatrix} 4 & 1 \\ 0 & -2 \\ -4 & 3 \end{bmatrix}$, (2) $\begin{bmatrix} 1 & -3 & 2 \\ 3 & 3 & -1 \end{bmatrix} - 3\begin{bmatrix} 1 & 2 & 1 \\ 0 & -1 & 3 \end{bmatrix}$.

1.4. 行列の積 二つの行列を掛けることができる．しかし，それを理解するには行列の一番大切な応用の場である**連立一次方程式**を調べてみるのがよ

い．例として，3 個の未知数 x, y, z に関する 3 個の一次方程式の組

$$\begin{aligned} x - y + 2z &= 1, \\ -x + 2y + z &= 0, \\ 3x + y - 2z &= 2 \end{aligned} \tag{2.4}$$

を考えてみよう．ベクトルと行列を使ってこれを次のように表す．まず，

$$A = \begin{bmatrix} 1 & -1 & 2 \\ -1 & 2 & 1 \\ 3 & 1 & -2 \end{bmatrix}, \quad \boldsymbol{x} = \begin{bmatrix} x \\ y \\ z \end{bmatrix}, \quad \boldsymbol{b} = \begin{bmatrix} 1 \\ 0 \\ 2 \end{bmatrix} \tag{2.5}$$

とおく．ここで，A は方程式の係数をそのままの形で並べて行列にしたもので，この方程式の**係数行列**と呼ばれるものである．また，$\boldsymbol{b}$ は方程式の右辺 (または，非斉次項) を表す列ベクトル (または，3×1 行列)，$\boldsymbol{x}$ は未知数を表す列ベクトルである．このような記号を使って方程式 (2.4) を

$$A\boldsymbol{x} = \boldsymbol{b} \tag{2.6}$$

と表そう．この左辺の $A\boldsymbol{x}$ がいま問題になっている行列の積である．これは (2.4) の左辺を表すべきであるから，

$$\begin{bmatrix} 1 & -1 & 2 \\ -1 & 2 & 1 \\ 3 & 1 & -2 \end{bmatrix} \begin{bmatrix} x \\ y \\ z \end{bmatrix} = \begin{bmatrix} x - y + 2z \\ -x + 2y + z \\ 3x + y - 2z \end{bmatrix}$$

が得られることになる．これから行列の積の計算規則を読み取ることができる．(2.4) の第一式の左辺 $x - y + 2z$ は A の第 1 行 $(1, -1, 2)$ と未知数ベクトル $\boldsymbol{x}$ の《積》で，従って

$$\begin{bmatrix} 1 & -1 & 2 \end{bmatrix} \begin{bmatrix} x \\ y \\ z \end{bmatrix} = x - y + 2z$$

であると理解する．すなわち，左辺の掛け算はベクトル $(1, -1, 2)$ と (x, y, z) の内積を表すと考えられる．これが自然な解釈であることはやがて明らかになるであろう．同様に，第二式の左辺 $-x + 2y + z$ は A の第 2 行の《行ベ

クトル》$(-1,2,1)$ と未知数の《列ベクトル》(x,y,z) の《内積》であり，第三式についても同様である．これが行列の積の計算の基本である．

定義 2.1 二つの行列 A, B において，$A=\left[a_{ij}\right]$ が $m\times n$ 型，$B=\left[b_{jk}\right]$ が $n\times q$ 型のとき，この順序の積 $AB=\left[c_{ik}\right]$ は $m\times q$ 型の行列で，その (i,k) 成分 c_{ik} は A の第 i 行ベクトル $\boldsymbol{a}'_i$ と B の第 k 列ベクトル $\boldsymbol{b}_k$ の内積 $(\boldsymbol{a}'_i\,|\,\boldsymbol{b}_k)$ として定義される．すなわち，

$$c_{ik}=(\boldsymbol{a}'_i\,|\,\boldsymbol{b}_k)=a_{i1}b_{1k}+\cdots+a_{in}b_{nk}\quad(1\leqq i\leqq m,\ 1\leqq k\leqq q). \tag{2.7}$$

これを理解するために，$m=q=1$, $n=4$ の場合を観察しよう．この場合は，

$$A=\begin{bmatrix}a_1 & a_2 & a_3 & a_4\end{bmatrix},\quad B=\begin{bmatrix}b_1\\ b_2\\ b_3\\ b_4\end{bmatrix}$$

であるから，積 AB は成分が 1 個 (つまりスカラー) で，その値はそれぞれを数ベクトルと見なしたときの内積であるから，計算の仕組みは図 2.3 のように，ベクトルの成分を一つずつ掛けては足していけばよいことになる．

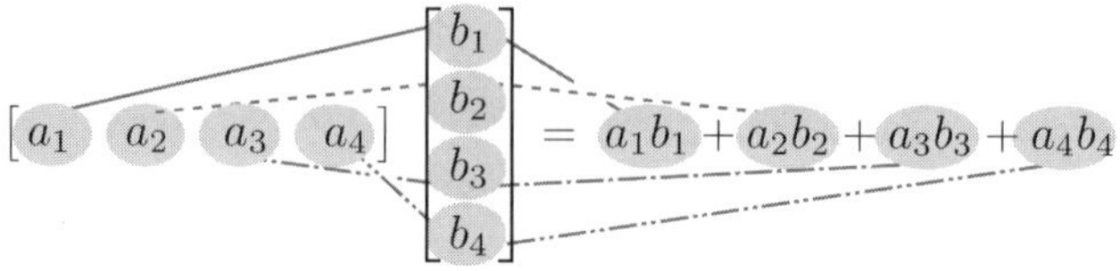

図 2.3: 内積と行列

これは成分の個数が多くなっても同じことである．2 個の行列 A, B の積 AB はこの計算法を行列 A の行ベクトルと行列 B の列ベクトルのすべての組合せに対して適用すればよい．これも簡単な場合で図解すると図 2.4 のようになる．

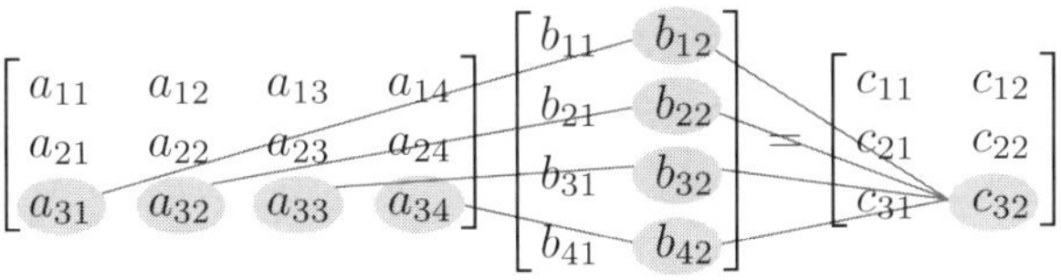

図 2.4: 行列の積

図 2.4 は 3×4 行列 A と 4×2 行列 B の積 AB において，AB の $(3,2)$ 成分 c_{32} の成り立ちを示したものである．すなわち，c_{32} は図 2.3 で示した計算法を A の第 3 行ベクトル $\boldsymbol{a}_3'$ と B の第 2 列ベクトル $\boldsymbol{b}_2$ に対して適用すればよいことを示している．

例 2.1 $A = \begin{bmatrix} 1 & 2 & 3 \\ 0 & 1 & 1 \end{bmatrix}$, $B = \begin{bmatrix} 2 & 0 \\ 1 & 3 \\ -1 & -2 \end{bmatrix}$ に対し AB と BA を計算せよ．

(解) A の列と B の行の本数は 3 で同じであるから，AB が定義できて 2×2 行列となる．また，B の列と A の行の本数は 2 で同じであるから，BA も定義できて 3×3 行列となる．まず，AB の計算は次の通りである．

$$AB = \begin{bmatrix} 1 \cdot 2 + 2 \cdot 1 + 3 \cdot (-1) & 1 \cdot 0 + 2 \cdot 3 + 3 \cdot (-2) \\ 0 \cdot 2 + 1 \cdot 1 + 1 \cdot (-1) & 0 \cdot 0 + 1 \cdot 3 + 1 \cdot (-2) \end{bmatrix} = \begin{bmatrix} 1 & 0 \\ 0 & 1 \end{bmatrix}.$$

次に，BA の計算も同様であるが，行と列が増えるだけ手間がかかる．すなわち，

$$BA = \begin{bmatrix} 2 \cdot 1 + 0 \cdot 0 & 2 \cdot 2 + 0 \cdot 1 & 2 \cdot 3 + 0 \cdot 1 \\ 1 \cdot 1 + 3 \cdot 0 & 1 \cdot 2 + 3 \cdot 1 & 1 \cdot 3 + 3 \cdot 1 \\ -1 \cdot 1 + (-2) \cdot 0 & -1 \cdot 2 + (-2) \cdot 1 & -1 \cdot 3 + (-2) \cdot 1 \end{bmatrix}$$

$$= \begin{bmatrix} 2 & 4 & 6 \\ 1 & 5 & 6 \\ -1 & -4 & -5 \end{bmatrix}. \quad \square$$

問 2.3 次の計算を実行せよ．

(1) $\begin{bmatrix} 7 & -2 \\ -3 & 1 \end{bmatrix} \begin{bmatrix} 2 & 0 & -2 \\ 3 & 1 & -1 \end{bmatrix}$, (2) $\begin{bmatrix} 1 & -3 & 2 \\ 3 & 3 & -1 \end{bmatrix} \begin{bmatrix} 1 & 0 \\ 2 & -1 \\ -1 & 3 \end{bmatrix}$.

1.5. 転置行列　行列 A の行と列を入れ換えてできる行列を A の**転置行列**と呼び A^T で表す．成分でいえば，$A=(a_{ij})$ を $m\times n$ 行列とすれば，転置行列 $A^T=(b_{ij})$ は $n\times m$ 行列で $b_{ij}=a_{ji}$ を満たすものである．例えば，

$$A=\begin{bmatrix} 2 & 1 & 3 \\ -3 & 5 & -2 \end{bmatrix} \quad \text{ならば} \quad A^T=\begin{bmatrix} 2 & -3 \\ 1 & 5 \\ 3 & -2 \end{bmatrix}.$$

1.6. 行列の計算規則　行列の計算規則はおおよそ次の通りである．

(a)　和とスカラー倍は，ベクトルと同じで，成分ごとに計算すればよい．

(b)　積は，それが意味を持っている限り普通の数の計算と同じ法則に従うが，交換法則 $AB=BA$ は，両辺が定義できても，**成立しないことが多い**．

(c)　割り算は特別な行列についてだけ可能である．

これだけでは簡略に過ぎるから，公式を証明なしで挙げておく．

定理 2.1 (行列の計算公式)　(A)　同じ型の行列について次が成り立つ．

(a)　$A+B=B+A$,

(b)　$(A+B)+C=A+(B+C)$,

(c)　成分が全部 0 の行列を**零行列**と呼び，0 と書く．このとき，任意の A に対して $A+0=A$,

(d)　任意の A, B に対し $A+X=B$ を満たす X が唯一つ存在する，

(e)　$c(A+B)=cA+cB$　(c はスカラー),

(f)　$cA=Ac$　(c はスカラー),

(g)　$(cc')A=c(c'A)$　($c,\ c'$ はスカラー),

(h)　$(c+c')A=cA+c'A$　($c,\ c'$ はスカラー),

(i)　$1A=A$　$(1\in\mathbb{R})$.

(B)　次については，両辺が意味を持つ限り等しい．

(a)　$(AB)C=A(BC)$,

(b)　$(A+B)C=AC+BC$, $A(B+C)=AB+AC$,

(c) $AE = A$, $EB = B$ (E は単位行列),

(d) $(cA)(c'B) = (cc')(AB)$ (c, c' はスカラー).

(C) 転置行列については次が成り立つ.

(a) $(A+B)^T = A^T + B^T$,

(b) $(cA)^T = cA^T$,

(c) $(AB)^T = B^T A^T$.

問 2.4 次の行列の中で和 $A+B$, 積 AB を作れるものについて結果を計算せよ.

A: (1) $\begin{bmatrix} 3 & 0 & -1 \\ 1 & -2 & 1 \end{bmatrix}$, (2) $\begin{bmatrix} 1 & 1 \\ 1 & 2 \end{bmatrix}$, (3) $\begin{bmatrix} 2 & -1 \\ -2 & 0 \\ 3 & 1 \end{bmatrix}$,

B: (1) $\begin{bmatrix} 3 & 0 \\ 1 & -2 \\ 3 & 0 \end{bmatrix}$, (2) $\begin{bmatrix} 2 & -1 \\ -1 & 1 \end{bmatrix}$, (3) $\begin{bmatrix} 3 & 0 & -1 & 0 \\ 0 & -2 & 1 & -4 \\ 3 & 0 & -3 & 0 \end{bmatrix}$.

2. ガウスの消去法

行列の大切な応用の一つは連立一次方程式の解法である. ここでは, 代表的な解法としてガウスの消去法について述べよう.

2.1. 連立一次方程式の行列表現 $x_1, x_2, \ldots, x_n$ を n 個の未知数とし, $a_1, a_2, \ldots, a_n, b$ を定数とするとき,

$$a_1x_1 + a_2x_2 + \cdots + a_nx_n = b$$

を $x_1, x_2, \ldots, x_n$ の**一次方程式**という. このような一次方程式をいくつか同時に考えたもの, すなわち

$$\begin{aligned} a_{11}x_1 + a_{12}x_2 + \cdots + a_{1n}x_n &= b_1, \\ a_{21}x_1 + a_{22}x_2 + \cdots + a_{2n}x_n &= b_2, \\ &\cdots\cdots \\ a_{m1}x_1 + a_{m2}x_2 + \cdots + a_{mn}x_n &= b_m \end{aligned} \tag{2.8}$$

を $x_1, x_2, \ldots, x_n$ の**連立一次方程式**という．これは §1.4 で説明したように行列を使って表現できる．これを (2.8) に対して繰り返せば次のようになる．

まず，方程式 (2.8) の左辺の係数をそのままの形に並べた $m \times n$ 行列を A とする．また，変数 $x_1, x_2, \ldots, x_n$ を縦に並べた列ベクトルを $\boldsymbol{x}$, (2.8) の右辺 (これを**非斉次項**と呼ぶ) を表す列ベクトルを $\boldsymbol{b}$ とする．すなわち，

$$(2.9) \qquad A = \begin{bmatrix} a_{11} & a_{12} & \ldots & a_{1n} \\ a_{21} & a_{22} & \ldots & a_{2n} \\ \vdots & \vdots & & \vdots \\ a_{m1} & a_{m2} & \ldots & a_{mn} \end{bmatrix}, \quad \boldsymbol{x} = \begin{bmatrix} x_1 \\ x_2 \\ \vdots \\ x_n \end{bmatrix}, \quad \boldsymbol{b} = \begin{bmatrix} b_1 \\ b_2 \\ \vdots \\ b_m \end{bmatrix}$$

とおく．この A を連立方程式 (2.8) の**係数行列**という．このとき，§1.4 で述べたように，連立方程式 (2.8) は

$$(2.10) \qquad A\boldsymbol{x} = \boldsymbol{b}$$

と表される．行列 A に非斉次項 $\boldsymbol{b}$ を付け加えた行列

$$(2.11) \qquad B = \begin{bmatrix} a_{11} & a_{12} & \ldots & a_{1n} & b_1 \\ a_{21} & a_{22} & \ldots & a_{2n} & b_2 \\ \vdots & \vdots & & \vdots & \vdots \\ a_{m1} & a_{m2} & \ldots & a_{mn} & b_m \end{bmatrix}$$

を連立方程式 (2.8) の**拡大係数行列**という．

この方程式で右辺 $\boldsymbol{b}$ が零ベクトル，すなわち $b_1 = 0, b_2 = 0, \ldots, b_m = 0$ のときは，方程式 (2.8) (または (2.10)) は**斉次**(せいじ)であるという．また，$\boldsymbol{b} \neq \boldsymbol{0}$ のとき，**非斉次**(ひせいじ)であるという．(2.10) が非斉次であるとき，

$$(2.12) \qquad A\boldsymbol{x} = \boldsymbol{0}$$

を (2.10) に対応する斉次方程式という．

注意 2.1　A が連立方程式の係数行列の場合，どの列も零でない成分を含むことを仮定する．実際，前もって未知数が他にあることが分かっている場合でも，方程式の

表面に現れた未知数だけに注目して解けば十分である．その他の未知数は (仮にあったとしても) 連立一次方程式の解法そのものには役に立たないからである．

2.2. 連立一次方程式の解　(2.8) の m 個の方程式を同時に満足する未知数 $x_1, x_2, \ldots, x_n$ の値があれば，それをこの連立一次方程式の**解**と呼ぶ．解はいくつもあることもあれば，全然ないこともある．この方程式を解くということは，

(a)　解があるかどうかを見分けること，

(b)　解がある場合に，それを全部求めること

である．このための標準的な手続の一つが**ガウス消去法**である．これは“ピボットを選んで掃き出す”という手続きを繰り返すのが特徴で，このため**掃き出し法**とも呼ばれている．この**ピボット**とは要(かなめ)といった意味である．まず例で説明しよう．

2.3. ガウス消去法の例　未知数が 3 個の連立一次方程式

$$
\begin{aligned}
2x + 2y + 3z &= 4, \\
6x + 4y + 7z &= 6, \\
2x - 3y + 6z &= 5
\end{aligned}
\tag{2.13}
$$

をガウスの消去法によって解こう．その手続きを順を追って説明する．

第一段　この式を簡単にするため，第二，第三式から x を消去する．そのため，第一式の x の係数が 2 であることに着目し，

(a)　第一式の 3 倍を第二式から引く，

(b)　第一式を第三式から引く

の操作を行う．その結果，方程式は次のようになる．

$$
\begin{aligned}
2x + 2y + 3z &= 4, \\
- 2y - 2z &= -6, \\
- 5y + 3z &= 1.
\end{aligned}
\tag{2.14}
$$

この場合，第一式の x の係数 2 をこの消去操作の**ピボット**と呼び，以上の操作を "2 をピボットにして掃き出す" という．

第二段　次は，第一式は除外し，第二，第三式に対して，第一段をまねた y の消去を行う．この場合は，第二式の y の係数 -2 が今回の消去操作のピボットになる．すなわち，

(c)　第二式の $\dfrac{5}{2}$ 倍を第三式から引く

操作を行う．従って，その結果は

$$
\begin{aligned}
2x + 2y + 3z &= 4,\\
-\,2y - 2z &= -6,\\
8z &= 16.
\end{aligned}
\tag{2.15}
$$

これは，第二式と第三式について，"-2 をピボットにして掃き出す" 操作を行った訳である．これで，ガウス消去法は一応終了する．この消去では，ピボットを決めたら，そこから先 (下) にある係数を消去するように操作を進める訳で，これを**前進消去**と呼ぶ．

ここまでに行った変形 (a), (b), (c) はどれも同様な操作で元に戻せるから，方程式 (2.13), (2.14), (2.15) は同等な方程式であることが分かる．

問 2.5　上で行ったガウス消去法の操作 (a), (b), (c) を元に戻す操作は何か．

第三段　(2.15) までくれば，その第三式から逆にたどってすべての答が求められる．つまり，第三式から $z=2$ が得られ，それを第二式に代入すれば，$y=1$ が得られ，さらにこれらを第一式に代入して，$x=-2$ が得られて，答は完全に求められる．この後半の手続きを**後退代入**と呼んでいる．

このように，ガウス消去法は前進消去と後退代入を組合せて方程式を解いてゆく方法なのである．

2.4. ガウス消去法の行列操作　上で説明したガウス消去法は，方程式 (2.13) の係数行列上の操作で実現される．まず，方程式 (2.13), (2.14), (2.15) の係

数行列を並べて変化の跡をたどれば次のようになる.

$$\begin{bmatrix}2 & 2 & 3\\ 6 & 4 & 7\\ 2 & -3 & 6\end{bmatrix} \xrightarrow{\langle\text{ 第一段 }\rangle} \begin{bmatrix}2 & 2 & 3\\ 0 & -2 & -2\\ 0 & -5 & 3\end{bmatrix} \xrightarrow{\langle\text{ 第二段 }\rangle} \begin{bmatrix}2 & 2 & 3\\ 0 & -2 & -2\\ 0 & 0 & 8\end{bmatrix}.$$

これらを行列の言葉で書いてみよう. まず, 第一段の操作は,

(a) 第 1 行の 3 倍を第 2 行から (ベクトルとして) 引く,

(b) 第 1 行を第 3 行から引く

の二つであるが, その目的は $(1,1)$ 成分 2 の下にある二つの成分を 0 にすることであった. これを

“ピボット 2 の下にある第 1 列を掃き出す”

という. 次に, 第二段の操作は,

(c) 第 2 行に $\frac{5}{2}$ を掛けて第 3 行から引く

ことであるが, これは “ピボット -2 の下にある第 2 列を掃き出す” 変形である. この次は, “ピボット 8 の下にある $\cdots$” と続くはずであるが, その下がないので作業は終りである.

注意 2.2 方程式を実際に解く場合には, 係数の変化に対応する右辺 (非斉次項) の変化も記述する必要があるが, 変形操作の直接の対象は係数であって右辺はそれに連動するに過ぎないから, ここでは係数部分だけを取り扱った.

この変形の最終結果である行列を U としよう. すなわち,

$$U = \begin{bmatrix}2 & 2 & 3\\ 0 & -2 & -2\\ 0 & 0 & 8\end{bmatrix}. \tag{2.16}$$

これは対角線から下が 0 のいわゆる**上三角行列**である. この U から後退代入で解を具体的に出してゆく第三段も行列上の変形で実現できる. これを説明しよう.

まず，方程式の両辺に 0 でない数を掛けても方程式は変わらないから，係数行列の任意の行に 0 でない数を掛けることができる．それで，

(d) U の第 1, 2, 3 行にそれぞれ $\frac{1}{2}, -\frac{1}{2}, \frac{1}{8}$ を掛ける

ことにより，ピボットに当る成分を 1 にしよう．すなわち，

$$U \to \begin{bmatrix} 1 & 1 & \frac{3}{2} \\ 0 & 1 & 1 \\ 0 & 0 & 1 \end{bmatrix}.$$

後退代入法を行列の上で行うには，第 3 行から始めて上に戻ってゆく訳で，次の通りである．

(e) 第 3 行を第 2 行から引く，
(f) 第 3 行の $\frac{3}{2}$ 倍を第 1 行から引く，
(g) 第 2 行を第 1 行から引く．

目的はピボット以外の係数を 0 にすることである．具体的に行列で書けば，

$$\begin{bmatrix} 1 & 1 & \frac{3}{2} \\ 0 & 1 & 1 \\ 0 & 0 & 1 \end{bmatrix} \xrightarrow[\langle 1\rangle - \langle 3\rangle \times \frac{3}{2}]{\langle 2\rangle - \langle 3\rangle} \begin{bmatrix} 1 & 1 & 0 \\ 0 & 1 & 0 \\ 0 & 0 & 1 \end{bmatrix} \xrightarrow{\langle 1\rangle - \langle 2\rangle} \begin{bmatrix} 1 & 0 & 0 \\ 0 & 1 & 0 \\ 0 & 0 & 1 \end{bmatrix}$$

となる．ここで，矢印の上 (下) に付記したのは，操作 (e), (f), (g) を記号で表したもので，意味は類推がつくであろう．

以上から分かるように，ガウス消去法は前進消去と後退代入によって係数行列 A を (できれば) 単位行列にする変形法であるといえる．正確な説明は後にするが，上のような**都合の**いい場合には係数行列の変形操作を右辺を含めた拡大係数行列に適用すれば，最終的には解答を表示する行列

$$\begin{bmatrix} 1 & 0 & 0 & -2 \\ 0 & 1 & 0 & 1 \\ 0 & 0 & 1 & 2 \end{bmatrix}$$

に到着する．これを方程式の形に戻せば，

$$\begin{aligned} x + 0y + 0z &= -2, \\ 0x + \ \ y + 0z &= 1, \\ 0x + 0y + \ \ z &= 2, \end{aligned} \qquad \therefore \quad x = -2,\ y = 1,\ z = 2$$

となって，方程式 (2.13) の解が得られるのである．

注意 2.3 上記の例は解が唯一つで，しかもピボットが全部 0 ではない幸運な場合であるが，ピボットが 0 になったり，解がいくつもある場合や一つもない場合，方程式の数と未知数の数が違う場合にも有効であることを特に注意しておく．

2.5. 基本変形 §2.3, §2.4 で調べたガウス消去法の例では，係数行列に対して次の二つの変形を使った．

(I) 一つの行に 0 でないスカラーを掛ける，

(II) ある行に他の行のスカラー倍を加える．

これを行列の**行基本変形**と呼ぶ．すでに注意したように，上の例ではピボットがどれも 0 にならなかったが，係数の具合によってはピボットが 0 になることもあり得る．その場合には，方程式の順序を交換する必要も起る．これに対応する係数行列の操作は

(III) 二つの行を交換する

で，これも行基本変形の一つに加えておく．

注意 2.4 (a) 行基本変形の (III) は基本変形 (I) と (II) の組合せで実現できるから，なくても困ることはないが，基本変形の仲間に入れておく習慣がある．

(b) 上の基本変形の条件において，行を列に代えれば**列基本変形**が得られる．列の変形は未知数の形を変えてしまうから，方程式の解法に直接は使えないが，行列の「階数」を求める際に行基本変形と併用すると非常に能率的である．

2.6. 基本変形の行列表現 ここでは，ガウス消去法の行列変形を分析しよう．そのため，変形の直接対象となる行列を

$$A = \begin{bmatrix} a_{11} & a_{12} & \dots & a_{1n} \\ a_{21} & a_{22} & \dots & a_{2n} \\ \vdots & \vdots & & \vdots \\ a_{m1} & a_{m2} & \dots & a_{mn} \end{bmatrix}$$

とする．n は未知数の数，m は方程式の数である．このとき，§2.5 で述べたような行列の基本変形は特殊な形の行列を A に掛けることによって実現される．

行基本変形 (I) A の第 i 行にスカラー c を掛ける操作は，次の形の $m \times m$ 行列を A の左側から掛ければよい．

$$(2.17) \qquad D_i(c) = \begin{bmatrix} 1 & & & & & & \\ & \ddots & & & & & \\ & & 1 & & & & \\ & & & c & \cdot & \cdots & \cdot \\ & & & & 1 & & \\ & & & & & \ddots & \\ & & & & & & 1 \end{bmatrix} (i \qquad (c \neq 0).$$

行基本変形 (II) A の第 i 行にスカラー c を掛けて第 k 行に加える操作は，次の形の $m \times m$ 行列を A の左側から掛けることで実現される．

$$(2.18) \qquad T_{ik}(c) = \begin{bmatrix} 1 & & \overset{i}{\smile}\!\!\cdot & & & & \\ & \ddots & \vdots & & & & \\ & & 1 & & & & \\ & & \vdots & \ddots & & & \\ & & c & \cdots & 1 & \cdots & \cdot \\ & & & & & \ddots & \\ & & & & & & 1 \end{bmatrix} (k \qquad (1 \leqq i \neq k \leqq m).$$

行基本変形 (III) 第 i 行と第 j 行を交換するには，次の $m \times m$ 行列を A の左側から掛ければよい．

$$
(2.19) \qquad P_{ij} = \begin{bmatrix}
1 & & & \overset{i}{\smile} & & & \overset{j}{\smile} & & & \\
& \ddots & & \vdots & & & \vdots & & & \\
& & 1 & & & & & & & \\
& & & 0 & \cdots & & 1 & \cdots & & \\
& & & & 1 & & & & & \\
& & & \vdots & \ddots & & \vdots & & & \\
& & & & & 1 & & & & \\
& & & 1 & \cdots & & 0 & \cdots & & \\
& & & & & & & 1 & & \\
& & & & & & & & \ddots & \\
& & & & & & & & & 1
\end{bmatrix}
\begin{matrix} \\ \\ \\ (i \\ \\ \\ \\ (j \\ \\ \\ \\ \end{matrix}
$$

ガウス消去法の行列表現 従って，ガウス消去法の基本操作を行列の演算の側からまとめれば，次のようになる．

(a) 前進消去は $T_{ik}(c)$ $(1 \leqq i < k \leqq m)$ の形の行列と P_{ij} の形の行列を何回か A の左側から掛けることで実現される．

(b) 前進消去が終了したとき，A は次の形になっている．

$$
(2.20) \qquad \begin{bmatrix}
a_{11}^* & \cdots & * & \cdots & * & \cdots\cdots & * & \cdots \\
& & a_{2j_2}^* & \cdots & * & \cdots\cdots & * & \cdots \\
& & & & a_{3j_3}^* & \cdots\cdots & * & \cdots \\
& & & & & \cdots\cdots & \cdots & \cdots \\
& & & & & & a_{rj_r}^* & \cdots \\
& & & & & & &
\end{bmatrix}
$$

ここで，影をつけた成分がピボットで，これらは 0 ではない．また，階段から下の空白の部分は成分が 0 である．このような形の行列を**階段形**と呼ぶ．

(c) 解があることが分かったときには，後退代入の手続きに進む．その準備として上のピボットを 1 にするが，その操作は $D_i(c)$ の形の $m \times m$ 行列をいくつか A の左側から掛ければよい．

(d) 最後に，$T_{ik}(c)$ (今度は $i > k$ である) を A の左側から掛けて (2.20) の $*$ 印の成分を 0 にするのが後退代入の行列操作である．

2.7. ガウス消去法の実際 さて，一般の方程式 (2.8) (または，(2.10)) をガウス消去法で解くには，その拡大係数行列，すなわち，

$$B = \begin{bmatrix} a_{11} & a_{12} & \dots & a_{1n} & b_1 \\ a_{21} & a_{22} & \dots & a_{2n} & b_2 \\ \vdots & \vdots & & \vdots & \vdots \\ a_{m1} & a_{m2} & \dots & a_{mn} & b_m \end{bmatrix} = \begin{bmatrix} A, \boldsymbol{b} \end{bmatrix} \tag{2.11}$$

に前進消去と後退代入の手続きを行えばよい．

前進消去 係数行列の部分 A に掃き出し操作を適用して B を変形する．

第一段 a_{11} をピボットとしてその下の第 1 列を掃き出す．もし $a_{11} = 0$ のときは，第 1 列には 0 でない成分が必ずあるから，その成分を含む行を行の交換で第 1 行に移してからこの操作をすればよい．変形後の行列を

$$B' = \begin{bmatrix} A', \boldsymbol{b}' \end{bmatrix}$$

とおく．ここで，$A' = \begin{bmatrix} a'_{ij} \end{bmatrix}$ は係数部分，$\boldsymbol{b}'$ は非斉次項である．

第二段 行列 A' の**第 2 行以下のみ**を観察する．第一段の変形により第 1 列の成分は全部 0 になっている．そこで，初めて 0 でない成分がある列の番号を j_2 とする．このとき，もし必要ならば (第 2 行以下で) 行の交換を行って $a'_{2j_2} \neq 0$ とすることができる．このとき，a'_{2j_2} をピボットとしてその下の第 j_2 列を掃き出す．この変形後の行列を

$$B'' = \begin{bmatrix} A'', \boldsymbol{b}'' \end{bmatrix}$$

とおく．ここで，$A'' = \begin{bmatrix} a''_{ij} \end{bmatrix}$ は係数部分である．

第三段　以下，同様な操作を繰り返せば，係数行列の部分が (2.20) で示されるような階段形になって前進消去の手続きは終了する．このときの行列を

$$B^{(r)} = \left[A^{(r)}, \boldsymbol{b}^{(r)}\right]$$

とおく．係数行列 $A^{(r)}$ は (2.20) の形であるとする．この場合，$A^{(r)}$ の 0 でない行の本数 r は A の**階数**と呼ばれるもので，変形の操作には無関係で最初の行列 A によって決まる数である．

解の存在の判定　方程式 (2.8) が解けるかどうかは $B^{(r)}$ を見れば判定できる．すなわち，$\boldsymbol{b}^{(r)}$ の第 $r+1$ 行以下の成分が全部 0 であることが，(2.8) に解があるための必要十分条件である．

後退代入　解があるときは，後退代入の手続きに移る．

第一段　$B^{(r)}$ の零でない行にその行に含まれるピボットの逆数を掛けてすべてのピボットを 1 にする．すなわち，(2.20) の記号で

$$a^*_{11} = a^*_{2j_2} = \cdots = a^*_{rj_r} = 1$$

とする．

第二段　最後のピボット $a^*_{rj_r}$ から始めて，各ピボットの上にある列のすべての成分を掃き出す．その結果は次の通りである．

$$\begin{array}{c} \\ \\ \\ \\ \\ \\ \end{array}\left[\begin{array}{ccccccccc} & & \overset{j_2}{\smile} & & \overset{j_3}{\smile} & & \overset{j_r}{\smile} & & \\ 1 & \ldots & 0 & \ldots & 0 & \ldots\ldots\ldots & 0 & \ldots & \beta_1 \\ & & 1 & \ldots & 0 & \ldots\ldots\ldots & 0 & \ldots & \beta_2 \\ & & & & 1 & \ldots\ldots\ldots & 0 & \ldots & \beta_3 \\ & & & & & \ldots\ldots & \vdots & \ldots & \vdots \\ & & & & & & 1 & \ldots & \beta_r \\ & & & & & & & & \end{array}\right]$$

第三段　上の行列を未知数 $x_1, \ldots, x_n$ で書き換えればよい．この場合，もし $r < n$ ならば，未知数の中でピボットに対応しない $n-r$ 個の値は自由に決められることが分かる．

3. ガウス消去法の練習

3.1. 解法の復習 これまでの説明から分かるように，ガウス消去法によって方程式を解く手順は次の通りである．方程式の拡大係数行列に対して，

(a) ピボットが 0 にならぬように行の交換を行いながら，前進消去によって各ピボットの下の列成分を消去する (掃き出す).

(b) (a) の手続きが終ったら，解の有無を判定する．

解が存在するときは，さらに

(c) 行のスカラー倍により各ピボットを 1 にする．

(d) 後退代入により，各ピボットの上の列成分を消去する (掃き出す).

この結果得られた行列を未知数を含む式に書き直すことで，解法は終了する．実際には，これらを念頭において行列の変形を進めればよい訳で，いちいち細かく断らなくともよい．

3.2. 解が唯一つある方程式 解が一つだけある場合から練習しよう．

例 2.2 (2 元連立方程式) 次の連立一次方程式をガウス消去法で解け．

$$\begin{aligned} x + 3y &= 4, \\ 2x + 5y &= 5. \end{aligned} \tag{2.21}$$

(解) この方程式の拡大係数行列は

$$\begin{bmatrix} 1 & 3 & 4 \\ 2 & 5 & 5 \end{bmatrix} \tag{2.22}$$

であるから，次のように進めばよい．念のため，右側に行列操作の註釈をつけておく．

$$\begin{bmatrix} 1 & 3 & 4 \\ 2 & 5 & 5 \end{bmatrix} \xrightarrow{\langle 2\rangle - \langle 1\rangle \times 2} \begin{bmatrix} 1 & 3 & 4 \\ 0 & -1 & -3 \end{bmatrix} \qquad \left(\begin{array}{l}\text{第 1 行を 2 倍して}\\ \text{第 2 行から引く}\end{array}\right)$$

$$\xrightarrow{\langle 2\rangle \times (-1)} \begin{bmatrix} 1 & 3 & 4 \\ 0 & 1 & 3 \end{bmatrix} \qquad \left(\begin{array}{l}\text{第 2 行に } -1 \text{ を掛}\\ \text{ける}\end{array}\right)$$

$$\xrightarrow{\langle 1\rangle - \langle 2\rangle \times 3} \begin{bmatrix} 1 & 0 & -5 \\ 0 & 1 & 3 \end{bmatrix}. \qquad \left(\begin{array}{l}\text{第 1 行から第 2 行}\\ \text{の 3 倍を引く}\end{array}\right)$$

これらの操作がそれぞれ，前進消去，ピボットを 1 にする，後退代入に当ることは明らかであろう．最後の行列を方程式の形に戻せば

$$x + 0y = -5,\quad 0x + y = 3 \tag{2.23}$$

となって，解 $x = -5$, $y = 3$ が求められた． □

例 2.3 (3 元連立方程式)　次の連立方程式をガウス消去法で解け．

$$\begin{aligned} x_2 + x_3 &= -1, \\ x_1 + 2x_2 + x_3 &= 3, \\ 2x_1 + x_2 - 2x_3 &= 2. \end{aligned}$$

(解)　拡大係数行列を例えば次のように変形する．変形の細かい註釈は省略するが，例えば $\langle 2\rangle \leftrightarrow \langle 1\rangle$ は第 1 行と第 2 行の入れかえを表すものとする．

$$\begin{bmatrix} 0 & 1 & 1 & -1 \\ 1 & 2 & 1 & 3 \\ 2 & 1 & -2 & 2 \end{bmatrix} \xrightarrow{\langle 2\rangle\leftrightarrow\langle 1\rangle} \begin{bmatrix} 1 & 2 & 1 & 3 \\ 0 & 1 & 1 & -1 \\ 2 & 1 & -2 & 2 \end{bmatrix}$$

$$\xrightarrow{\langle 3\rangle-\langle 1\rangle\times 2} \begin{bmatrix} 1 & 2 & 1 & 3 \\ 0 & 1 & 1 & -1 \\ 0 & -3 & -4 & -4 \end{bmatrix} \xrightarrow{\langle 3\rangle+\langle 2\rangle\times 3} \begin{bmatrix} 1 & 2 & 1 & 3 \\ 0 & 1 & 1 & -1 \\ 0 & 0 & -1 & -7 \end{bmatrix}$$

$$\xrightarrow{\langle 3\rangle\times(-1)} \begin{bmatrix} 1 & 2 & 1 & 3 \\ 0 & 1 & 1 & -1 \\ 0 & 0 & 1 & 7 \end{bmatrix} \xrightarrow[\langle 1\rangle-\langle 3\rangle]{\langle 2\rangle-\langle 3\rangle} \begin{bmatrix} 1 & 2 & 0 & -4 \\ 0 & 1 & 0 & -8 \\ 0 & 0 & 1 & 7 \end{bmatrix}$$

$$\xrightarrow{\langle 1\rangle-\langle 2\rangle\times 2} \begin{bmatrix} 1 & 0 & 0 & 12 \\ 0 & 1 & 0 & -8 \\ 0 & 0 & 1 & 7 \end{bmatrix}.$$

これから，$x_1 = 12$, $x_2 = -8$, $x_3 = 7$. □

問 2.6　ガウス消去法によって次の連立方程式を解け．

(1) $x + y = 1,\quad x - 3y = -3,$

(2) $x - 2y = 3,\quad 2x + y = 1,$

(3) $2x + y = -4,\quad x + 2y = 1.$

問 2.7 ガウス消去法によって次の連立方程式を解け．

(1)
$$x - y - 2z = 2,\quad 3x - y + z = 9,\quad x - y + 2z = 6,$$

(2)
$$2x - 2y + z = -1,\quad x - y + 2z = 1,\quad 3x + 3y + 2z = 3.$$

3.3. 解が複数ある場合 解が唯一つではない場合を考えよう．これは特に方程式の数よりも未知数が多い場合に起る．

例 2.4 ガウス消去法によって次の方程式を解け．

$$\begin{aligned} x_1 + 3x_2 - 2x_3 &= 4, \\ 2x_1 + 5x_2 - \ x_3 &= 5. \end{aligned} \tag{2.24}$$

(解) 拡大係数行列を例えば次のように変形する．

$$\begin{bmatrix} 1 & 3 & -2 & 4 \\ 2 & 5 & -1 & 5 \end{bmatrix} \xrightarrow{\langle 2\rangle - \langle 1\rangle \times 2} \begin{bmatrix} 1 & 3 & -2 & 4 \\ 0 & -1 & 3 & -3 \end{bmatrix}$$
$$\xrightarrow{\langle 2\rangle \times (-1)} \begin{bmatrix} 1 & 3 & -2 & 4 \\ 0 & 1 & -3 & 3 \end{bmatrix} \xrightarrow{\langle 1\rangle - \langle 2\rangle \times 3} \begin{bmatrix} 1 & 0 & 7 & -5 \\ 0 & 1 & -3 & 3 \end{bmatrix}.$$

最終の行列を方程式の形に戻せば，

$$\begin{aligned} x_1 + 7x_3 &= -5, \\ x_2 - 3x_3 &= 3 \end{aligned} \tag{2.25}$$

となる．従って，解は次のように表される．

$$x_1 = -7x_3 - 5, \quad x_2 = 3x_3 + 3 \qquad (x_3 \text{ は任意}).$$

すなわち，x_3 の値を変えることによって (2.24) は無数の解を持つことが分かる． □

注意 2.5 前問の解を

$$x_1 = -7a - 5, \quad x_2 = 3a + 3, \quad x_3 = a \qquad (a \text{ は任意})$$

のように書いてもよい．また，(2.25) を書き直せば直線の方程式

$$\frac{x_1 + 5}{-7} = \frac{x_2 - 3}{3} = x_3$$

となるから，解はこの直線上の点の座標 (x_1, x_2, x_3) の全体であることが分かる．

問 2.8 次の方程式をガウス消去法で解け.

(1) $$\begin{aligned} x+2y+3z&=0,\\ 3x+7y+5z&=0, \end{aligned}$$

(2) $$\begin{aligned} x+2y+z&=2,\\ x-y+2z&=-1,\\ x+8y-z&=8. \end{aligned}$$

3.4. 解がない場合 解けない方程式もある. これを見よう.

例 2.5 (解のない方程式) 次の方程式をガウス消去法で解け.

$$\begin{aligned} x-3y&=2,\\ -2x+6y&=-5. \end{aligned} \tag{2.26}$$

(解) ガウス消去法を適用すれば,

$$\begin{bmatrix} 1 & -3 & 2\\ -2 & 6 & -5 \end{bmatrix} \xrightarrow{\langle 2\rangle+\langle 1\rangle\times 2} \begin{bmatrix} 1 & -3 & 2\\ 0 & 0 & -1 \end{bmatrix}$$

となるが, この右側の行列の第 2 行からは $0=-1$ という矛盾する結果を得るから, この方程式には解がない. □

問 2.9 次の方程式には解がないことをガウス消去法によって示せ.

(1) $$\begin{aligned} x+2y+3z&=3,\\ x+2y-z&=-1,\\ 3x+6y-z&=2, \end{aligned}$$

(2) $$\begin{aligned} x-2y&=3,\\ y-2z&=-1,\\ x+y-6z&=1. \end{aligned}$$

3.5. 解の有無の判定 以上, いろいろな場合を見てきた. ガウス消去法を使えば, どんな場合でも結論は出せるが, 方程式を直接解かずに解の有無を見分ける方法はないであろうか. これについて簡単に説明しておく.

§2.5 で, 行列の行基本変形を説明したが, その定義において行を列に置き換えて, 列基本変形が定義される. すなわち,

(I) 一つの列に 0 でないスカラーを掛ける,

(II) ある列に他の列のスカラー倍を加える,

(III) 二つの列を交換する

の 3 種類の変形を繰り返すことを行列の**列基本変形**と呼ぶ．行基本変形と列基本変形の両方を併せて行列の**基本変形**と呼ぶ．

ガウスの消去法では行基本変形だけを使ったが，今度は行と列の基本変形を併用して行列 $A = \left[a_{ij}\right]$ を変形する．結果は次の通りである．

定理 2.2　任意の行列 A に基本変形を繰り返し行って，A を

$$\begin{bmatrix} E_r & 0 \\ 0 & 0 \end{bmatrix} \tag{2.27}$$

の形にすることができる．ただし，E_r は r 次の単位行列で，$r = 0$ のときは零行列とする．

証明　$A = 0$ ならば，$r = 0$ で変形の必要はない．よって，$A \neq 0$ と仮定する．このときは，0 でない成分があるから，必要ならば行の交換と列の交換によって，$a_{11} \neq 0$ と仮定できる．このときは，まず a_{11} をピボットとして第 1 行と第 1 列を掃き出す．その結果，第 1 行と第 1 列は $(1,1)$ 成分が 1 である以外は全部 0 となる．次に，$(1,1)$ 成分以外に 0 でないものがあれば，それを $(2,2)$ へ移動し，この成分をピボットとして第 2 行と第 2 列を掃き出す．この手順を繰り返せば，(2.27) の形にできる．□

(2.27) における r は変形の手順に無関係で A のみで決まることが証明できる (第 7 章 定理 7.5 の系 (135 ページ) 参照)．この r を行列 A の**階数**と呼び，$\operatorname{rank} A$ と書く．これを使えば，次が成り立つ．

定理 2.3　連立一次方程式 (2.8) が解 (複数解の場合を含む) を持つための必要十分条件は $\operatorname{rank} A = \operatorname{rank} B$ である．

さらに，解を具体的に計算しなくても，解の個数などについての情報が得られる．これらについては，第 7 章 §2.4 で解説したい．

注意 2.6　行列 A の階数 r は実は A の階段形 (2.20) に出てきた行の数 r と同じものである．それで，階段形の説明の所でも階数という言葉を使ったのである．

演習問題

2.1 (1) 二つの対角行列の積は，再び対角行列になることを示せ．

(2) 二つの上三角行列の積は，再び上三角行列になることを示せ．

(3) 二つの下三角行列の積は，再び下三角行列になることを示せ．

2.2 A, B を n 次の対称行列とするとき次を示せ．

(1) AB または BA が対称行列ならば，$AB = BA$ が成り立つ．従って，AB と BA のどちらも対称行列である．

(2) $AB = BA$ ならば，AB と BA のどちらも対称行列である．

2.3 A, B を上 (または，下) 三角行列とするとき，積 $C = AB$ の対角成分 c_{ii} は A, B の対応する対角成分の積 $a_{ii}b_{ii}$ に等しいことを示せ．

2.4 a, b, c がすべて異なる数ならば

$$\begin{bmatrix} \frac{bc}{(a-b)(a-c)} & -\frac{b+c}{(a-b)(a-c)} & \frac{1}{(a-b)(a-c)} \\ \frac{ca}{(b-c)(b-a)} & -\frac{c+a}{(b-c)(b-a)} & \frac{1}{(b-c)(b-a)} \\ \frac{ab}{(c-a)(c-b)} & -\frac{a+b}{(c-a)(c-b)} & \frac{1}{(c-a)(c-b)} \end{bmatrix} \begin{bmatrix} 1 & 1 & 1 \\ a & b & c \\ a^2 & b^2 & c^2 \end{bmatrix} = \begin{bmatrix} 1 & 0 & 0 \\ 0 & 1 & 0 \\ 0 & 0 & 1 \end{bmatrix}$$

が成り立つことを示せ．

2.5 (1) 実数を係数とする二次方程式 $x^2 + px + q = 0$ が二つの実数解 α, β を持つとき，次式を計算せよ．

$$\frac{1}{\beta - \alpha} \begin{bmatrix} \beta & -1 \\ -\alpha & 1 \end{bmatrix} \begin{bmatrix} 0 & 1 \\ -q & -p \end{bmatrix} \begin{bmatrix} 1 & 1 \\ \alpha & \beta \end{bmatrix}$$

(2) 実数を係数とする n 次方程式 $x^n + a_1 x^{n-1} + a_2 x^{n-2} + \cdots + a_{n-1}x + a_n = 0$ に対して，n 次行列

$$A = \begin{bmatrix} 0 & 1 & 0 & 0 & \cdots & 0 \\ 0 & 0 & 1 & 0 & \cdots & 0 \\ 0 & 0 & 0 & 1 & \cdots & 0 \\ \vdots & \vdots & \vdots & \ddots & \ddots & 0 \\ 0 & 0 & 0 & \cdots & 0 & 1 \\ -a_n & -a_{n-1} & -a_{n-2} & \cdots & -a_2 & -a_1 \end{bmatrix}$$

をこの方程式に付随する行列という．λ が方程式の解ならば,

$$A\begin{bmatrix}1\\ \lambda\\ \lambda^2\\ \vdots\\ \lambda^{n-1}\end{bmatrix}=\lambda\begin{bmatrix}1\\ \lambda\\ \lambda^2\\ \vdots\\ \lambda^{n-1}\end{bmatrix}$$

が成り立つことを示せ.

(3)　実数を係数とする三次方程式 $x^3+ax^2+bx+c=0$ が三つの実数解 α, β, γ を持つとき，この方程式に付随する行列

$$A=\begin{bmatrix}0 & 1 & 0\\ 0 & 0 & 1\\ -c & -b & -a\end{bmatrix}$$

は

$$A\begin{bmatrix}1 & 1 & 1\\ \alpha & \beta & \gamma\\ \alpha^2 & \beta^2 & \gamma^2\end{bmatrix}=\begin{bmatrix}1 & 1 & 1\\ \alpha & \beta & \gamma\\ \alpha^2 & \beta^2 & \gamma^2\end{bmatrix}\begin{bmatrix}\alpha & 0 & 0\\ 0 & \beta & 0\\ 0 & 0 & \gamma\end{bmatrix}$$

を満たすことを示せ．また,

$$\begin{bmatrix}\frac{\beta\gamma}{(\alpha-\beta)(\alpha-\gamma)} & -\frac{\beta+\gamma}{(\alpha-\beta)(\alpha-\gamma)} & \frac{1}{(\alpha-\beta)(\alpha-\gamma)}\\ \frac{\gamma\alpha}{(\beta-\gamma)(\beta-\alpha)} & -\frac{\gamma+\alpha}{(\beta-\gamma)(\beta-\alpha)} & \frac{1}{(\beta-\gamma)(\beta-\alpha)}\\ \frac{\alpha\beta}{(\gamma-\alpha)(\gamma-\beta)} & -\frac{\alpha+\beta}{(\gamma-\alpha)(\gamma-\beta)} & \frac{1}{(\gamma-\alpha)(\gamma-\beta)}\end{bmatrix}A\begin{bmatrix}1 & 1 & 1\\ \alpha & \beta & \gamma\\ \alpha^2 & \beta^2 & \gamma^2\end{bmatrix}$$

を計算せよ.

2.6　ガウス消去法によって次の方程式を解け.

(1)
$$\begin{aligned}2x-3y+z+2w&=-7,\\ 6x+9y-2z+w&=2,\\ 10x+3y-3z-2w&=-5,\\ 2x+6y+z+3w&=1,\end{aligned}$$

(2)
$$\begin{aligned}2x-3y+3z+2w&=5,\\ x-z+2w&=9,\\ 7x+3y+2w&=1,\\ 3x+6y-2z-4w&=-14.\end{aligned}$$

第3章 行列式

1. 2次と3次の行列式

1.1. 連立方程式の解の公式　未知数と方程式の数が同じである連立一次方程式を考えよう．まず，簡単な場合として2元および3元の連立一次方程式の解の公式を作ろう[*1]．最初に，未知数 x_1, x_2 に関する方程式

$$a_{11}x_1 + a_{12}x_2 = b_1,\\ a_{21}x_1 + a_{22}x_2 = b_2 \tag{3.1}$$

を解く．このため，第一式に a_{22} を掛けたものから第二式に a_{12} を掛けたものを辺ごとに引くと

$$(a_{11}a_{22} - a_{12}a_{21})x_1 = b_1a_{22} - b_2a_{12} \tag{3.2}$$

となる．この操作を x_2 を**消去する**という．同様にして，x_1 を消去すると

$$(a_{11}a_{22} - a_{12}a_{21})x_2 = b_2a_{11} - b_1a_{21} \tag{3.3}$$

が得られる．ここで，(3.2) と (3.3) における x_1, x_2 の共通の係数を

$$D = a_{11}a_{22} - a_{12}a_{21} \tag{3.4}$$

---

*1　2元，3元の元(げん)は方程式の未知数の個数の意味である．

とおこう．もし $D \neq 0$ ならば，任意の b_1, b_2 に対して

$$x_1 = \frac{b_1a_{22} - b_2a_{12}}{D}, \quad x_2 = \frac{b_2a_{11} - b_1a_{21}}{D} \tag{3.5}$$

が方程式 (3.1) の唯一つの解となることが分かる．

次に，未知数 x_1, x_2, x_3 に関する連立一次方程式

$$\begin{aligned} a_{11}x_1 + a_{12}x_2 + a_{13}x_3 &= b_1, \\ a_{21}x_1 + a_{22}x_2 + a_{23}x_3 &= b_2, \\ a_{31}x_1 + a_{32}x_2 + a_{33}x_3 &= b_3 \end{aligned} \tag{3.6}$$

を消去法で解いてみると, (3.2), (3.3) に相当する

$$Dx_1 = D_1, \quad Dx_2 = D_2, \quad Dx_3 = D_3$$

が得られる．ここで，分母 D と分子 D_1 は次のようなものである．

$$\begin{aligned} D = a_{11}a_{22}a_{33} + a_{13}a_{21}a_{32} + a_{12}a_{23}a_{31} \\ - a_{13}a_{22}a_{31} - a_{11}a_{23}a_{32} - a_{12}a_{21}a_{33}, \end{aligned} \tag{3.7}$$

$$\begin{aligned} D_1 = b_1a_{22}a_{33} + a_{13}b_2a_{32} + a_{12}a_{23}b_3 \\ - a_{13}a_{22}b_3 - b_1a_{23}a_{32} - a_{12}b_2a_{33}. \end{aligned} \tag{3.8}$$

また，D_2 は (3.8) における a, b の添数（てんすう）を $1 \to 2, 2 \to 3$, $3 \to 1$ のように置き換えたもの，D_3 はさらにもう一度同様に添数を循環させて得られる式である．従って，もし $D \neq 0$ ならば，解の公式として

$$x_1 = \frac{D_1}{D}, \quad x_2 = \frac{D_2}{D}, \quad x_3 = \frac{D_3}{D}$$

が得られる．未知数が 3 個の場合でも式はかなり複雑であるから，未知数が 4 個，5 個と増えていったときの解の公式は覚えるのも無理と思われるかも知れないが，これを乗り越える工夫が本章の目的の行列式である．これがあるために，上では D や D_1 の計算を具体的にはやらなかったのである．し

かし，D の計算は少々根気がいるだけのことで，一度はやってみる価値はあるから是非挑戦してみてほしい．

1.2. 2次と3次の行列式 上で説明した連立一次方程式の解の分母を調べると，方程式の係数行列 A からある一定の手続で作られることが分かる．この式を行列 A の**行列式**と呼び，$|A|$ または $\det(A)$ と書く．具体的に成分を使って書くときには，A の行列の記号で左右の括弧 $[\ ]$ を縦線 $|\ |$ に置き換えればよい．2次と3次の正方行列 $A = |a_{ij}|$ に対しては，

$$\begin{vmatrix} a_{11} & a_{12} \\ a_{21} & a_{22} \end{vmatrix} = a_{11}a_{22} - a_{12}a_{21}, \tag{3.9}$$

$$\begin{vmatrix} a_{11} & a_{12} & a_{13} \\ a_{21} & a_{22} & a_{23} \\ a_{31} & a_{32} & a_{33} \end{vmatrix} = \begin{aligned} & a_{11}a_{22}a_{33} + a_{13}a_{21}a_{32} + a_{12}a_{23}a_{31} \\ & \quad -a_{13}a_{22}a_{31} - a_{11}a_{23}a_{32} - a_{12}a_{21}a_{33} \end{aligned} \tag{3.10}$$

となる．これらの右辺は前に計算した解の分母 D の中味である．

2次行列式の覚え方 2次の行列式については，図 3.1 (a) のように，行列の**主対角線** (右下りの対角線) に沿った2個の成分の積 $a_{11}a_{22}$ から副対角線 (右上りの対角線) に沿った2個の成分の積 $a_{21}a_{12}$ を引けばよい．

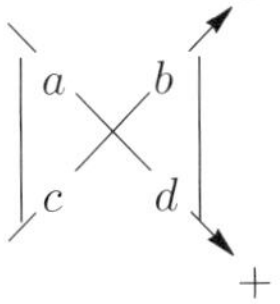

(a) 2次行列式の計算

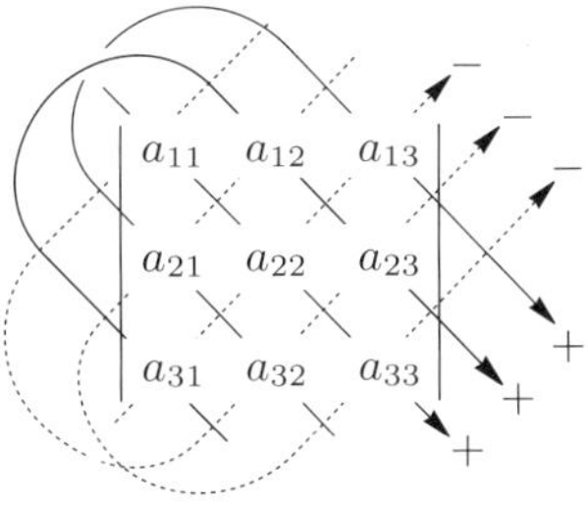

(b) サラスの法則

図 3.1: 2次と3次の行列式の計算

3 次行列式の覚え方 3 次の行列式には成分による定義より遥かに感覚的で覚えやすい**サラスの法則**という計算法がある．図 3.1 (b) のように，主対角線方向に 3 個ずつ選んで掛けた積に $+$ の符号をつけ，副対角線の方向に 3 個ずつ選んで掛けた積に $-$ の符号をつけ，全部を加えればよい．

重要な注意 サラスの法則を 4 次以上の行列式に**使ってはいけない**．これは間違いやすいところなので，特に注意しておく．

問 3.1 次の 2 次行列式を計算せよ．

(1) $\begin{vmatrix} 3 & 4 \\ 1 & 5 \end{vmatrix}$, (2) $\begin{vmatrix} 0 & 5 \\ -1 & 9 \end{vmatrix}$, (3) $\begin{vmatrix} 2 & 3 \\ 8 & 12 \end{vmatrix}$, (4) $\begin{vmatrix} a & b \\ 3a & 3b \end{vmatrix}$.

問 3.2 サラスの法則により次の 3 次行列式を計算せよ．

(1) $\begin{vmatrix} 0 & 1 & 3 \\ 1 & 3 & 0 \\ 3 & 0 & 1 \end{vmatrix}$, (2) $\begin{vmatrix} 0 & 1 & 2 \\ 5 & -2 & 1 \\ 1 & 4 & 3 \end{vmatrix}$, (3) $\begin{vmatrix} 1 & 0 & 0 \\ 2 & 3 & 3 \\ -1 & 1 & 2 \end{vmatrix}$.

1.3. クラメールの公式 行列式を使えば，連立一次方程式の解を簡単に書くことができる．

未知数が 2 個の場合 連立方程式 (3.1) の解は

$$x_1 = \frac{\begin{vmatrix} b_1 & a_{12} \\ b_2 & a_{22} \end{vmatrix}}{\begin{vmatrix} a_{11} & a_{12} \\ a_{21} & a_{22} \end{vmatrix}}, \quad x_2 = \frac{\begin{vmatrix} a_{11} & b_1 \\ a_{21} & b_2 \end{vmatrix}}{\begin{vmatrix} a_{11} & a_{12} \\ a_{21} & a_{22} \end{vmatrix}} \tag{3.11}$$

と書ける．分母は方程式の係数行列の行列式であり，分子は分母の行列式において求めようとする未知数の係数の部分を右辺で置き換えたものである．

未知数が 3 個の場合 連立方程式 (3.6) の解については次のようになる．まず，(3.7) で与えられる分母 D は係数行列の行列式であるから，

$$D = \begin{vmatrix} a_{11} & a_{12} & a_{13} \\ a_{21} & a_{22} & a_{23} \\ a_{31} & a_{32} & a_{33} \end{vmatrix} \tag{3.12}$$

である．また，(3.7) と (3.8) を比べると，x_1 の分子 D_1 は D の定義式から

$$a_{11} \to b_1, \quad a_{21} \to b_2, \quad a_{31} \to b_3$$

という置き換えで得られることが分かる．従って，行列式の形では (3.12) で同じ置き換えをしたものが D_1 を表す行列式になるから，

$$D_1 = \begin{vmatrix} b_1 & a_{12} & a_{13} \\ b_2 & a_{22} & a_{23} \\ b_3 & a_{32} & a_{33} \end{vmatrix} \tag{3.13}$$

を得る．つまり，分母の行列式で x_1 の係数の部分 (つまり，第 1 列) を方程式の右辺で置き換えたものになっている．x_2, x_3 についても，未知数の順番が変わったと思えば同様である．すなわち，

$$D_2 = \begin{vmatrix} a_{11} & b_1 & a_{13} \\ a_{21} & b_2 & a_{23} \\ a_{31} & b_3 & a_{33} \end{vmatrix}, \quad D_3 = \begin{vmatrix} a_{11} & a_{12} & b_1 \\ a_{21} & a_{22} & b_2 \\ a_{31} & a_{32} & b_3 \end{vmatrix}$$

となる．従って，$D \neq 0$ ならば，公式

$$x_1 = \frac{D_1}{D}, \quad x_2 = \frac{D_2}{D}, \quad x_3 = \frac{D_3}{D} \tag{3.14}$$

が得られる．この解法は**クラメールの公式**と呼ばれるものの特別な場合である (一般の公式については §5.3 を見よ)．

問 3.3 行列式を使って次の連立方程式を解け．

(1) $3x + 4y = 4,\quad 2x + 3y = 5,$

(2) $-2x + 3y = 1,\quad 2x - 7y = -2,$

(3) $x + 2y = 7,\quad 2x - 3y = 0.$

問 3.4 行列式を使って次の連立方程式を解け．

(1) $x + y - 2z = 1,\quad 2x - y + z = 6,\quad x + 2y - 3z = 3,$

(2) $x + y - z = 1,\quad x - 2y + z = -2,\quad x + 2y + z = 3,$

(3) $2x - y + z = 2,\quad x - y - z = 5,\quad x + y + 2z = -2.$

2. 置　換

2.1. 3 次行列式の特徴　4 次以上の行列式を定義するためには，3 次行列式の特徴をさらに調べなければならない．そのため，3 次行列式 $\left|A\right|$ の定義式 (3.10) をよく見ると，行列式 $\left|A\right|$ には行列 A の各行各列から成分を 1 個ずつとって作った積が $+$ または $-$ の符号をつけて全部現れることが分かる．さらに，符号がプラスかマイナスかを表にすると次の通りである．

表 3.1: 3 次行列式の項と符号

符号	対応する項			列番号の順列 *		
$+$	$a_{11}a_{22}a_{33}$,	$a_{13}a_{21}a_{32}$,	$a_{12}a_{23}a_{31}$	123	312	231
$-$	$a_{13}a_{22}a_{31}$,	$a_{11}a_{23}a_{32}$,	$a_{12}a_{21}a_{33}$	321	132	213

* 行番号が 123 に対する列番号の順列を示す

このプラス・マイナスは，番号 1, 2, 3 の置換 (または，順列) の符号というもので，これが一般の行列式を組み立てる際にも鍵となるものである．

2.2. 置換の定義　n 個の番号 1, 2, ..., n の順列 $j_1, j_2, \ldots, j_n$ を任意にとり，これらを二つの行とする記号

$$\sigma = \begin{pmatrix} 1 & 2 & \cdots & n \\ j_1 & j_2 & \cdots & j_n \end{pmatrix}$$

を n 個の文字 $\{1, 2, \ldots, n\}$ の**置換**(ちかん)と呼ぶ．この記号は，1 を j_1 に，2 を j_2 に，..., n を j_n にそれぞれ置き換える操作 (または，関数) を表すものである．従って，大切なのは上下の対応，すなわち $1 \mapsto j_1, 2 \mapsto j_2, \ldots, n \mapsto j_n$ である．σ を関数と見なす立場でいえば，$\sigma(1) = j_1, \ldots, \sigma(n) = j_n$ であり，この対応が一致する記号は置換として同じものと考える．例えば，

$$\begin{pmatrix} 1 & 2 & 3 \\ 2 & 3 & 1 \end{pmatrix}, \quad \begin{pmatrix} 2 & 1 & 3 \\ 3 & 2 & 1 \end{pmatrix}, \quad \begin{pmatrix} 3 & 2 & 1 \\ 1 & 3 & 2 \end{pmatrix}$$

は皆同じものであるが，以下では第 1 行を番号順に並べる一番目の書き方を使うことにする．この場合は，順列 $j_1, j_2, \ldots, j_n$ だけに着目してもよい．

2.3. 逆転数　任意の置換

$$\sigma = \begin{pmatrix} 1 & 2 & \cdots & n \\ j_1 & j_2 & \cdots & j_n \end{pmatrix} \tag{3.15}$$

を観察しよう．このとき，順列 $\{j_1, \ldots, j_n\}$ において，大小の順が反対になっている組 (j_α, j_β)，すなわち

$$\alpha < \beta \text{ ならば } j_\alpha > j_\beta \quad \text{または} \quad \alpha > \beta \text{ ならば } j_\alpha < j_\beta$$

を満たすものを**逆転**と呼び，σ に現れる逆転の総数を σ の**逆転数**という．

例 3.1　置換 $\sigma = \begin{pmatrix} 1 & 2 & 3 \\ 3 & 1 & 2 \end{pmatrix}$, $\tau = \begin{pmatrix} 1 & 2 & 3 \\ 3 & 2 & 1 \end{pmatrix}$ の逆転数を調べよ．

(解)　σ と τ の表示では第 1 行は大きさの順に並んでいるが第 2 行はそうではない．そこで，第 2 行で大小の順が反対になっているものを数えてみると，σ では，$(3,1)$, $(3,2)$ の 2 組，τ では，$(3,2)$, $(3,1)$, $(2,1)$ の 3 組である．従って，σ の逆転数は 2, τ の逆転数は 3 である．□

問 3.5　次の置換の逆転数を調べよ．

(1) $\sigma = \begin{pmatrix} 1 & 2 & 3 & 4 \\ 3 & 2 & 1 & 4 \end{pmatrix}$,　　(2) $\tau = \begin{pmatrix} 1 & 2 & 3 & 4 & 5 \\ 5 & 2 & 4 & 3 & 1 \end{pmatrix}$.

置き換えが一つもない置換を**恒等置換**といって，Id で表す．すなわち，

$$\mathrm{Id} = \begin{pmatrix} 1 & 2 & \cdots & n \\ 1 & 2 & \cdots & n \end{pmatrix}.$$

逆転数と恒等置換の関係については次が簡単ではあるが基本的である．

定理 3.1　式 (3.15) で与えられる置換 σ について次が成り立つ．

(a)　σ の逆転数が 0 ならば，σ は恒等置換である．

(b)　σ の逆転数を N とするとき，順列 $j_1, j_2, \ldots, j_n$ において隣り同士の交換を N 回繰り返して σ を恒等置換に戻すことができる．

証明　(a)　σ の逆転数が 0 ならば，$j_1, j_2, \ldots, j_n$ は小さい方から大きさの順に並んでいることになるから，$j_1 = 1, j_2 = 2, \ldots, j_n = n$ が成り立つ．故に，σ は恒等置換である．

(b)　$N = 0$ ならば，(a) により σ は恒等置換であるから，証明することはない．次に，$N > 0$ の場合を考える．この場合には，逆転 $j_s > j_{s+1}$ が起る番号 s が必ずある．そこで，j_s と j_{s+1} を交換して置換

$$\begin{pmatrix} 1 & \ldots & s-1 & s & s+1 & s+2 & \ldots & n \\ j_1 & \ldots & j_{s-1} & j_{s+1} & j_s & j_{s+2}, & \ldots & j_n \end{pmatrix}$$

を作れば，この置換の逆転数は $N-1$ である．以下同様に，逆転が起っている隣り同士の交換を $N-1$ 回繰り返せば，逆転数 0 の置換に到達するが，これは (a) によって恒等置換である．□

逆転数が偶数個の置換を**偶置換**, 奇数個の置換を**奇置換**と呼ぶ．この置換の**偶奇性**が行列式の特徴を決める鍵である．

2.4. 符号　置換 σ の**符号** $\mathrm{sgn}(\sigma)$ を

(3.16)　$$\mathrm{sgn}(\sigma) = (-1)^N \quad (N \text{ は } \sigma \text{ の逆転数})$$

で定義する．従って，符号は偶置換のとき $+1$, 奇置換のとき -1 である．

重要な注意　置換の符号 $\mathrm{sgn}\begin{pmatrix} 1 & 2 & \ldots & n \\ j_1 & j_2 & \ldots & j_n \end{pmatrix}$ については，$j_1, j_2, \ldots, j_n$ が $1, 2, \ldots, n$ の**順列ではないときにも** 値を 0 と定義しておくと便利である．ここで，順列ではないときとは，$j_1, j_2, \ldots, j_n$ が $1, 2, \ldots, n$ の重複順列であって実際に重複が起っている場合を指す．

問 3.6　次の置換に対する符号を定めよ．

(1) $\begin{pmatrix} 1 & 2 & 3 & 4 \\ 3 & 4 & 2 & 1 \end{pmatrix}$,　(2) $\begin{pmatrix} 1 & 2 & 3 & 4 \\ 4 & 3 & 2 & 1 \end{pmatrix}$,　(3) $\begin{pmatrix} 1 & 2 & 3 & 4 \\ 2 & 3 & 1 & 2 \end{pmatrix}$.

3. 行列式の定義と基本性質

3.1. 行列式の定義 §2.1 で見た 3 次行列式の特徴を活かせば，一般の n 次行列式が定義できる．n 次の正方行列

$$A = \begin{bmatrix} a_{11} & a_{12} & \dots & a_{1n} \\ a_{21} & a_{22} & \dots & a_{2n} \\ \vdots & \vdots & & \vdots \\ a_{n1} & a_{n2} & \dots & a_{nn} \end{bmatrix} \tag{3.17}$$

に対し，その行列式を次の手順で定義する．

(a) 行列 A の各行各列から成分を 1 個ずつ選んでその積を作る．第 1 行からはその j_1 番目の成分，第 2 行からは j_2 番目の成分, ... , 第 n 行からは j_n 番目の成分を選んで掛け合わせる．すなわち，積

$$a_{1j_1}a_{2j_2}\dots a_{nj_n}$$

を作る．この場合，どの列からも 1 個ずつは選ぶから，$j_1, j_2, \dots, j_n$ は全部違うものである．つまり，$1, 2, \dots, n$ の順列となる．

(b) 上で作った積にその添数から作った置換 $\begin{pmatrix} 1 & 2 & \dots & n \\ j_1 & j_2 & \dots & j_n \end{pmatrix}$ の符号

$$\operatorname{sgn}\begin{pmatrix} 1 & 2 & \dots & n \\ j_1 & j_2 & \dots & j_n \end{pmatrix}$$

を掛ける．すなわち，

$$\operatorname{sgn}\begin{pmatrix} 1 & 2 & \dots & n \\ j_1 & j_2 & \dots & j_n \end{pmatrix} a_{1j_1}a_{2j_2}\dots a_{nj_n}.$$

(c) このようにして作った《符号のついた積》を全部加え合わせる．

この値を行列 A の**行列式**と呼び，$|A|$ または $\det A$ で表す．より具体的には，

$$\begin{vmatrix} a_{11} & a_{12} & \dots & a_{1n} \\ a_{21} & a_{22} & \dots & a_{2n} \\ \vdots & \vdots & & \vdots \\ a_{n1} & a_{n2} & \dots & a_{nn} \end{vmatrix} \tag{3.18}$$

と書く．さらに，総和記号 $\sum$ を使えば，

$$(3.19)\qquad |A| = \sum_{1\leqq j_1, j_2, \dots, j_n \leqq n} \operatorname{sgn}\begin{pmatrix} 1 & 2 & \dots & n \\ j_1 & j_2 & \dots & j_n \end{pmatrix} a_{1j_1} a_{2j_2} \dots a_{nj_n}$$

と表すことができる．この総和記号は論理的に考えるときに便利であるが，最初は気にしなくてよい．総和記号

$$\sum_A B \qquad \text{または} \qquad \textstyle\sum_A B$$

は付記された条件 A に合う番号全部について項 B を加え合わせよという意味である．(3.19) の場合は，$j_1, j_2, \dots, j_n$ を 1 から n まで変化させて作られる項

$$\operatorname{sgn}\begin{pmatrix} 1 & 2 & \dots & n \\ j_1 & j_2 & \dots & j_n \end{pmatrix} a_{1j_1} a_{2j_2} \dots a_{nj_n}$$

を全部足せということである．これは上に説明した定義とは少しずれているが，§2.4 の注意 (50 ページ) により実質的には同じなのである．

3.2. 基本性質　行列式は正方行列 A に対して一つの値 $|A|$ を対応させる関数である．行列式の計算はこの関数の特性を利用するのが普通で，定義式 (3.19) はほとんど使われないといってよい．以下でその特性を順に述べる．

転置行列の行列式　行列の場合と同様に行列式を行単位または列単位で扱うことができる．行列については，行列 A とその転置 A^T は全く別のものであるが，行列式にすると同じ値になる．

定理 3.2 (転置行列の行列式)　正方行列 A の転置行列 A^T の行列式は元の行列式に等しい．すなわち，$|A^T| = |A|$, または，

$$(3.20)\qquad \begin{vmatrix} a_{11} & a_{21} & \dots & a_{n1} \\ a_{12} & a_{22} & \dots & a_{n2} \\ \vdots & \vdots & & \vdots \\ a_{1n} & a_{2n} & \dots & a_{nn} \end{vmatrix} = \begin{vmatrix} a_{11} & a_{12} & \dots & a_{1n} \\ a_{21} & a_{22} & \dots & a_{2n} \\ \vdots & \vdots & & \vdots \\ a_{n1} & a_{n2} & \dots & a_{nn} \end{vmatrix}$$

簡単な説明　置換 $\begin{pmatrix} 1 & 2 & \ldots & n \\ j_1 & j_2 & \ldots & j_n \end{pmatrix}$ とこの第 1 行と第 2 行を逆にしたもの $\begin{pmatrix} j_1 & j_2 & \ldots & j_n \\ 1 & 2 & \ldots & n \end{pmatrix}$ を比べると，偶奇が一致することが分かる．これに注意して行列式の定義式 (3.19) を変形すれば，求める等式が得られる．□

系　行列式の性質で行に関して成り立つものは列についても成り立つ．逆に，列に関して成り立つ性質は行についても成り立つ．

行または列に関する線型性　行列 A のある行 (または列) の成分が二つの成分に分けられるときや，共通因数があるとき，行列式はどうなるか．

定理 3.3 (加法性)　行列 A のある行 (列) が二つの成分の和に分けられるときは, 行列式 $|A|$ はその行 (列) をそれぞれの成分で置き換えてできる二つの行列式の和に等しい．例えば, 第 i 行 が $a_{i1} = b_{i1} + c_{i1}, \ldots, a_{in} = b_{in} + c_{in}$ のように二つの成分の和として表されるときは，行列式 $|A|$ は第 i 行だけをそれぞれ $b_{i1}, \ldots, b_{in}$ および $c_{i1}, \ldots, c_{in}$ で置き換えてできる二つの行列式の和に等しい．すなわち，

$$
\begin{vmatrix} \cdots\cdots\cdots\cdots \\ a_{i1} \quad \ldots \quad a_{in} \\ \cdots\cdots\cdots\cdots \end{vmatrix} = \begin{vmatrix} \cdots\cdots\cdots\cdots \\ b_{i1} \quad \ldots \quad b_{in} \\ \cdots\cdots\cdots\cdots \end{vmatrix} + \begin{vmatrix} \cdots\cdots\cdots\cdots \\ c_{i1} \quad \ldots \quad c_{in} \\ \cdots\cdots\cdots\cdots \end{vmatrix}. \tag{3.21}
$$

定理 3.4 (行または列のスカラー倍)　行列 A のある行 (列) が共通因数を持つときはこの因数を行列式の外に括(くく)りだすことができる．例えば，第 i 行が $a_{i1} = cb_{i1}, \ldots, a_{in} = cb_{in}$ のように共通因数 c を持つときはこの因数を行列式 $|A|$ の外に括りだすことができる．すなわち，

$$
\begin{vmatrix} \cdots\cdots\cdots\cdots \\ cb_{i1} \quad \ldots \quad cb_{in} \\ \cdots\cdots\cdots\cdots \end{vmatrix} = c \begin{vmatrix} \cdots\cdots\cdots\cdots \\ b_{i1} \quad \ldots \quad b_{in} \\ \cdots\cdots\cdots\cdots \end{vmatrix}. \tag{3.22}
$$

簡単な説明　行列式の定義式 (3.19) の右辺の各項には (例えば) 第 i 行からの因数 (a_{ij_i} の形のもの) がちょうど 1 個含まれている．すなわち，行列式は特定の行 (または，列) の成分の一次式である．これが定理 3.3, 3.4 が成り立つ理由である．□

行または列の交換

定理 3.5 (交代性) 行列の任意の二つの行 (列) を交換すると，行列式は符号が変わる．

簡単な説明 二つの行または列を交換すると行列式の符号が変わる理由は置換の性質による．すなわち，置換 $\begin{pmatrix} 1 & 2 & \dots & n \\ j_1 & j_2 & \dots & j_n \end{pmatrix}$ と例えば 1 と 2 を交換したもの $\begin{pmatrix} 2 & 1 & \dots & n \\ j_1 & j_2 & \dots & j_n \end{pmatrix}$ を比較すると，逆転の数が 1 個 (一般には，奇数個) 違うからである． □

単位行列の行列式 特別な行列の行列式としては，単位行列が重要である．

定理 3.6 (単位行列の行列式) 単位行列 E の行列式は 1 である．すなわち，$\left|E\right| = 1$.

簡単な説明 行列式の定義に当てはめると，0 でない項は対角成分 (すべて 1 である) を掛けた $a_{11}a_{22}\dots a_{nn} = 1$ だけであり，またその符号は $\operatorname{sgn}\begin{pmatrix} 1 & 2 & \dots & n \\ 1 & 2 & \dots & n \end{pmatrix} = 1$ であるから． □

注意 3.1 これらの性質のいくつかで行列式を特徴づけることができる．

3.3. 行列式の特性と計算 行列式 $\left|A\right|$ の特徴をいくつか見てきた．これらは実際の計算でもよく使われるが，特に有効なものを次にまとめておく．

定理 3.7 (a) 行列 A のある行 (列) に任意の数を掛けて他の行 (列) に加えても，行列式の値は変わらない．

(b) 二つの行 (列) が等しい行列式の値は 0 である．

例 3.2 行列式に関する等式

$$\begin{vmatrix} 1 & 1 & 1 \\ x & y & z \\ x^2 & y^2 & z^2 \end{vmatrix} = (y-x)(z-x)(z-y)$$

を示せ．左辺を**ヴァンデルモンドの行列式**という．

(解)　因数定理による巧妙な方法があるが，ここではまず素朴な行または列の加減によって因数を見つける方法を述べる．第 1 列を第 2 列，第 3 列から引けば，次のようになる．

$$左辺 = \begin{vmatrix} 1 & 0 & 0 \\ x & y-x & z-x \\ x^2 & y^2-x^2 & z^2-x^2 \end{vmatrix} = (y-x)(z-x)\begin{vmatrix} 1 & 0 & 0 \\ x & 1 & 1 \\ x^2 & y+x & z+x \end{vmatrix}$$

さらに，第 2 列を第 3 列から引いて，サラスの法則を使えば

$$= (y-x)(z-x)\begin{vmatrix} 1 & 0 & 0 \\ x & 1 & 0 \\ x^2 & y+x & z-y \end{vmatrix} = (y-x)(z-x)(z-y). \quad \square$$

問 3.7　次の行列式を因数分解せよ．

$$(1)\ \begin{vmatrix} a & b & c \\ a^2 & b^2 & c^2 \\ a^3 & b^3 & c^3 \end{vmatrix}, \quad (2)\ \begin{vmatrix} a & b & c \\ bc & ca & ab \\ a^2 & b^2 & c^2 \end{vmatrix}, \quad (3)\ \begin{vmatrix} 1 & 1 & 1 \\ a+b & b+c & c+a \\ ab & bc & ca \end{vmatrix}.$$

問 3.8　3 次行列 $A = [a_{ij}]$ の行ベクトルを $\boldsymbol{a}'_1$, $\boldsymbol{a}'_2$, $\boldsymbol{a}'_3$，列ベクトルを $\boldsymbol{a}_1$, $\boldsymbol{a}_2$, $\boldsymbol{a}_3$ とするとき，次を示せ．

$$\begin{vmatrix} \boldsymbol{a}'_i \\ \boldsymbol{a}'_j \\ \boldsymbol{a}'_k \end{vmatrix} = \left|\boldsymbol{a}_i\ \boldsymbol{a}_j\ \boldsymbol{a}_k\right| = \mathrm{sgn}\begin{pmatrix} 1 & 2 & 3 \\ i & j & k \end{pmatrix}|A| \qquad (1 \leqq i, j, k \leqq 3).$$

3.4. 行列の積の行列式　A, B を 3 次の行列とし，その積を C とする．成分を使って詳しく書けば，

$$A = \begin{bmatrix} a_{11} & a_{12} & a_{13} \\ a_{21} & a_{22} & a_{23} \\ a_{31} & a_{32} & a_{33} \end{bmatrix}, \ B = \begin{bmatrix} b_{11} & b_{12} & b_{13} \\ b_{21} & b_{22} & b_{23} \\ b_{31} & b_{32} & b_{33} \end{bmatrix}, \ C = \begin{bmatrix} c_{11} & c_{12} & c_{13} \\ c_{21} & c_{22} & c_{23} \\ c_{31} & c_{32} & c_{33} \end{bmatrix}$$

とおくとき，

$$c_{ik} = a_{i1}b_{1k} + a_{i2}b_{2k} + a_{i3}b_{3k} \qquad (i, k = 1, 2, 3)$$

である．このとき，行列式については

$$(3.23) \qquad |C| = |A|\,|B|$$

が成り立つ．これを示すために，まず行列 B を行ベクトル表示を使って，

$$B = \begin{bmatrix} \boldsymbol{b}'_1 \\ \boldsymbol{b}'_2 \\ \boldsymbol{b}'_3 \end{bmatrix}$$

と書く (行表示については，18 ページの (2.1) を見よ)．積の定義から，行列 C の第 1 行のベクトル $\boldsymbol{c}'_1$ は

$$\boldsymbol{c}'_1 = \boldsymbol{a}'_1 B = \begin{bmatrix} a_{11} & a_{12} & a_{13} \end{bmatrix} \begin{bmatrix} \boldsymbol{b}'_1 \\ \boldsymbol{b}'_2 \\ \boldsymbol{b}'_3 \end{bmatrix} = a_{11}\boldsymbol{b}'_1 + a_{12}\boldsymbol{b}'_2 + a_{13}\boldsymbol{b}'_3$$

と表されることに注意しよう．第 2，第 3 の行ベクトルについても同様の計算で

$$\boldsymbol{c}'_2 = a_{21}\boldsymbol{b}'_1 + a_{22}\boldsymbol{b}'_2 + a_{23}\boldsymbol{b}'_3, \quad \boldsymbol{c}'_3 = a_{31}\boldsymbol{b}'_1 + a_{32}\boldsymbol{b}'_2 + a_{33}\boldsymbol{b}'_3$$

が得られる．よって，C の行列式は次のように計算される．

$$\begin{aligned}
|C| &= \begin{vmatrix} \boldsymbol{c}'_1 \\ \boldsymbol{c}'_2 \\ \boldsymbol{c}'_3 \end{vmatrix} = \begin{vmatrix} a_{11}\boldsymbol{b}'_1 + a_{12}\boldsymbol{b}'_2 + a_{13}\boldsymbol{b}'_3 \\ \boldsymbol{c}'_2 \\ \boldsymbol{c}'_3 \end{vmatrix} = \sum_{j_1=1}^{3} a_{1j_1} \begin{vmatrix} \boldsymbol{b}'_{j_1} \\ \boldsymbol{c}'_2 \\ \boldsymbol{c}'_3 \end{vmatrix} \\
&= \sum_{j_1=1}^{3} a_{1j_1} \begin{vmatrix} \boldsymbol{b}'_{j_1} \\ a_{21}\boldsymbol{b}'_1 + a_{22}\boldsymbol{b}'_2 + a_{23}\boldsymbol{b}'_3 \\ \boldsymbol{c}'_3 \end{vmatrix} = \sum_{j_1,j_2=1}^{3} a_{1j_1}a_{2j_2} \begin{vmatrix} \boldsymbol{b}'_{j_1} \\ \boldsymbol{b}'_{j_2} \\ \boldsymbol{c}'_3 \end{vmatrix} \\
&= \sum_{j_1,j_2=1}^{3} a_{1j_1}a_{2j_2} \begin{vmatrix} \boldsymbol{b}'_{j_1} \\ \boldsymbol{b}'_{j_2} \\ a_{31}\boldsymbol{b}'_1 + a_{32}\boldsymbol{b}'_2 + a_{33}\boldsymbol{b}'_3 \end{vmatrix} \\
&= \sum_{j_1,j_2,j_3=1}^{3} a_{1j_1}a_{2j_2}a_{3j_3} \begin{vmatrix} \boldsymbol{b}'_{j_1} \\ \boldsymbol{b}'_{j_2} \\ \boldsymbol{b}'_{j_3} \end{vmatrix}.
\end{aligned}$$

ところが，問 3.8 で見たように，

$$\begin{vmatrix} \boldsymbol{b}'_{j_1} \\ \boldsymbol{b}'_{j_2} \\ \boldsymbol{b}'_{j_3} \end{vmatrix} = \operatorname{sgn}\begin{pmatrix} 1 & 2 & 3 \\ j_1 & j_2 & j_3 \end{pmatrix} |B|$$

であるから，上の計算での最後の辺はさらに変形できる．実際，

$$
\begin{aligned}
&= \sum_{j_1, j_2, j_3 = 1}^{3} a_{1j_1} a_{2j_2} a_{3j_3} \operatorname{sgn} \begin{pmatrix} 1 & 2 & 3 \\ j_1 & j_2 & j_3 \end{pmatrix} |B| \\
&= |B| \sum_{j_1, j_2, j_3 = 1}^{3} \operatorname{sgn} \begin{pmatrix} 1 & 2 & 3 \\ j_1 & j_2 & j_3 \end{pmatrix} a_{1j_1} a_{2j_2} a_{3j_3} \\
&= |B|\,|A|.
\end{aligned}
$$

故に，$|C| = |A|\,|B|$. これが証明すべきことであった．このきれいな関係式はすべての正方行列について正しい．すなわち，次が成り立つ．

定理 3.8 (行列の積の行列式) n 次行列 A, B に対して $|AB| = |A|\,|B|$.

証明は 3 次行列の場合の 3 を n に変えるだけでよいから繰り返さない．

問 3.9 $s_k = x_1^k + x_2^k + x_3^k$ $(k = 0, 1, 2, 3, 4,\ s_0 = 3)$ とおくとき，

$$
\begin{vmatrix} s_0 & s_1 & s_2 \\ s_1 & s_2 & s_3 \\ s_2 & s_3 & s_4 \end{vmatrix} = \begin{vmatrix} 1 & 1 & 1 \\ x_1 & x_2 & x_3 \\ x_1^2 & x_2^2 & x_3^2 \end{vmatrix}^2
$$

を示せ．

4. 行列式の余因子展開

4.1. 4 次行列式の余因子展開 4 次以上の行列式にはサラスの法則のような視覚的な計算法はなく，展開によってより低次の行列式の計算に帰着させるのが普通である．まず，4 次の場合を検討しよう．そのため，

$$
A = \begin{bmatrix} a_{11} & a_{12} & a_{13} & a_{14} \\ a_{21} & a_{22} & a_{23} & a_{24} \\ a_{31} & a_{32} & a_{33} & a_{34} \\ a_{41} & a_{42} & a_{43} & a_{44} \end{bmatrix}
$$

を 4 次行列とし，その第 1 ～ 4 行ベクトルを $\boldsymbol{a}_1'$, $\boldsymbol{a}_2'$, $\boldsymbol{a}_3'$, $\boldsymbol{a}_4'$ とし，行列 A と行列式 $\left|A\right|$ を行ベクトル表示して考える．すなわち，

$$A = \begin{bmatrix} \boldsymbol{a}_1' \\ \boldsymbol{a}_2' \\ \boldsymbol{a}_3' \\ \boldsymbol{a}_4' \end{bmatrix}, \quad \left|A\right| = \begin{vmatrix} \boldsymbol{a}_1' \\ \boldsymbol{a}_2' \\ \boldsymbol{a}_3' \\ \boldsymbol{a}_4' \end{vmatrix}.$$

また，$\boldsymbol{e}_1'$, $\boldsymbol{e}_2'$, $\boldsymbol{e}_3'$, $\boldsymbol{e}_4'$ を 4 次元単位ベクトルとし，行ベクトル形式に書けば，

$$\begin{aligned} \boldsymbol{a}_1' &= (a_{11}, a_{12}, a_{13}, a_{14}) \\ &= a_{11}(1,0,0,0) + a_{12}(0,1,0,0) + a_{13}(0,0,1,0) + a_{14}(0,0,0,1) \\ &= a_{11}\boldsymbol{e}_1' + a_{12}\boldsymbol{e}_2' + a_{13}\boldsymbol{e}_3' + a_{14}\boldsymbol{e}_4' \end{aligned}$$

が成り立つ．従って，行列式の行に関する線型性 (定理 3.3, 3.4) を利用して

$$\begin{aligned} \left|A\right| &= \begin{vmatrix} \boldsymbol{a}_1' \\ \boldsymbol{a}_2' \\ \boldsymbol{a}_3' \\ \boldsymbol{a}_4' \end{vmatrix} = \begin{vmatrix} a_{11}\boldsymbol{e}_1' + a_{12}\boldsymbol{e}_2' + a_{13}\boldsymbol{e}_3' + a_{14}\boldsymbol{e}_4' \\ \boldsymbol{a}_2' \\ \boldsymbol{a}_3' \\ \boldsymbol{a}_4' \end{vmatrix} \\ &= a_{11}\begin{vmatrix} \boldsymbol{e}_1' \\ \boldsymbol{a}_2' \\ \boldsymbol{a}_3' \\ \boldsymbol{a}_4' \end{vmatrix} + a_{12}\begin{vmatrix} \boldsymbol{e}_2' \\ \boldsymbol{a}_2' \\ \boldsymbol{a}_3' \\ \boldsymbol{a}_4' \end{vmatrix} + a_{13}\begin{vmatrix} \boldsymbol{e}_3' \\ \boldsymbol{a}_2' \\ \boldsymbol{a}_3' \\ \boldsymbol{a}_4' \end{vmatrix} + a_{14}\begin{vmatrix} \boldsymbol{e}_4' \\ \boldsymbol{a}_2' \\ \boldsymbol{a}_3' \\ \boldsymbol{a}_4' \end{vmatrix} \end{aligned}$$

を得る．ここで，a_{11}, a_{12}, a_{13}, a_{14} を括りだした残りには A の第 1 行の成分は含まれていない．これらを α_{11}, α_{12}, α_{13}, α_{14} と書く．すなわち，

$$\alpha_{1j} = \begin{vmatrix} \boldsymbol{e}_j' \\ \boldsymbol{a}_2' \\ \boldsymbol{a}_3' \\ \boldsymbol{a}_4' \end{vmatrix} \qquad (j = 1,\ 2,\ 3,\ 4)$$

とおけば，行列式 $\left|A\right|$ は

$$\left|A\right| = a_{11}\alpha_{11} + a_{12}\alpha_{12} + a_{13}\alpha_{13} + a_{14}\alpha_{14} \tag{3.24}$$

のように表示される．これはどの行についても同様で次の公式が成立する．

(3.25) $$\left|A\right| = a_{i1}\alpha_{i1} + a_{i2}\alpha_{i2} + a_{i3}\alpha_{i3} + a_{i4}\alpha_{i4} \qquad (i = 1,\ 2,\ 3,\ 4).$$

このようにして得られる係数 α_{ij} を成分 a_{ij} の**余因子**と呼ぶ．また，(3.25) の形に行列式を書き表すことを，第 i 行について**余因子展開**するという．

余因子の表現　余因子を表す公式は上記の計算の中に示されているが，その表現を変えたものが次である．

定理 3.9　4 次の行列 A において，第 i 行と第 j 列を消して得られる 3 次の行列を $A^{(ij)}$ とおけば，

(3.26) $$\alpha_{ij} = (-1)^{i+j}\left|A^{(ij)}\right| \qquad (i, j = 1,\ 2,\ 3,\ 4)$$

証明　まず，$i, j = 1$ とする．このときは，上の計算から分かるように

$$\alpha_{11} = \begin{vmatrix} \boldsymbol{e}_1' \\ \boldsymbol{a}_2' \\ \boldsymbol{a}_3' \\ \boldsymbol{a}_4' \end{vmatrix} = \begin{vmatrix} 1 & 0 & 0 & 0 \\ a_{21} & a_{22} & a_{23} & a_{24} \\ a_{31} & a_{32} & a_{33} & a_{34} \\ a_{41} & a_{42} & a_{43} & a_{44} \end{vmatrix} = \begin{vmatrix} 1 & 0 & 0 & 0 \\ 0 & a_{22} & a_{23} & a_{24} \\ 0 & a_{32} & a_{33} & a_{34} \\ 0 & a_{42} & a_{43} & a_{44} \end{vmatrix}$$
$$= \sum_{2 \leqq j_2, j_3, j_4 \leqq 4} \operatorname{sgn}\begin{pmatrix} 2 & 3 & 4 \\ j_2 & j_3 & j_4 \end{pmatrix} a_{2j_2}a_{3j_3}a_{4j_4}$$
$$= \begin{vmatrix} a_{22} & a_{23} & a_{24} \\ a_{32} & a_{33} & a_{34} \\ a_{42} & a_{43} & a_{44} \end{vmatrix} = \left|A^{(11)}\right|$$

が得られる．次に，任意の i, j $(1 \leqq i, j \leqq 4)$ を考える．行列式は二つの行や列を交換するごとに符号を変えるから，第 i 行を前の行と次々に交換しながら第 1 行まで移動し，さらに第 j 列を同様にして第 1 列まで移動してできる行列を $\tilde{A}$ とすれば，行の交換が $i-1$ 回，列の交換が $j-1$ 回行われるから，$\left|\tilde{A}\right| = (-1)^{(i-1)+(j-1)}\left|A\right| = (-1)^{i+j}\left|A\right|$ が成り立つ．ところが，A

を第 i 行で，$\left|\tilde{A}\right|$ を第 1 行でそれぞれ余因子展開してみると

$$\left|A\right| = a_{i1}\alpha_{i1} + a_{i2}\alpha_{i2} + a_{i3}\alpha_{i3} + a_{i4}\alpha_{i4},$$
$$\left|\tilde{A}\right| = \tilde{a}_{11}\tilde{\alpha}_{11} + \tilde{a}_{12}\tilde{\alpha}_{12} + \tilde{a}_{13}\tilde{\alpha}_{13} + \tilde{a}_{14}\tilde{\alpha}_{14}$$

が得られる．ここで，$\tilde{a}_{ij}$ は行列 $\tilde{A}$ の (i,j) 成分である．$\tilde{A}$ の作り方から $\tilde{a}_{11} = a_{ij}$ であることが分かるから，$\left|\tilde{A}\right| = (-1)^{i+j}\left|A\right|$ の成分 a_{ij} $(= \tilde{a}_{11})$ の係数を比較すれば，

$$\alpha_{ij} = (-1)^{i+j}\tilde{\alpha}_{11} = (-1)^{i+j}\left|\tilde{A}^{(11)}\right| = (-1)^{i+j}\left|A^{(ij)}\right|. \quad \square$$

例 3.3 $\Delta = \begin{vmatrix} 1 & 2 & 0 & -1 \\ 2 & -3 & 1 & 2 \\ 0 & 6 & 2 & 1 \\ 3 & 0 & 1 & -3 \end{vmatrix}$ の値を求めよ．

(解) 第 1 列を 2 倍して第 2 列から引き，また第 1 列を第 4 列に足すと，

$$\Delta = \begin{vmatrix} 1 & 0 & 0 & 0 \\ 2 & -7 & 1 & 4 \\ 0 & 6 & 2 & 1 \\ 3 & -6 & 1 & 0 \end{vmatrix} \underset{\left(\substack{\text{第 1 行} \\ \text{で展開}}\right)}{=} \begin{vmatrix} -7 & 1 & 4 \\ 6 & 2 & 1 \\ -6 & 1 & 0 \end{vmatrix}$$

$$\underset{\left(\substack{\text{第 2 列の 6 倍を} \\ \text{第 1 列に足す}}\right)}{=} \begin{vmatrix} -1 & 1 & 4 \\ 18 & 2 & 1 \\ 0 & 1 & 0 \end{vmatrix} \underset{\left(\substack{\text{第 3 行} \\ \text{で展開}}\right)}{=} -\begin{vmatrix} -1 & 4 \\ 18 & 1 \end{vmatrix} = -(-1-72) = 73. \quad \square$$

注意 3.2 行列式を計算するときは，上の解で見たように，定理 3.7 (a) の性質を利用した変形で，ある行 (または，列) の成分をなるべく多く 0 にしてから余因子展開をした方が能率が良く間違いも少ない．

問 3.10 次の 4 次行列式を余因子展開を利用して計算せよ．

(1) $\begin{vmatrix} 0 & 1 & -1 & 1 \\ 1 & 2 & 1 & 1 \\ 2 & 1 & 5 & 6 \\ 1 & 0 & 2 & 2 \end{vmatrix}$，(2) $\begin{vmatrix} 2 & 3 & 0 & -2 \\ 0 & 2 & -1 & 3 \\ -1 & 1 & 0 & 0 \\ 0 & 1 & 2 & 2 \end{vmatrix}$，(3) $\begin{vmatrix} 1 & 2 & 1 & -3 \\ -1 & 1 & 1 & 0 \\ 0 & 2 & 3 & 4 \\ -1 & 1 & 0 & -2 \end{vmatrix}$．

4.2. 一般の余因子展開公式　これまで 4 次の行列式について説明した余因子展開の公式はすべての次数 n の行列式に対して成り立つ．その考え方は全く同じであるから，結果だけを述べることとするが，理解をより深めるためには，4 次行列式の場合の証明を n 次の場合に適合するように書きなおしてみるとよい．さて，n 次の正方行列

$$A = \begin{bmatrix} a_{11} & a_{12} & \ldots & a_{1n} \\ a_{21} & a_{22} & \ldots & a_{2n} \\ \vdots & \vdots & & \vdots \\ a_{n1} & a_{n2} & \ldots & a_{nn} \end{bmatrix} \tag{3.27}$$

において，成分 a_{ij} の**余因子** α_{ij} を

$$\alpha_{ij} = (-1)^{i+j} \left| A^{(ij)} \right| \tag{3.28}$$

によって定義する．ただし，$A^{(ij)}$ は A の第 i 行と第 j 列を消して得られる $n-1$ 次の正方行列である．すなわち，

$$\alpha_{ij} = (-1)^{i+j} \begin{array}{|ccc:ccc|l} \multicolumn{3}{c}{} & \multicolumn{3}{l}{\!\!\underset{\smile}{\hat{j}}} & \\ a_{11} & \cdots & a_{1\,j-1} & a_{1\,j+1} & \cdots & a_{1n} & \\ \vdots & & \vdots & \vdots & & \vdots & \\ a_{i-1\,1} & \cdots & a_{i-1\,j-1} & a_{i-1\,j+1} & \cdots & a_{i-1\,n} & \\ \hdashline a_{i+1\,1} & \cdots & a_{i+1\,j-1} & a_{i+1\,j+1} & \cdots & a_{i+1\,n} & (\hat{i} \\ \vdots & & \vdots & \vdots & & \vdots & \\ a_{n1} & \cdots & a_{n\,j-1} & a_{n\,j+1} & \cdots & a_{nn} & \end{array} \tag{3.29}$$

ここで，$(\hat{i}$ または $\underset{\smile}{\hat{j}}$ は第 i 行または第 j 列を除くという意味である．このとき，4 次の行列式に対する考察から次が成り立つことが分かる．

定理 3.10 (余因子展開) n 次行列 $A = [a_{ij}]$ の (i, j) 成分 a_{ij} の余因子を α_{ij} とすれば次が成り立つ.

$$a_{i1}\alpha_{i1} + a_{i2}\alpha_{i2} + \cdots + a_{in}\alpha_{in} = \left|A\right|, \tag{3.30}$$

$$a_{1j}\alpha_{1j} + a_{2j}\alpha_{2j} + \cdots + a_{nj}\alpha_{nj} = \left|A\right|. \tag{3.31}$$

公式 (3.30) (または, (3.31)) を行列式 $\left|A\right|$ の第 i 行 (または, 第 j 列) による**余因子展開**と呼ぶ.

問 3.11 定理 3.10 の証明を 4 次行列式の場合にならって書け.

問 3.12 $\left|A\right| = \begin{vmatrix} 1 & 0 & 2 \\ 1 & 1 & 1 \\ -1 & 2 & 0 \end{vmatrix}$ を第 1 行に関する余因子展開によって計算せよ. 次に, 第 1 列に関する余因子展開によって計算し, 結果を比べよ.

余因子の定義 (3.29) を見れば, 第 i 行の余因子 $\alpha_{i1}, \ldots, \alpha_{in}$ は第 i 行の成分 $a_{i1}, \ldots, a_{in}$ を含んでいないから, (3.30) の左辺の $a_{i1}, \ldots, a_{in}$ を変更すれば, 行列式 $\left|A\right|$ の第 i 行だけが変更される. 従って, 次が成り立つ.

定理 3.11 行列 A の第 (i, j) 成分 a_{ij} の余因子を α_{ij} と書くとき,

$$a_1\alpha_{i1} + a_2\alpha_{i2} + \cdots + a_n\alpha_{in} \tag{3.32}$$

は A の行列式 $\left|A\right|$ において第 i 行の成分 $a_{i1}, \ldots, a_{in}$ をそれぞれ $a_1, \ldots, a_n$ で置き換えて得られる行列式に等しい. また,

$$b_1\alpha_{1j} + b_2\alpha_{2j} + \cdots + b_n\alpha_{nj} \tag{3.33}$$

は A の行列式 $\left|A\right|$ において第 j 列の成分 $a_{1j}, \ldots, a_{nj}$ をそれぞれ $b_1, \ldots, b_n$ で置き換えて得られる行列式に等しい.

この結果を具体的に書いてみれば，例えば (3.33) は

$$b_1\alpha_{1j}+b_2\alpha_{2j}+\cdots+b_n\alpha_{nj}=\begin{vmatrix} a_{11} & \ldots & \overset{j}{\smile}\!\!\!\!b_1 & \ldots & a_{1n} \\ a_{21} & \ldots & b_2 & \ldots & a_{2n} \\ \vdots & & \vdots & & \vdots \\ a_{n1} & \ldots & b_n & \ldots & a_{nn} \end{vmatrix}$$

となる．ここで，右辺の記号 $\overset{j}{\smile}$ は行列式 $|A|$ において第 j 列だけを $b_1, b_2, \ldots, b_n$ で置き換えることを示す．特に，第 j 列を第 k 列 $(k \neq j)$ で置き換える場合などを考えれば，次の結果が得られる．

定理 3.12 任意の $j \neq k$ $(1 \leqq j, k \leqq n)$ に対し，定理 3.10 と同様の記号で，次が成り立つ．

(3.34) $$a_{k1}\alpha_{j1}+a_{k2}\alpha_{j2}+\cdots+a_{kn}\alpha_{jn}=0,$$

(3.35) $$a_{1k}\alpha_{1j}+a_{2k}\alpha_{2j}+\cdots+a_{nk}\alpha_{nj}=0.$$

証明 (3.34) の左辺は行列式 $|A|$ で第 j 行を第 k 行で置き換えたものであるから，二つの行が一致する行列式となり，その値は 0 である．(3.35) は同様の考察を列について行えばよい． □

4.3. 行列式の計算例 いろいろな形の行列式の計算例を述べる．

例 3.4 対角成分が $x+a$ で，他の成分が a に等しい n 次行列式は

$$\Delta=\begin{vmatrix} x+a & a & \ldots & a \\ a & x+a & \ldots & a \\ & \cdots\cdots\cdots & & \\ a & a & \ldots & x+a \end{vmatrix}=(x+na)x^{n-1}.$$

(解) 第 2 行，…，第 n 行を第 1 行に加えると

$$\Delta=\begin{vmatrix} x+na & x+na & \ldots & x+na \\ a & x+a & \ldots & a \\ & \cdots\cdots\cdots & & \\ a & a & \ldots & x+a \end{vmatrix}=(x+na)\begin{vmatrix} 1 & 1 & \ldots & 1 \\ a & x+a & \ldots & a \\ & \cdots\cdots\cdots & & \\ a & a & \ldots & x+a \end{vmatrix}.$$

第 1 行に a を掛けて他の行から引けば,

$$= (x+na)\begin{vmatrix} 1 & 1 & \dots & 1 \\ 0 & x & \dots & 0 \\ & \dots\dots & & \\ 0 & 0 & \dots & x \end{vmatrix} = (x+na)x^{n-1}. \quad \square$$

例 3.5 (ヴァンデルモンドの行列式) 等式

$$\begin{vmatrix} 1 & 1 & \dots & 1 \\ x_1 & x_2 & \dots & x_n \\ x_1^2 & x_2^2 & \dots & x_n^2 \\ \vdots & \vdots & & \vdots \\ x_1^{n-1} & x_2^{n-1} & \dots & x_n^{n-1} \end{vmatrix} = (-1)^{\frac{n(n-1)}{2}} \Delta(x_1, x_2, \dots, x_n)$$

を示せ. ただし, $\Delta(x_1, x_2, \dots, x_n)$ は $x_1, x_2, \dots, x_n$ の**差積**といって,

$$\begin{aligned} \Delta(x_1, x_2, \dots, x_n) &= \prod_{1 \leqq i < j \leqq n} (x_i - x_j) \\ &= (x_1 - x_2)(x_1 - x_3) \cdots (x_1 - x_n) \\ &\quad \times (x_2 - x_3) \cdots (x_2 - x_n) \\ &\quad \cdots\cdots \\ &\quad \times (x_{n-1} - x_n) \end{aligned}$$

で定義されるものである.

(解) すでに例 3.2 で一つの解法を示した. 今度は因数定理を利用する方法を示そう. 原式を D とおく. まず, D は $x_1, x_2, \dots, x_n$ に関する斉次多項式で (各項の次数がすべて等しい多項式), その次数は

$$1 + 2 + \cdots + (n-1) = \frac{n(n-1)}{2}$$

であることに注意する. さて, $x_2 = x_1$ とおけば第 1 列と第 2 列が等しくなるから, $D = 0$ である. 従って, 因数定理により D は $x_1 - x_2$ で割り切れることが分かる. 同様にして, $x_1 - x_3, \dots, x_{n-1} - x_n$ で割り切れることも分かる. これらの因数は重複しないから, D はこれらの因数の積 $\Delta(x_1, x_2, \dots, x_n)$ で割り切れる. 従って,

$$\Delta = c \cdot \Delta(x_1, x_2, \dots, x_n)$$

と書ける．両辺の次数を比較すれば，c は定数であることが分かる．ここで両辺の $x_2x_3^2\cdots x_n^{n-1}$ の係数を比べる．この形の積は 1 回しか現れないから，比較ができる．実際，左辺は対角成分の積であるからその係数は $+1$，右辺は $c\times(-1)^{n(n-1)/2}$ であるから，$c=(-1)^{n(n-1)/2}$．故に，等式は正しい． □

例 3.6 $A=\begin{bmatrix} P & 0 \\ R & Q \end{bmatrix}$ を分割された正方行列とする．ただし，$P=\begin{bmatrix} p_{ij} \end{bmatrix}, Q=\begin{bmatrix} q_{kl} \end{bmatrix}$ はそれぞれ m 次，m' 次の正方行列であり，$R=\begin{bmatrix} r_{kj} \end{bmatrix}$ は $m'\times m$ 行列である．さらに，0 は $m\times m'$ 型の零行列である．このとき，

$$\begin{vmatrix} P & 0 \\ R & Q \end{vmatrix}=|P|\,|Q|$$

が成り立つことを示せ．

(解) これは行列式の定義式をよく見れば分かることである．または，余因子展開の拡張に当るラプラス展開を使えば自明に近いが，ここでは初歩的な余因子展開を経由して検証してみる．そのため，

$$\begin{bmatrix} P & 0 \\ R & Q \end{bmatrix}=\begin{bmatrix} P & 0 \\ 0 & E_{m'} \end{bmatrix}\begin{bmatrix} E_m & 0 \\ R & Q \end{bmatrix}$$

に注意すると，積の行列式の定理により，次が分かる．

$$\begin{vmatrix} P & 0 \\ R & Q \end{vmatrix}=\begin{vmatrix} P & 0 \\ 0 & E_{m'} \end{vmatrix}\begin{vmatrix} E_m & 0 \\ R & Q \end{vmatrix}$$

ここで，右辺の各因数に対して余因子展開を繰り返し行うと求める結果が出る．例えば，

$$\begin{vmatrix} E_m & 0 \\ R & Q \end{vmatrix}\underset{\binom{\text{第 1 行}}{\text{で展開}}}{=}\begin{vmatrix} E_{m-1} & 0 \\ R_1 & Q \end{vmatrix}\underset{\binom{\text{第 1 行}}{\text{で展開}}}{=}\begin{vmatrix} E_{m-2} & 0 \\ R_2 & Q \end{vmatrix}\underset{\binom{\text{第 1 行}}{\text{で展開}}}{=}\cdots=|Q|.$$

ここで，R_i $(i=1,2,\dots)$ は行列 R の最初の i 列を消した残りの行列である． □

問 3.13 一般のヴァンデルモンド行列式 (例 3.5 の行列式) を n に関する帰納法で証明してみよ．

問 3.14　次の行列式を計算せよ．

$$\begin{vmatrix} 1+a & 1 & 1 & 1 \\ 1 & 1+b & 1 & 1 \\ 1 & 1 & 1+c & 1 \\ 1 & 1 & 1 & 1+d \end{vmatrix}$$

5. 逆行列とクラメールの公式

5.1. 余因子行列　余因子展開の公式 (定理 3.10, 3.12) は連立一次方程式の解法に有効に利用される．これを示すために，まず行列 A の (i,j) 成分 a_{ij} の余因子 α_{ij} を並べて行列を作る．これを行列 A の**余因子行列**と呼んで，$\boldsymbol{A}$ と書く．すなわち，

$$\boldsymbol{A} = \begin{bmatrix} \alpha_{11} & \alpha_{12} & \dots & \alpha_{1n} \\ \alpha_{21} & \alpha_{22} & \dots & \alpha_{2n} \\ \vdots & \vdots & & \vdots \\ \alpha_{n1} & \alpha_{n2} & \dots & \alpha_{nn} \end{bmatrix}. \tag{3.36}$$

問 3.15　次の行列の余因子行列を求めよ．

$$\begin{bmatrix} 1 & 3 & -1 \\ 1 & 2 & 0 \\ 5 & -1 & 1 \end{bmatrix}$$

余因子行列については，定理 3.10, 3.12 をまとめると，次の形になる．

定理 3.13　n 次行列 A の余因子行列を $\boldsymbol{A}$ とおけば，

$$\boldsymbol{A}^T A = A\boldsymbol{A}^T = |A|\, E_n. \tag{3.37}$$

証明　まず，(3.30) と (3.34) より

$$A\boldsymbol{A}^T = \begin{bmatrix} |A| & 0 & \dots & 0 \\ 0 & |A| & \dots & 0 \\ \dots & \dots & \dots & \dots \\ 0 & 0 & \dots & |A| \end{bmatrix} = |A| \cdot E_n. \tag{3.38}$$

また，(3.31) と (3.35) より

$$\boldsymbol{A}^T A = \begin{bmatrix} |A| & 0 & \dots & 0 \\ 0 & |A| & \dots & 0 \\ \dots & \dots & \dots & \dots \\ 0 & 0 & \dots & |A| \end{bmatrix} = |A| \cdot E_n. \quad \square \tag{3.39}$$

5.2. 逆行列 n 次の行列 A に対して，n 次行列 B で

$$AB = BA = E \qquad (E \text{ は } n \text{ 次の単位行列})$$

を満たすものがあれば，A を**可逆**である（または**正則行列**である）という．また，この性質を持つ B は一意に決まるが，これを A の**逆行列**と呼んで A^{-1} と表す．

定理 3.14 n 次の正方行列 A について次は同値である．

(a) A は正則行列である．

(b) A の行列式 $|A|$ は 0 ではない．

この同値な条件が成り立つとき，

$$A^{-1} = |A|^{-1} \boldsymbol{A}^T. \tag{3.40}$$

注意 3.3 左辺の A^{-1} は行列 A の逆行列の記号であるが，右辺の $|A|^{-1}$ は数値 $|A|$ の逆数である．

証明 まず，A が正則であると仮定すると，二つの行列の積の行列式はそれぞれの行列式の積に等しいから，

$$|A|\,|A^{-1}| = |AA^{-1}| = |E| = 1$$

となり，$|A| \neq 0$ が得られる．

次に，もし $|A| \neq 0$ を仮定すると，等式 (3.37) の両辺を $|A|$ で割って，

$$\left(\frac{1}{|A|}\boldsymbol{A}^T\right) A = A \left(\frac{1}{|A|}\boldsymbol{A}^T\right) = E \tag{3.41}$$

が成り立つことが分かるが，これは $\left|A\right|^{-1}\boldsymbol{A}^T$ が A の逆行列の性質を満たしていることを示している．よって，$A^{-1}=\left|A\right|^{-1}\boldsymbol{A}^T$． □

問 3.16 次の行列の逆行列を求めよ．

(1) $\begin{bmatrix} 0 & 1 & -1 \\ -1 & 1 & 0 \\ 2 & 1 & 0 \end{bmatrix}$，　(2) $\begin{bmatrix} 1 & 0 & -1 \\ -1 & 1 & 2 \\ 1 & -2 & -2 \end{bmatrix}$，　(3) $\begin{bmatrix} 1 & -1 & 3 \\ 2 & -1 & 5 \\ 3 & -3 & 4 \end{bmatrix}$．

5.3. クラメールの公式 n 個の未知数を持つ連立一次方程式

$$
\begin{aligned}
a_{11}x_1 + a_{12}x_2 + \cdots + a_{1n}x_n &= b_1, \\
a_{21}x_1 + a_{22}x_2 + \cdots + a_{2n}x_n &= b_2, \\
&\cdots\cdots \\
a_{n1}x_1 + a_{n2}x_2 + \cdots + a_{nn}x_n &= b_n
\end{aligned} \tag{3.42}
$$

を考えよう．この方程式の係数行列を A, 未知数の作る列ベクトルを $\boldsymbol{x}$, 右辺 (非斉次項) の作る列ベクトルを $\boldsymbol{b}$ とすれば，行列の掛け算によって

$$A\boldsymbol{x} = \boldsymbol{b} \tag{3.43}$$

である．もし A が可逆ならば，(3.43) の両辺に左から A^{-1} を掛けて

$$\text{左辺} = A^{-1}(A\boldsymbol{x}) = (A^{-1}A)\boldsymbol{x} = E\boldsymbol{x} = \boldsymbol{x}, \qquad \text{右辺} = A^{-1}\boldsymbol{b}$$

が得られるから，$\boldsymbol{x} = A^{-1}\boldsymbol{b}$ として解が求められる．行列成分を表に出して書けばもっと分かりやすくなる．

定理 3.15 (クラメールの公式) 方程式 (3.42) の係数行列 A の行列式が 0 でなければ，連立方程式 (3.42) は唯一つの解を持ち，次の式で与えられる．

$$x_j = \frac{1}{\left|A\right|}\begin{vmatrix} a_{11} & \ldots & \overset{j}{\overbrace{b_1}} & \ldots & a_{1n} \\ a_{21} & \ldots & b_2 & \ldots & a_{2n} \\ \vdots & & \vdots & & \vdots \\ a_{n1} & \ldots & b_n & \ldots & a_{nn} \end{vmatrix} \qquad (j = 1, 2, \ldots, n). \tag{3.44}$$

これらの式で，右辺の分子は係数の行列式 $\left|A\right|$ において，求める x_j の係数の部分 (すなわち，第 j 列) を右辺の値で置き換えて得られるものである．

証明 仮定により $\left|A\right| \neq 0$ であるから，A は逆行列 A^{-1} を持ち，方程式 (3.42) の解は $\boldsymbol{x} = A^{-1}\boldsymbol{b}$ に等しい．一方，$A^{-1} = \left|A\right|^{-1} \boldsymbol{A}^T$ であるから，

$$x_j = \frac{\alpha_{1j}b_1 + \alpha_{2j}b_2 + \cdots + \alpha_{nj}b_n}{\left|A\right|} \qquad (j = 1,\, 2,\, \ldots\, ,\, n)$$

が成り立つ．定理 3.11 によれば，右辺の分子は行列式 $\left|A\right|$ において第 j 列を $b_1, b_2\, \ldots\, , b_n$ で置き換えたものに等しい．これが示すべきことであった． □

系 斉次の連立一次方程式 $A\boldsymbol{x} = \boldsymbol{0}$ (方程式 (3.42) で $\boldsymbol{b} = \boldsymbol{0}$ の場合) が自明な解 $\boldsymbol{x} = \boldsymbol{0}$ 以外の解を持つならば，係数行列 A の行列式が 0 に等しい．

証明 もし $\left|A\right| \neq 0$ ならば，クラメールの公式によって解 $\boldsymbol{x}$ は $\boldsymbol{0}$ 以外にはあり得ないから． □

注意 3.4 実は，$\left|A\right| = 0$ は斉次方程式が自明でない解を持つための必要十分条件である．

問 3.17 次の連立方程式を解け．

(1)
$$\begin{aligned} x + y + z &= 1, \\ x - y - 2z &= 2, \\ x + y + 4z &= 4, \end{aligned}$$

(2)
$$\begin{aligned} x_1 + x_2 - 2x_3 + x_4 &= 2, \\ x_1 + 2x_2 + x_3 - x_4 &= 4, \\ 2x_1 + x_2 - x_3 + 2x_4 &= 0, \\ x_1 - x_3 + 2x_4 &= 0. \end{aligned}$$

演習問題

3.1 $\begin{vmatrix} \sin\theta\cos\phi & r\cos\theta\cos\phi & -r\sin\theta\sin\phi \\ \sin\theta\sin\phi & r\cos\theta\sin\phi & r\sin\theta\cos\phi \\ \cos\theta & -r\sin\theta & 0 \end{vmatrix} = r^2\sin\theta$ を証明せよ．

3.2 正方行列 A が正則ならば，$\left|A^{-1}\right| = \left|A\right|^{-1}$ が成り立つことを示せ．

3.3 n 次行列 A の余因子行列 $\boldsymbol{A}$ の行列式は $\left|A\right|^{n-1}$ に等しいことを証明せよ．

3.4　3 元の連立一次方程式

$$a_1x + b_1y + c_1z = 0,$$
$$a_2x + b_2y + c_2z = 0$$

は解

$$x = \begin{vmatrix} b_1 & c_1 \\ b_2 & c_2 \end{vmatrix}, \quad y = \begin{vmatrix} c_1 & a_1 \\ c_2 & a_2 \end{vmatrix}, \quad z = \begin{vmatrix} a_1 & b_1 \\ a_2 & b_2 \end{vmatrix}$$

を持つことを示せ.

3.5　3 直線

$$a_1x + b_1y + c_1 = 0,$$
$$a_2x + b_2y + c_2 = 0,$$
$$a_3x + b_3y + c_3 = 0$$

が 1 点で交わるならば,

$$\begin{vmatrix} a_1 & b_1 & c_1 \\ a_2 & b_2 & c_2 \\ a_3 & b_3 & c_3 \end{vmatrix} = 0$$

が成り立つことを示せ. また, この逆は成り立つか.

3.6 (ガウス・ジョルダンの方法)　可逆な n 次行列 A に対して, A の右側に n 次単位行列 E_n を並べて $n \times 2n$ 行列 $\begin{bmatrix} A & E_n \end{bmatrix}$ を作るとき, 次を示せ.

(1)　行列 $\begin{bmatrix} A & E_n \end{bmatrix}$ に前進消去と後退代入を適用して, A の部分を単位行列 E_n に変形することができる. すなわち, $\begin{bmatrix} E_n & B \end{bmatrix}$ の形に変形できる.

(2)　$A^{-1} = B$ が成り立つ.

3.7 (補間多項式)　$n+1$ 個の相異なる x の値 $x_1, \ldots, x_{n+1}$ で, 指定された値 $b_1, \ldots, b_{n+1}$ をとる n 次多項式 $p(x) = a_0 + a_1x + \cdots + a_nx^n$ が唯一つ存在することを証明せよ.

第4章 ベクトル空間と一次写像

1. 抽象ベクトル空間

1.1. ベクトル空間の定義　第 1 章 §4 で導入した数ベクトルの空間 $\mathbb{R}^n$ はベクトルの持つ基本性質を全部備えているが，$\mathbb{R}^n$ の持つ計算的な性質だけを持つ**抽象的な対象**を作っておくといろいろなものが仲間に入ってきて何かと都合がよい．それが一般的なベクトル空間である．すなわち，空でない集合 V が次の 2 条件を満たすとき，V は**ベクトル空間**をなすという．

演算　V は「和」と「スカラー倍」の二つの演算を持つ．

(a)　V の任意の 2 元 $\boldsymbol{u}, \boldsymbol{v}$ に対しその**和**と呼ばれる V の元 $\boldsymbol{u}+\boldsymbol{v}$ が唯一つ決まる．

(b)　V の任意の元 $\boldsymbol{u}$ と任意の実数 c に対して**スカラー倍**と呼ばれる V の元 $c\boldsymbol{u}$ が唯一つ決まる．

演算の規則　和とスカラー倍に関して次の性質 (V1) – (V8) が成り立つ[*1]．ただし，$\boldsymbol{u}, \boldsymbol{v}, \boldsymbol{w} \in V$, $a, b \in \mathbb{R}$ とする．

(V1)　$\boldsymbol{u}+\boldsymbol{v}=\boldsymbol{v}+\boldsymbol{u}$,

---

*1　これは 10 ページの性質 (V1) – (V8) を記号を変えて繰り返したものである．

(V2)　$(\boldsymbol{u}+\boldsymbol{v})+\boldsymbol{w}=\boldsymbol{u}+(\boldsymbol{v}+\boldsymbol{w})$,

(V3)　すべての $\boldsymbol{u}$ に対して $\boldsymbol{u}+\boldsymbol{0}=\boldsymbol{u}$ を満たすベクトル $\boldsymbol{0}$ がある,

(V4)　任意の $\boldsymbol{u}, \boldsymbol{v}$ に対し $\boldsymbol{u}+\boldsymbol{w}=\boldsymbol{v}$ となる $\boldsymbol{w}$ が唯一つある,

(V5)　$a(\boldsymbol{u}+\boldsymbol{v})=a\boldsymbol{u}+a\boldsymbol{v}$,

(V6)　$(a+b)\boldsymbol{u}=a\boldsymbol{u}+b\boldsymbol{u}$,

(V7)　$a(b\boldsymbol{u})=(ab)\boldsymbol{u}$,

(V8)　$1\boldsymbol{u}=\boldsymbol{u}$.

注意 4.1　性質 (V3) の元 $\boldsymbol{0}$ は一つしかない．これを V の**零ベクトル**と呼ぶ．零ベクトルの記号 $\boldsymbol{0}$ はすべてのベクトル空間に対して共通である．このために混乱が起ることはまずないが，$\boldsymbol{0}$ がどの空間の元であるかは，時々確かめておく方がよい．また，性質 (V4) で決まる元 $\boldsymbol{w}$ を $\boldsymbol{v}-\boldsymbol{u}$ と書く．$\boldsymbol{v}$ が特に $\boldsymbol{0}$ のときは，$\boldsymbol{0}-\boldsymbol{u}$ の代りに $-\boldsymbol{u}$ と書くのが習慣である．

注意 4.2　V の元を V の**ベクトル**または V の**点**などと呼ぶ．

1.2. ベクトル空間の例　ベクトル空間の代表的な例は**数ベクトル空間** $\mathbb{R}^n$ (第 1 章 §4) である．上で述べたベクトル空間の定義は $\mathbb{R}^n$ の計算の特性を並べたものであるから，$\mathbb{R}^n$ $(n=1, 2, \dots)$ がベクトル空間の性質を持つことは当然である．従って，$\mathbb{R}^n$ とは見掛けが違った例を説明しよう．

例 4.1　n 次の実数成分の正方行列の全体 $\mathcal{M}_n=\mathcal{M}_n(\mathbb{R})$ は行列の和とスカラー倍に関してベクトル空間をなす．このベクトル空間の零ベクトルは n 次の零行列 $0_{n\times n}$ である．この例では，成分が正方形に並んでいるが，これを伸ばして棒状にすれば，n^2 次元の数ベクトル空間 $\mathbb{R}^{n^2}$ と同じことになる．しかし，行列の形で考えれば，ベクトル計算の他に掛け算もできて，**行列環**というものになる．その点では単なる数ベクトル空間より高度な構造を持ったものとなる．

例 4.2　閉区間 $I=[a,b]$ 上で定義された実数値連続関数の全体を $C(I)$ と書く．このとき，$f, g\in C(I)$ に対し $f+g$ と cf を関数としての和と定数倍，すなわち

$$(f+g)(x)=f(x)+g(x), \quad (cf)(x)=c\cdot f(x) \qquad (a\leqq x\leqq b)$$

によって定義すると，関数の集合 $C(I)$ はベクトル空間になる．これを区間 $[a,b]$ 上の連続関数の空間と呼ぶ．

例 **4.3** 変数 x に関する n 次以下の実係数多項式の全体 $\mathcal{P}_n$，すなわち，

$$\mathcal{P}_n = \{\, a_0 + a_1 x + \cdots + a_n x^n : a_0, \ldots, a_n \in \mathbb{R} \} \qquad (n = 0,\, 1,\, 2,\, \ldots\,)$$

は多項式の普通の和と定数倍に関してベクトル空間をなす．さらに，すべての多項式の集合 $\mathcal{P}$ もベクトル空間になる．

例 **4.4** n を自然数とするとき，$a_0,\, a_1,\, b_1,\, \ldots$ を実定数として

$$a_0 + \sum_{k=1}^{n} a_k \cos kx + b_k \sin kx \qquad (a_n^2 + b_n^2 \neq 0)$$

を n 次の**三角多項式**と呼ぶ．n 次以下の三角多項式の全体 $\mathcal{T}_n$ は関数の和とスカラー倍についてベクトル空間をなす．三角多項式全体の集合 $\mathcal{T}$ もベクトル空間を作る．

1.3. ベクトル空間の構成 与えられたベクトル空間から新しいベクトル空間を作り出す標準的な方法がいくつかある．その中から，部分空間と部分空間の直和の二つを説明しよう．

部分空間 V をベクトル空間とするとき，V の空でない部分集合 W が V における和とスカラー倍とに関してベクトル空間となるとき，W を V の**部分空間**という．例えば，零ベクトル 1 個だけの集合 $\{\mathbf{0}\}$ は V の (最小の) 部分空間であり，V 自身は (最大の) 部分空間である．これらを V の**自明**(じめい)な**部分空間**と呼ぶ．自明でない場合でも判定は簡単である．

定理 4.1 ベクトル空間 V の空でない部分集合 W が V の部分空間であるための必要十分条件は次の 2 性質が成り立つことである．

(a) 任意の $\boldsymbol{u}, \boldsymbol{v} \in W$ に対し $\boldsymbol{u} + \boldsymbol{v} \in W$.

(b) 任意の $\boldsymbol{u} \in W$ と任意のスカラー c に対し $c\boldsymbol{u} \in W$.

注意 4.3 定理 4.1 の 2 条件が成り立つことを，W は (V における) ベクトルの和とスカラー倍に関して**閉じている**という．

問 4.1 W が V の部分空間であるための条件 (a), (b) は次の唯一つの条件

(c) 任意の $\boldsymbol{u}, \boldsymbol{v} \in W$ と任意のスカラー a, b に対して $a\boldsymbol{u} + b\boldsymbol{v} \in W$

と同等であることを示せ.

問 4.2 $\{W_\alpha : \alpha \in A\}$ を V の部分空間の集合 (無限個あってもよい) とする. このとき, すべての W_α に同時に属するベクトルの集合を W とすれば, W も V の部分空間であることを示せ.

部分空間の和と直和 ベクトル空間 V の二つの部分空間 W_1, W_2 に対しそれぞれから元を一つずつ取り出して作った和の全体

$$\{\boldsymbol{w}_1 + \boldsymbol{w}_2 : \boldsymbol{w}_1 \in W_1,\ \boldsymbol{w}_2 \in W_2\}$$

はまた V の部分空間を作る. これを W_1 と W_2 の**和**と呼んで, $W_1 + W_2$ と表す. さらに, W_1 と W_2 に共通な元が零ベクトル $\mathbf{0}$ しかない場合には, $W_1 + W_2$ の元を W_1 の元と W_2 の元の和として表す書き方は唯一通りしかない. この条件が成り立つときは, 和 $W_1 + W_2$ を W_1 と W_2 の**直和**と呼んで, $W_1 \oplus W_2$ と表す. 3 個以上の部分空間の直和は帰納的に考えればよいが, ここでは立ち入らない.

2. ベクトルの一次独立と一次従属

2.1. 一次結合 $\boldsymbol{u}_1, \dots, \boldsymbol{u}_n$ をベクトル空間 V の有限個の元とするとき, これらから V の新しい元を作りだす基本的な方法は, それぞれをスカラー倍して加えることである. すなわち, $c_1, \dots, c_n \in \mathbb{R}$ として,

$$c_1\boldsymbol{u}_1 + \cdots + c_n\boldsymbol{u}_n \tag{4.1}$$

を作ることである. これを $\boldsymbol{u}_1, \dots, \boldsymbol{u}_n$ の**一次結合**と呼ぶ. 元 $\boldsymbol{v} \in V$ が

$$\boldsymbol{v} = c_1\boldsymbol{u}_1 + \cdots + c_n\boldsymbol{u}_n \tag{4.2}$$

のように $\boldsymbol{u}_1, \ldots, \boldsymbol{u}_n$ の一次結合として表されるとき，$\boldsymbol{v}$ は $\boldsymbol{u}_1, \ldots, \boldsymbol{u}_n$ に**一次従属である**という．この概念の基本を定理の形にまとめれば次の通りである．

定理 4.2　ベクトル空間 V のベクトル $\boldsymbol{u}_1, \ldots, \boldsymbol{u}_n$ について次が成り立つ．

(a)　各 $\boldsymbol{u}_i$ $(i = 1, \ldots, n)$ は $\boldsymbol{u}_1, \ldots, \boldsymbol{u}_n$ に一次従属である．

(b)　$\boldsymbol{v} \in V$ が $\boldsymbol{u}_1, \ldots, \boldsymbol{u}_n$ に一次従属であるが，$\boldsymbol{u}_1, \ldots, \boldsymbol{u}_{n-1}$ に一次従属ではないならば，$\boldsymbol{u}_n$ は $\boldsymbol{u}_1, \ldots, \boldsymbol{u}_{n-1}, \boldsymbol{v}$ に一次従属である．

(c)　$\boldsymbol{w} \in V$ が $\boldsymbol{v}_1, \ldots, \boldsymbol{v}_s$ に一次従属であり，各 $\boldsymbol{v}_j$ $(j = 1, \ldots, s)$ が $\boldsymbol{u}_1, \ldots, \boldsymbol{u}_n$ に一次従属ならば，$\boldsymbol{w}$ は $\boldsymbol{u}_1, \ldots, \boldsymbol{u}_n$ に一次従属である．

証明　(a)　スカラー $c_1, \ldots, c_n$ を $c_i = 1, c_j = 0$ $(j \neq i)$ とおけば，$\boldsymbol{u}_i = c_1\boldsymbol{u}_1 + \cdots + c_n\boldsymbol{u}_n$ であるから．

(b)　仮定から $\boldsymbol{v} = c_1\boldsymbol{u}_1 + \cdots + c_n\boldsymbol{u}_n$ を満たすスカラー $c_1, \ldots, c_n$ が存在する．$\boldsymbol{v}$ は $\boldsymbol{u}_1, \ldots, \boldsymbol{u}_{n-1}$ に一次従属ではないから，$c_n \neq 0$ である．よって，

$$\boldsymbol{u}_n = -\frac{c_1}{c_n}\boldsymbol{u}_1 - \cdots - \frac{c_{n-1}}{c_n}\boldsymbol{u}_{n-1} + \frac{1}{c_n}\boldsymbol{v}.$$

(c)　仮定により，

$$\begin{aligned} \boldsymbol{w} &= c_1\boldsymbol{v}_1 + \cdots + c_s\boldsymbol{v}_s, \\ \boldsymbol{v}_j &= c_{j1}\boldsymbol{u}_1 + \cdots + c_{jn}\boldsymbol{u}_n \qquad (1 \leqq j \leqq s) \end{aligned}$$

を満たすスカラー $\{c_j\}, \{c_{jk}\}$ が存在する．これから，

$$\begin{aligned} \boldsymbol{w} &= d_1\boldsymbol{u}_1 + \cdots + d_n\boldsymbol{u}_n, \\ d_i &= c_1c_{1i} + \cdots + c_sc_{si} \qquad (1 \leqq i \leqq n) \end{aligned}$$

となるから，$\boldsymbol{w}$ は $\boldsymbol{u}_1, \ldots, \boldsymbol{u}_n$ に一次従属である．　□

2.2. 一次独立と一次従属 V のベクトル $\boldsymbol{u}_1, \ldots, \boldsymbol{u}_m$ において，どの元も残りの元に一次従属でないとき，このベクトルの列は**一次独立**であるという．$\boldsymbol{u}_1, \ldots, \boldsymbol{u}_m$ が一次独立でないとき，**一次従属**であるという．まず，一次独立，一次従属の判定法を述べよう．

定理 4.3 V のベクトル $\boldsymbol{u}_1, \ldots, \boldsymbol{u}_n$ について次が成り立つ．

(a) $\boldsymbol{u}_1, \ldots, \boldsymbol{u}_n$ が一次従属であるための必要十分条件はその中の一つが残りの一次結合で表されることである．

(b) $\boldsymbol{u}_1, \ldots, \boldsymbol{u}_n$ が一次独立であるための必要十分条件は

$$c_1\boldsymbol{u}_1 + \cdots + c_n\boldsymbol{u}_n = \boldsymbol{0} \tag{4.3}$$

を満たすスカラー $c_1, \ldots, c_n$ は $c_1 = \cdots = c_n = 0$ に限ることである．

証明 (a) ベクトル $\boldsymbol{u}_1, \ldots, \boldsymbol{u}_n \in V$ が一次従属であると仮定すれば，この中の少なくとも一つが残りに一次従属になるからである．

(b) 一次独立な $\boldsymbol{u}_1, \ldots, \boldsymbol{u}_n$ に対して (4.3) を満たすスカラー $c_1, \ldots, c_n$ を考える．もしこの中のある c_i が 0 でなかったとすれば，$\boldsymbol{u}_i$ が残りの一次結合で表されることになって矛盾である．よって，$c_1 = \cdots = c_n = 0$ が成り立つ．また，$\boldsymbol{u}_1, \ldots, \boldsymbol{u}_n$ が一次従属ならば，その中の一つが残りの一次結合で表されるから，(4.3) を満たすスカラー $c_1, \ldots, c_n$ で少なくとも一つが 0 でないようなものが存在する． □

例 4.5 $\mathbb{R}^3$ のベクトル $\boldsymbol{a}_1 = (1, 1, 1)$, $\boldsymbol{a}_2 = (1, 2, 3)$, $\boldsymbol{a}_3 = (1, -2, -5)$ は一次独立か一次従属かを判定せよ．

(解) スカラー x_1, x_2, x_3 で $x_1\boldsymbol{a}_1 + x_2\boldsymbol{a}_2 + x_3\boldsymbol{a}_3 = \boldsymbol{0}$ を満たすものは $x_1 = x_2 = x_3 = 0$ だけかどうかを調べる．この式は斉次連立一次方程式

$$\begin{bmatrix} 1 & 1 & 1 \\ 1 & 2 & -2 \\ 1 & 3 & -5 \end{bmatrix} \begin{bmatrix} x_1 \\ x_2 \\ x_3 \end{bmatrix} = \begin{bmatrix} 0 \\ 0 \\ 0 \end{bmatrix}$$

と同じである．これをガウス消去法によって解けば，

$$\begin{bmatrix}1&1&1\\1&2&-2\\1&3&-5\end{bmatrix}\to\begin{bmatrix}1&1&1\\0&1&-3\\0&2&-6\end{bmatrix}\to\begin{bmatrix}1&1&1\\0&1&-3\\0&0&0\end{bmatrix}\to\begin{bmatrix}1&0&4\\0&1&-3\\0&0&0\end{bmatrix}\quad(\text{右辺省略})$$

となるから，解は $x_1=-4x_3$, $x_2=3x_3$, または $x_1:x_2:x_3=-4:3:1$ である．従って，$-4\boldsymbol{a}_1+3\boldsymbol{a}_2+\boldsymbol{a}_3=\boldsymbol{0}$. 故に，$\boldsymbol{a}_1$, $\boldsymbol{a}_2$, $\boldsymbol{a}_3$ は一次従属である． □

例 4.6 多項式の空間 $\mathcal{P}_n$ において $\{1,x,\dots,x^n\}$ は一次独立であることを示せ．

(解) ある定数 $c_0,c_1,\dots,c_n$ に対し，$c_0+c_1x+\cdots+c_nx^n$ は恒等的に 0 であるとする．x に相異なる $n+1$ 個の値 $x_1,\dots,x_{n+1}$ を代入すると，

$$c_0+c_1x_1+\cdots+c_nx_1^n=0,$$
$$\cdots\cdots$$
$$c_0+c_1x_{n+1}+\cdots+c_nx_{n+1}^n=0$$

が得られる．これを $c_0,\dots,c_n$ についての連立一次方程式と考えれば，その係数行列の行列式は転置した形で書けば，

$$\begin{vmatrix}1&1&\dots&1\\x_1&x_2&\dots&x_{n+1}\\\vdots&\vdots&&\vdots\\x_1^n&x_2^n&\dots&x_{n+1}^n\end{vmatrix}$$

となる．これは $x_1,\dots,x_{n+1}$ に関するヴァンデルモンドの行列式であるから，例 3.5 (64 ページ参照) で計算したように，$x_1,\dots,x_{n+1}$ が異なれば 0 ではない．従って，定理 3.15 の系 (69 ページ参照) により，斉次方程式の解は 0 しかない．よって，$c_0=c_1=\cdots=c_n=0$. 故に，$1,x,\dots,x^n$ は一次独立である． □

問 4.3 任意のベクトル空間において次が成り立つことを示せ．

(1) 1 個の元からなる系 $\{\boldsymbol{v}\}$ が一次独立であるためには $\boldsymbol{v}\neq\boldsymbol{0}$ が必要十分である．

(2) 2 個の元からなる系が一次独立であるための必要十分条件はどちらの元も他の元のスカラー倍にならないことである．

問 4.4 $\mathbb{R}^2$ の 2 個のベクトル (a,b) と (c,d) が一次独立であるための条件は $ad-bc\neq 0$ であることを示せ．

問 4.5 次の各ベクトル系は $\mathbb{R}^2$ で一次独立かどうか判定せよ．

(1) $\{(1,1)\}$, (2) $\{(1,3),\ (2,-3)\}$, (3) $\{(-2,8),\ (3,-12)\}$.

問 4.6 $\mathbb{R}^3$ において，$\boldsymbol{u}_1=(1,1,1)$，$\boldsymbol{u}_2=(1,1,2)$, $\boldsymbol{u}_3=(1,2,3)$ とし，$\boldsymbol{v}_1=\boldsymbol{u}_1+\boldsymbol{u}_2$, $\boldsymbol{v}_2=\boldsymbol{u}_1+2\boldsymbol{u}_2+\boldsymbol{u}_3$, $\boldsymbol{v}_3=\boldsymbol{u}_1-\boldsymbol{u}_3$ とおくとき，次の問に答えよ．

(1) $\boldsymbol{u}_1,\boldsymbol{u}_2,\boldsymbol{u}_3$ は一次独立であることを示せ．

(2) $\boldsymbol{v}=3\boldsymbol{v}_1-2\boldsymbol{v}_2$ を $\boldsymbol{u}_1$, $\boldsymbol{u}_2$, $\boldsymbol{u}_3$ の一次結合で表し，$\boldsymbol{v}$ を求めよ．

(3) $\boldsymbol{v}_1$, $\boldsymbol{v}_2$, $\boldsymbol{v}_3$ は一次独立か一次従属か判定せよ．

3. ベクトル空間の生成系

3.1. 生成元 ベクトル空間についてさらに詳しく調べるため，生成元の概念を導入する．ベクトル空間 V のベクトルの列 $\boldsymbol{u}_1,\ldots,\boldsymbol{u}_n$ が V の**生成系**であるとは，V のすべての元が $\boldsymbol{u}_1,\ldots,\boldsymbol{u}_n$ の一次結合として表されることをいう*2．このとき，$\boldsymbol{u}_1,\ldots,\boldsymbol{u}_n$ はベクトル空間 V を**張る**または**生成する**という．ベクトル空間 V が有限個の元からなる生成系を持つとき，V は**有限生成**であるという．また，V の任意のベクトル $\boldsymbol{v}_1,\ldots,\boldsymbol{v}_m$ に対し，$\boldsymbol{v}_1,\ldots,\boldsymbol{v}_m$ の一次結合で表されるベクトル全体の集合を $\boldsymbol{v}_1,\ldots,\boldsymbol{v}_m$ の**線型包**と呼び，$\mathrm{Span}[\boldsymbol{v}_1,\ldots,\boldsymbol{v}_m]$ と書く．

まず，順序として基本の数ベクトル空間 $\mathbb{R}^n$ を調べよう．このためには，$\mathbb{R}^n$ のベクトルの形 $(a_1,\ldots,a_n)$ が必要である．特に，n 次元単位ベクトル

$$(4.4)\qquad \boldsymbol{e}_1=(1,0,\ldots,0),\ \boldsymbol{e}_2=(0,1,0,\ldots,0),\ldots,\ \boldsymbol{e}_n=(0,\ldots,0,1)$$

が基本的な役割を演じる．

---

*2 生成系を作る元の個数 n は有限でも無限でもよいが，本書では n が有限の場合のみを取り扱うことにする．

定理 4.4 $\boldsymbol{e}_1, \ldots, \boldsymbol{e}_n$ は $\mathbb{R}^n$ の一次独立な生成系である．

証明 まず，一次独立であることを示そう．実際，スカラー $c_1, \ldots, c_n$ が

$$c_1\boldsymbol{e}_1 + \cdots + c_n\boldsymbol{e}_n = \boldsymbol{0}$$

を満たすと仮定すると，左辺は $(c_1, \ldots, c_n)$ となって，$c_1 = \cdots = c_n = 0$ が得られる．故に，$\boldsymbol{e}_1, \ldots, \boldsymbol{e}_n$ は一次独立である．

次に，$\boldsymbol{e}_1, \ldots, \boldsymbol{e}_n$ が $\mathbb{R}^n$ を生成することを示すために，$\boldsymbol{x} = (x_1, \ldots, x_n)$ を $\mathbb{R}^n$ の任意の元とすると，

$$\boldsymbol{x} = (x_1, \ldots, x_n) = x_1\boldsymbol{e}_1 + \cdots + x_n\boldsymbol{e}_n$$

と書けるから，$\boldsymbol{x}$ は $\boldsymbol{e}_1, \ldots, \boldsymbol{e}_n$ の一次結合として表される．よって，$\boldsymbol{e}_1, \ldots, \boldsymbol{e}_n$ は $\mathbb{R}^n$ の生成系である． □

例 4.7 座標空間の 2 点 P, Q に対して，その位置ベクトルを $\boldsymbol{v} = \overrightarrow{OP}$, $\boldsymbol{u} = \overrightarrow{OQ}$ とする (図 4.1)．このとき

(a) $\mathrm{Span}[\boldsymbol{v}]$ は 点 P と原点 O を結ぶ直線 L を表す．

(b) $\boldsymbol{u}, \boldsymbol{v}$ が平行でないとき，$\mathrm{Span}[\boldsymbol{u}, \boldsymbol{v}]$ は $\boldsymbol{u}$ と $\boldsymbol{v}$ を含む平面である．

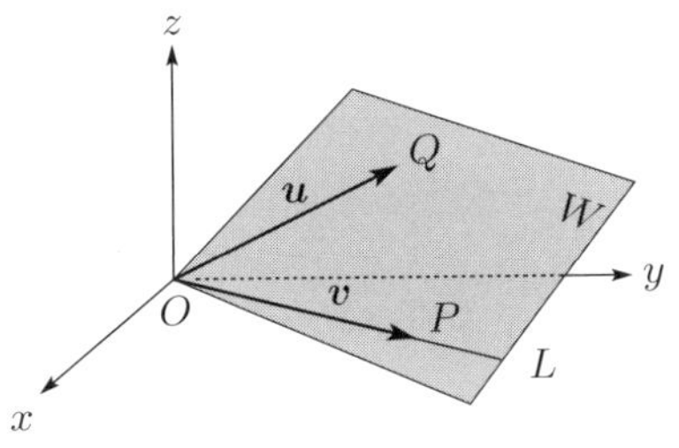

図 4.1: $\mathbb{R}^3$ における $\mathrm{Span}[\boldsymbol{u}, \boldsymbol{v}]$

問 4.7 ベクトル空間 V の $\mathbf{0}$ でないベクトル $\boldsymbol{v}_1, \ldots, \boldsymbol{v}_m$ が

$$\mathrm{Span}[\boldsymbol{v}_1] \subsetneqq \mathrm{Span}[\boldsymbol{v}_1, \boldsymbol{v}_2] \subsetneqq \cdots \subsetneqq \mathrm{Span}[\boldsymbol{v}_1, \ldots, \boldsymbol{v}_m]$$

を満たすならば，$\boldsymbol{v}_1, \ldots, \boldsymbol{v}_m$ は一次独立であることを示せ．

3.2. ベクトル空間の基底 生成系の中で一番重要なのは一次独立なものであるが，これを扱う際に役立つ手段の一つが，次の結果である．

定理 4.5 (シュタイニッツの交換定理) $\boldsymbol{u}_1, \ldots, \boldsymbol{u}_m$ を有限生成ベクトル空間 V の生成系とし，$\boldsymbol{v}_1, \ldots, \boldsymbol{v}_n$ を V に含まれる一次独立なベクトルとする．このとき，$\boldsymbol{u}_1, \ldots, \boldsymbol{u}_m$ のある n 個を $\boldsymbol{v}_1, \ldots, \boldsymbol{v}_n$ で置き換えて，V の生成系を作ることができる．従って，$n \leqq m$ である．

証明 n に関する帰納法で証明する．まず，$n = 0$ の場合は特に置き換えは起らないから，定理は自明である．さて，ある n $(0 \leqq n < m)$ について定理が成り立つと仮定し，一次独立な $n+1$ 個の元 $\boldsymbol{v}_1, \ldots, \boldsymbol{v}_{n+1} \in V$ を考える．帰納法の仮定により，$\boldsymbol{u}_1, \ldots, \boldsymbol{u}_m$ の中の n 個の元を $\boldsymbol{v}_1, \ldots, \boldsymbol{v}_n$ で置き換えて V の生成系が作れる．すなわち，$\boldsymbol{v}_1, \ldots, \boldsymbol{v}_n$ に $\boldsymbol{u}_1, \ldots, \boldsymbol{u}_m$ の中の $m-n$ 個の元 $\boldsymbol{u}'_1, \ldots, \boldsymbol{u}'_{m-n}$ を付け加えて V の生成系が作れる．従って，

$$\boldsymbol{v}_{n+1} = c_1\boldsymbol{v}_1 + \cdots + c_n\boldsymbol{v}_n + d'_1\boldsymbol{u}'_1 + \cdots + d'_{m-n}\boldsymbol{u}'_{m-n}$$

を満たすスカラー $c_1, \ldots, c_n, d'_1, \ldots, d'_{m-n}$ が存在する．$\boldsymbol{v}_1, \ldots, \boldsymbol{v}_{n+1}$ は一次独立であるから，$d'_1, \ldots, d'_{m-n}$ の中に 0 でないものがある．それを例えば d'_{m-n} とすれば，

$$\begin{aligned}\boldsymbol{u}'_{m-n} = \frac{1}{d'_{m-n}}\{&\boldsymbol{v}_{n+1} - (c_1\boldsymbol{v}_1 + \cdots + c_n\boldsymbol{v}_n) \\ &- (d'_1\boldsymbol{u}'_1 + \cdots + d'_{m-n-1}\boldsymbol{u}'_{m-n-1})\}\end{aligned}$$

であるから，$\boldsymbol{u}'_{m-n}$ は $\boldsymbol{v}_1, \ldots, \boldsymbol{v}_{n+1}, \boldsymbol{u}'_1, \ldots, \boldsymbol{u}'_{m-n-1}$ に一次従属である．よって，$\boldsymbol{v}_1, \ldots, \boldsymbol{v}_n, \boldsymbol{u}'_1, \ldots, \boldsymbol{u}'_{m-n}$ の各元は $\boldsymbol{v}_1, \ldots, \boldsymbol{v}_{n+1}, \boldsymbol{u}'_1, \ldots,$

$\boldsymbol{u}'_{m-n-1}$ に一次従属である．これから，$\boldsymbol{v}_1, \ldots, \boldsymbol{v}_{n+1}, \boldsymbol{u}'_1, \ldots, \boldsymbol{u}'_{m-n-1}$ も V の生成系であることが分かる (定理 4.2 (c))．すなわち，$\boldsymbol{v}_1, \ldots, \boldsymbol{v}_{n+1}$ に $\boldsymbol{u}_1, \ldots, \boldsymbol{u}_m$ のある $m-n-1$ 個の元を付け加えて V の生成系を作ることができた．故に，帰納法により，すべての $n \leqq m$ に対して定理は正しい． □

定理 4.6 V は有限生成ベクトル空間で n 個の元からなる生成系を持つとすると，V の任意の部分空間 W $(\neq \{\boldsymbol{0}\})$ について次が成り立つ．

(a) W は高々 n 個の元からなる一次独立な生成系を持つ．

(b) W の一次独立な生成系の元の個数は W によって一意に決まる．

証明 (a) V は n 個の元からなる生成系を持つから，シュタイニッツの定理により V に含まれる一次独立なベクトル列は高々 n 個の元からなる．さて，W の生成系を作ろう．$W \neq \{\boldsymbol{0}\}$ であるから，まず任意に $\boldsymbol{v}_1$ $(\neq \boldsymbol{0})$ を W から選ぶ．もし $\mathrm{Span}[\boldsymbol{v}_1] \subsetneqq W$ ならば，ベクトル $\boldsymbol{v}_2 \in W \setminus \mathrm{Span}[\boldsymbol{v}_1]$ をとることができる．このときは，$\mathrm{Span}[\boldsymbol{v}_1] \subsetneqq \mathrm{Span}[\boldsymbol{v}_1, \boldsymbol{v}_2]$．以下同様にして，$W$ のベクトル $\boldsymbol{v}_1, \boldsymbol{v}_2, \ldots$ を

$$\mathrm{Span}[\boldsymbol{v}_1] \subsetneqq \mathrm{Span}[\boldsymbol{v}_1, \boldsymbol{v}_2] \subsetneqq \mathrm{Span}[\boldsymbol{v}_1, \boldsymbol{v}_2, \boldsymbol{v}_3] \subsetneqq \cdots \subseteqq W$$

のように選ぶことができる．このとき，ベクトル $\boldsymbol{v}_1, \boldsymbol{v}_2, \ldots$ は一次独立である (問 4.7 参照) から，この個数は n を越えない．従って，ある正整数 m $(m \leqq n)$ があって，$\mathrm{Span}[\boldsymbol{v}_1, \ldots, \boldsymbol{v}_m] = W$ を満たす．故に，W は高々 n 個の元からなる一次独立な生成系を持つ．

(b) $\boldsymbol{u}_1, \ldots, \boldsymbol{u}_l$ と $\boldsymbol{v}_1, \ldots, \boldsymbol{v}_m$ を W の一次独立な生成系とする．まず，前者を W の生成系と考え，後者を W の中の一次独立なベクトル列と思えば，シュタイニッツの定理により $l \geqq m$ が成り立つ．また，役割を交換すれば，$l \leqq m$ が成り立つ．よって，$l = m$ を得る． □

ベクトル空間 V が一次独立な生成系を持つとき，このような生成系を V の**基底**(きてい)または**基**と呼ぶ．また，V の一つの基底を作るベクトルの個数を V

の**次元**と呼び，$\dim V$ で表す．特に，単位ベクトル $\{\boldsymbol{e}_1, \ldots, \boldsymbol{e}_n\}$ からなる $\mathbb{R}^n$ の基底を $\mathbb{R}^n$ の**標準基底**という．

定理 4.7 (基底の基本性質)　$\boldsymbol{v}_1, \ldots, \boldsymbol{v}_n$ がベクトル空間 V の基底であるための必要十分条件は，V の任意の元が $\boldsymbol{v}_1, \ldots, \boldsymbol{v}_n$ の一次結合として一意的に表されることである．

証明　$\boldsymbol{v}_1, \ldots, \boldsymbol{v}_n$ がベクトル空間 V の基底ならば，V のすべての元は $\boldsymbol{v}_1, \ldots, \boldsymbol{v}_n$ の一次結合で表される．もし $\boldsymbol{x} \in V$ が二通りに表されたとして

$$\boldsymbol{x} = b_1\boldsymbol{v}_1 + \cdots + b_n\boldsymbol{v}_n = c_1\boldsymbol{v}_1 + \cdots + c_n\boldsymbol{v}_n$$

とすると，引き算して

$$(b_1 - c_1)\boldsymbol{v}_1 + \cdots + (b_n - c_n)\boldsymbol{v}_n = \boldsymbol{0}$$

が得られる．$\boldsymbol{v}_1, \ldots, \boldsymbol{v}_n$ は一次独立であるから，$b_1 - c_1 = \cdots = b_n - c_n = 0$. 従って，$b_1 = c_1, \ldots, b_n = c_n$. 故に，表示は一意である．

逆に，V の任意の元が $\boldsymbol{v}_1, \ldots, \boldsymbol{v}_n$ の一次結合として一意的に表されたとすると，$\boldsymbol{v}_1, \ldots, \boldsymbol{v}_n$ はまず V の生成系である．また，表示は一意的であるから，$c_1\boldsymbol{v}_1 + \cdots + c_n\boldsymbol{v}_n = \boldsymbol{0}$ から $c_1 = \cdots = c_n = 0$ が得られる．故に，$\boldsymbol{v}_1, \ldots, \boldsymbol{v}_n$ は一次独立である．　□

例 4.8　$\mathbb{R}^3$ のベクトル $\boldsymbol{a} = (a_1, a_2, a_3)$, $\boldsymbol{b} = (b_1, b_2, b_3)$, $\boldsymbol{c} = (c_1, c_2, c_3)$ について次は同値であることを示せ．

(a)　$\boldsymbol{a}, \boldsymbol{b}, \boldsymbol{c}$ は $\mathbb{R}^3$ の基底である．

(b)　$\begin{vmatrix} a_1 & b_1 & c_1 \\ a_2 & b_2 & c_2 \\ a_3 & b_3 & c_3 \end{vmatrix} \neq 0.$

(解)　まず条件 (a) を仮定すると，$\mathbb{R}^3$ の単位ベクトル $\boldsymbol{e}_1, \boldsymbol{e}_2, \boldsymbol{e}_3$ は $\boldsymbol{a}$, $\boldsymbol{b}$, $\boldsymbol{c}$ の一次結合として表される．従って，

$$\boldsymbol{e}_1 = p_1\boldsymbol{a} + q_1\boldsymbol{b} + r_1\boldsymbol{c}, \quad \boldsymbol{e}_2 = p_2\boldsymbol{a} + q_2\boldsymbol{b} + r_2\boldsymbol{c}, \quad \boldsymbol{e}_3 = p_3\boldsymbol{a} + q_3\boldsymbol{b} + r_3\boldsymbol{c},$$

を満たすスカラー $p_1, \ldots, r_3$ がある．この式を行列の形で書けば，

$$\begin{bmatrix} a_1 & b_1 & c_1 \\ a_2 & b_2 & c_2 \\ a_3 & b_3 & c_3 \end{bmatrix} \begin{bmatrix} p_1 & p_2 & p_3 \\ q_1 & q_2 & q_3 \\ r_1 & r_2 & r_3 \end{bmatrix} = \begin{bmatrix} 1 & 0 & 0 \\ 0 & 1 & 0 \\ 0 & 0 & 1 \end{bmatrix}$$

となる．この両辺の行列式を作れば，右辺は 0 でないから，左辺の各因数の行列式も 0 ではない．よって，(b) が成り立つ．

逆に，条件 (b) を仮定する．$\boldsymbol{a}, \boldsymbol{b}, \boldsymbol{c}$ を第 1, 2, 3 列ベクトルとする行列を A とすれば，クラメールの公式 (定理 3.15) により連立方程式 $A\boldsymbol{x} = \boldsymbol{v}$ は任意の右辺 $\boldsymbol{v}$ に対して解 $\boldsymbol{x}$ を持つ．これを $\boldsymbol{v} = x_1\boldsymbol{a} + x_2\boldsymbol{b} + x_3\boldsymbol{c}$ と書いてみれば，ベクトル $\boldsymbol{a}, \boldsymbol{b}, \boldsymbol{c}$ が $\mathbb{R}^3$ を生成することが分かる．また，もし $\boldsymbol{a}, \boldsymbol{b}, \boldsymbol{c}$ が一次従属ならば，この中の一つが他の一次結合で表されるから，行列式の性質により $|A| = 0$ となり矛盾となる．よって，$\boldsymbol{a}, \boldsymbol{b}, \boldsymbol{c}$ は一次独立である．故に，(a) が成り立つ． □

注意 4.4 例 4.8 に述べた同値な条件は任意の数ベクトルの空間 $\mathbb{R}^n$ に対して成り立つ．証明は 3 を n に置き換えてみればよいので，興味を持つ読者の演習問題として残しておく．

問 4.8 ベクトル $(1,2,3), (3,4,5), (5,6,7)$ は $\mathbb{R}^3$ の基底になるか．

問 4.9 $\mathbb{R}^3$ の元を $\boldsymbol{x} = (x_1, x_2, x_3)$ と書くとき，次のベクトル空間の次元を求めよ．

(1) $\mathbb{R}^3$ のベクトルで $x_1 + 2x_2 + 3x_3 = 0$ を満足するものの全体の集合 W_1,

(2) $\mathbb{R}^3$ のベクトルで $(x, 2x, 3x)$ $(x \in \mathbb{R})$ の形のものの全体の集合 W_2,

(3) $W_1 + W_2$.

問 4.10 n 次元ベクトル空間 V においては，V の n 個の元からなる一次独立な系は必ず V の基底となることを示せ．

問 4.11 V を有限次元ベクトル空間，W を V の部分空間とするとき，W の任意の基底は V の基底にまで拡大できることを示せ．

4. 一次写像

4.1. 一次写像の定義　V と W を二つのベクトル空間とする．V から W への写像 f が

$$f(\boldsymbol{u}+\boldsymbol{v}) = f(\boldsymbol{u}) + f(\boldsymbol{v}) \qquad (\boldsymbol{u}, \boldsymbol{v} \in V), \tag{4.5}$$

$$f(c\boldsymbol{u}) = cf(\boldsymbol{u}) \qquad (\boldsymbol{u} \in V,\ c \in \mathbb{R}) \tag{4.6}$$

を満たすとき，f は**線型**であるという．また，(4.5) と (4.6) を満たす写像 f を**一次写像** (または**線型写像**) という．特に，V と W が同じときは**一次変換** (または，**線型変換**) という．

注意 4.5　上の線型性の条件のうち，(4.5) は f がベクトルの和を保存することを示し，(4.6) はスカラー倍を保存することを示している．すなわち，一次写像はベクトルの計算を壊さずに一つの空間から他の空間に移ってゆく作用を表している．

定理 4.8　一次写像 $f : V \to W$ は次を満たす．

(a)　$f(\boldsymbol{0}) = \boldsymbol{0}$. 左辺の $\boldsymbol{0}$ は V の元，右辺の $\boldsymbol{0}$ は W の元である．

(b)　任意の $\boldsymbol{u}, \boldsymbol{v} \in V$ に対して，$f(\boldsymbol{u}-\boldsymbol{v}) = f(\boldsymbol{u}) - f(\boldsymbol{v})$.

証明　(1)　$\boldsymbol{0} \in V$ の性質 (V3) から $\boldsymbol{0} = \boldsymbol{0} + \boldsymbol{0}$. これに f を作用して $f(\boldsymbol{0}) = f(\boldsymbol{0}+\boldsymbol{0}) = f(\boldsymbol{0}) + f(\boldsymbol{0})$ を得る．従って，$f(\boldsymbol{0}) = \boldsymbol{0}$.

(2)　$\boldsymbol{w} = \boldsymbol{u} - \boldsymbol{v}$ とおけば，$\boldsymbol{u} = \boldsymbol{w} + \boldsymbol{v}$ であるから，f の線型性により

$$f(\boldsymbol{u}) = f(\boldsymbol{w}+\boldsymbol{v}) = f(\boldsymbol{w}) + f(\boldsymbol{v})$$

が成り立つ．従って，$f(\boldsymbol{u}-\boldsymbol{v}) = f(\boldsymbol{w}) = f(\boldsymbol{u}) - f(\boldsymbol{v})$.　□

定理 4.9　$\boldsymbol{v}_1, \ldots, \boldsymbol{v}_n$ が V の生成系ならば，V から W への任意の一次写像 f は $\boldsymbol{v}_1, \ldots, \boldsymbol{v}_n$ での値 $f(\boldsymbol{v}_1), \ldots, f(\boldsymbol{v}_n)$ によって決定される．

証明　任意の $\boldsymbol{x} \in V$ は $\boldsymbol{x} = x_1\boldsymbol{v}_1 + \cdots + x_n\boldsymbol{v}_n$ の形に書けるから，f の線型性により

$$f(\boldsymbol{x}) = f(x_1\boldsymbol{v}_1 + \cdots + x_n\boldsymbol{v}_n) = x_1 f(\boldsymbol{v}_1) + \cdots + x_n f(\boldsymbol{v}_n)$$

となり，$f(\boldsymbol{x})$ は $f(\boldsymbol{v}_1), \ldots, f(\boldsymbol{v}_n)$ によって決定される．□

4.2. 数ベクトル空間の一次写像　一次写像をさらに詳しく調べる前に，代表的な一次写像として数ベクトル空間 $\mathbb{R}^n$ から $\mathbb{R}^m$ への一次写像 $\boldsymbol{y} = f(\boldsymbol{x})$ を観察しよう．$\mathbb{R}^n$ は n 次元単位ベクトル $\boldsymbol{e}_1, \ldots, \boldsymbol{e}_n$ で生成されるから，定理 4.9 により f は $f(\boldsymbol{e}_1), \ldots, f(\boldsymbol{e}_n)$ によって決定される．いま，数ベクトルは列ベクトルの形式で書くことにして，

$$f(\boldsymbol{e}_1) = \begin{bmatrix} a_{11} \\ \vdots \\ a_{m1} \end{bmatrix}, \ldots, \quad f(\boldsymbol{e}_n) = \begin{bmatrix} a_{1n} \\ \vdots \\ a_{mn} \end{bmatrix}$$

とおけば，f の線型性により $\boldsymbol{x} = (x_1, \ldots, x_n)^T \in \mathbb{R}^n$ に対して

$$\begin{aligned} f(\boldsymbol{x}) &= f(x_1\boldsymbol{e}_1 + \cdots + x_n\boldsymbol{e}_n) = x_1 f(\boldsymbol{e}_1) + \cdots + x_n f(\boldsymbol{e}_n) \\ &= (f(\boldsymbol{e}_1), \ldots, f(\boldsymbol{e}_n)) \begin{bmatrix} x_1 \\ \vdots \\ x_n \end{bmatrix} = \begin{bmatrix} a_{11} & \ldots & a_{1n} \\ \vdots & & \vdots \\ a_{m1} & \ldots & a_{mn} \end{bmatrix} \begin{bmatrix} x_1 \\ \vdots \\ x_n \end{bmatrix} \end{aligned}$$

が得られる．従って，

$$A = \begin{bmatrix} a_{11} & \ldots & a_{1n} \\ \vdots & & \vdots \\ a_{m1} & \ldots & a_{mn} \end{bmatrix}$$

とおけば，$\boldsymbol{y} = (y_1, \ldots, y_m)^T \in \mathbb{R}^m$ も列ベクトルとして，一次写像 f を

$$\boldsymbol{y} = A\boldsymbol{x} \tag{4.7}$$

のように，行列との積として表現することができる．以上の考察をまとめると，

定理 4.10　$\mathbb{R}^n$ から $\mathbb{R}^m$ への任意の一次写像 f はある $m \times n$ 行列 A により(4.7) のように掛け算の形式に表される．また，逆に任意の $m \times n$ 行列により (4.7) で表される写像 $\boldsymbol{x} \mapsto \boldsymbol{y}$ は $\mathbb{R}^n$ から $\mathbb{R}^m$ への一次写像である．

重要な注意　(a)　数ベクトル空間 $\mathbb{R}^n$ から $\mathbb{R}^m$ への写像 $\boldsymbol{x} \mapsto f(\boldsymbol{x})$ が線型であるためには，$f(\boldsymbol{x})$ の各座標が $\boldsymbol{x}$ の座標の**斉次一次式**であることが必要十分である．

(b)　一次写像が行列で表されるのは数ベクトル空間に特有の現象ではない．§5 で示すように，有限生成ベクトル空間の間の一次写像は，基底を選んでベクトルを座標で表現することにより，必ず行列による掛け算作用として表される．

問 4.12　$f : (x_1, x_2, x_3) \mapsto (x_2 - x_3, x_1 + 2x_2 + x_3)$ は $\mathbb{R}^3$ から $\mathbb{R}^2$ への一次写像であることを示し，次にこれを行列で表せ．

4.3. 像と核　f を V から W への一次写像とする．任意の $\boldsymbol{v} \in V$ に対し，$f(\boldsymbol{v})$ を (f による) $\boldsymbol{v}$ の**像**という．$\boldsymbol{v}$ が V の元を全部動くとき，その像 $f(\boldsymbol{v})$ の集合を写像 f の**像**または**値域**と呼び，$\operatorname{Ran} f$ または $f(V)$ と表す．すなわち，

(4.8)
$$\operatorname{Ran} f = f(V) = \{\, f(\boldsymbol{v}) : \boldsymbol{v} \in V \,\}.$$

また，f によって W の $\mathbf{0}$ に写される V の元の全体を f の**核**と呼び，$\operatorname{Ker} f$ または $f^{-1}(\mathbf{0})$ と書く．すなわち，

(4.9)
$$\operatorname{Ker} f = f^{-1}(\mathbf{0}) = \{\, \boldsymbol{v} \in V : f(\boldsymbol{v}) = \mathbf{0} \,\}.$$

定理 4.11　任意の一次写像 $f : V \to W$ について次が成り立つ．

(a)　f の核 $\operatorname{Ker} f$ は V の部分空間である．

(b)　f の像 $\operatorname{Ran} f$ は W の部分空間である．

問 4.13　定理 4.11 を証明せよ．

問 4.14　f を有限生成のベクトル空間 V から任意のベクトル空間 W への一次写像とすると，f の値域 $\operatorname{Ran} f$ も有限生成であることを示せ．

定理 4.12 一次写像 $f: V \to W$ が 1 対 1 であるための必要十分条件は f の核 $\mathrm{Ker}\, f$ が零元のみからなることである．

証明 $f(\mathbf{0}) = \mathbf{0}$ であるから，もし f が 1 対 1 ならば，$f(\boldsymbol{v}) = \mathbf{0}$ を満たす $\boldsymbol{v} \in V$ は $\mathbf{0}$ に限ることが分かる．故に，$\mathrm{Ker}\, f = \{\mathbf{0}\}$.

逆に，$\mathrm{Ker}\, f = \{\mathbf{0}\}$ を仮定する．もし $\boldsymbol{v}, \boldsymbol{v}' \in V$ が $f(\boldsymbol{v}) = f(\boldsymbol{v}')$ を満たすならば，f の線型性により $f(\boldsymbol{v} - \boldsymbol{v}') = f(\boldsymbol{v}) - f(\boldsymbol{v}') = \mathbf{0}$ を得るから，$\boldsymbol{v} - \boldsymbol{v}' \in \mathrm{Ker}\, f = \{\mathbf{0}\}$. これは $\boldsymbol{v} - \boldsymbol{v}' = \mathbf{0}$ を意味するから，$\boldsymbol{v} = \boldsymbol{v}'$. 故に，$f$ は 1 対 1 である． □

有限次元空間からの一次写像の像と核には次のきれいな関係式がある．

定理 4.13 有限次元ベクトル空間 V から任意のベクトル空間 W への一次写像 f について次が成り立つ．

$$\dim \mathrm{Ran}\, f + \dim \mathrm{Ker}\, f = n \qquad (n = \dim V). \tag{4.10}$$

実際，$\{\boldsymbol{u}_1, \ldots, \boldsymbol{u}_k\}$ を $\mathrm{Ker}\, f$ の基底とし，これに $\boldsymbol{v}_1, \ldots, \boldsymbol{v}_l \in V$ を追加して V の基底を作れば，$\{f(\boldsymbol{v}_1), \ldots, f(\boldsymbol{v}_l)\}$ は $\mathrm{Ran}\, f$ の基底となる．

証明 $\boldsymbol{u}_1, \ldots, \boldsymbol{u}_k, \boldsymbol{v}_1, \ldots, \boldsymbol{v}_l$ の作り方から，任意の $\boldsymbol{x} \in V$ に対し

$$\boldsymbol{x} = c_1\boldsymbol{u}_1 + \cdots + c_k\boldsymbol{u}_k + d_1\boldsymbol{v}_1 + \cdots + d_l\boldsymbol{v}_l \tag{4.11}$$

を満たすスカラー $c_1, \ldots, c_k, d_1, \ldots, d_l$ が存在する．従って，

$$f(\boldsymbol{x}) = d_1 f(\boldsymbol{v}_1) + \cdots + d_l f(\boldsymbol{v}_l) \qquad (\boldsymbol{x} \in V)$$

が成り立つ．よって，$f(\boldsymbol{v}_1), \ldots, f(\boldsymbol{v}_l)$ が $\mathrm{Ran}\, f$ の生成系である．

一方，$d_1 f(\boldsymbol{v}_1) + \cdots + d_l f(\boldsymbol{v}_l) = \mathbf{0}$ ならば，$f(d_1\boldsymbol{v}_1 + \cdots + d_l\boldsymbol{v}_l) = \mathbf{0}$ より，$d_1\boldsymbol{v}_1 + \cdots + d_l\boldsymbol{v}_l \in \mathrm{Ker}\, f$ が分かる．ところが，各 $\boldsymbol{v}_j$ は $\mathrm{Ker}\, f$ の基底 $\boldsymbol{u}_1, \ldots, \boldsymbol{u}_k$ に一次独立であるから，$d_1 = \cdots = d_l = 0$ でなければならな

い．従って，$f(\boldsymbol{v}_1), \ldots, f(\boldsymbol{v}_l)$ は一次独立である．故に，$f(\boldsymbol{v}_1), \ldots, f(\boldsymbol{v}_l)$ は $\mathrm{Ran}\, f$ の基底である．□

有限次元ベクトル空間 V 上で定義された一次写像 f (値域は任意のベクトル空間に含まれるとする) に対し，その**階数** $\mathrm{rank}\, f$ と**退化次数** $\mathrm{null}\, f$ を

$$\mathrm{rank}\, f = \dim \mathrm{Ran}\, f, \quad \mathrm{null}\, f = \dim \mathrm{Ker}\, f$$

で定義する．

系　ベクトル空間 V と W は有限次元で，それぞれの次元を n, m とすると，一次写像 $f: V \to W$ の階数 r は n と m の小さい方を越えることはない．実際，V の基底 $\boldsymbol{v}_1, \ldots, \boldsymbol{v}_n$ と W の基底 $\boldsymbol{w}_1, \ldots, \boldsymbol{w}_m$ で次を満たすものが存在する．

$$f(\boldsymbol{v}_1) = \boldsymbol{w}_1,\ \ldots,\ f(\boldsymbol{v}_r) = \boldsymbol{w}_r,\ f(\boldsymbol{v}_{r+1}) = \boldsymbol{0}, \ldots,\ f(\boldsymbol{v}_n) = \boldsymbol{0}.$$

証明　f の階数を r とすると，まず $\mathrm{Ran}\, f \subseteqq W$ より $r = \dim \mathrm{Ran}\, f \leqq \dim W = m$. また，定理から $r = \mathrm{rank}\, f = \dim \mathrm{Ran}\, f \leqq n$. 故に，$r \leqq \min\{n, m\}$. 基底については，まず定理の証明の中の記号で $r = l$ かつ $k = n - r$ であることに注意する．$\boldsymbol{v}_1, \ldots, \boldsymbol{v}_r$ については，定理の証明の中で選んだものとし，$\boldsymbol{u}_1, \ldots, \boldsymbol{u}_k$ を $\boldsymbol{v}_{r+1}, \ldots, \boldsymbol{v}_n$ とする．次に，W の基底については，まず $\boldsymbol{w}_1 = f(\boldsymbol{v}_1), \ldots, \boldsymbol{w}_r = f(\boldsymbol{v}_r)$ とおき，これを W の基底に延長すればよい (問 4.11 参照)．□

4.4. ベクトル空間の同型　V から W への一次写像 f が V を W 全体にかつ 1 対 1 に写すとき，f を V から W への**同型写像**と呼ぶ．このような写像があれば，V は W に**同型**であるという．記号は $V \cong W$ である．

定理 4.14　ベクトル空間 V, V', V'' について次が成り立つ．

(a)　任意の V に対して $V \cong V$.

(b)　$V \cong V'$ ならば $V' \cong V$.

(c) $V \cong V'$ かつ $V' \cong V''$ ならば $V \cong V''$.

証明 (a) 恒等写像 $\mathrm{Id}: V \to V$ が V から V への同型写像であるから.

(b) $f: V \to V'$ を同型写像とする. f は V を V' 全体に 1 対 1 に写すから, f の逆写像 $f^{-1}: V' \to V$ が $f(\boldsymbol{v}) \mapsto \boldsymbol{v}$ $(\boldsymbol{v} \in V)$ によって定義され, V' を V 全体に 1 対 1 かつ線型に写すことが分かる. 故に, $V' \cong V$.

(c) $f: V \to V'$ および $g: V' \to V''$ を同型写像とすれば, 合成写像 $g \circ f$ は V から V'' への同型対応であることが分かる. 故に, $V \cong V''$. □

$f: V \to W$ が同型写像ならば, ベクトルの和とスカラー倍に関する V の中の関係式は f によってそのまま W に移され, 逆に W の中の関係式は f^{-1} によってそのまま V に移される. 従って, V と W は (見掛けは違っても) ベクトル計算については同じ関係式が成り立っていることが分かる. この意味で, V と W は同一のものと見なされる. これが同型の意味である.

問 4.15 V と W は有限次元ベクトル空間で同じ次元を持つとする. このとき, V から W の上への一次写像は V から W への同型写像であることを示せ. また, V から W への 1 対 1 一次写像も V から W への同型写像であることを示せ.

4.5. 一次写像の演算 f, g をベクトル空間 V から W への一次写像とする. f や g の値 $f(\boldsymbol{v}), g(\boldsymbol{v})$ $(\boldsymbol{v} \in V)$ は W のベクトルとして, 足したり定数倍したりできるから, これを利用して一次写像の和とスカラー倍を定義することができる. すなわち, f と g の**和** $f+g$ および**スカラー倍** cf を

$$\begin{aligned}(f+g)(\boldsymbol{v}) &= f(\boldsymbol{v}) + g(\boldsymbol{v}), \\ (cf)(\boldsymbol{v}) &= c \cdot f(\boldsymbol{v})\end{aligned} \qquad (\boldsymbol{v} \in V)$$

で定義する.

定理 4.15 一次写像 $f, g: V \to W$ に対し, 和 $f+g$ とスカラー倍 cf は V から W への一次写像である.

証明 任意の $\boldsymbol{u}, \boldsymbol{v} \in V$ に対して

$$
\begin{aligned}
(f+g)(\boldsymbol{u}+\boldsymbol{v}) &= f(\boldsymbol{u}+\boldsymbol{v}) + g(\boldsymbol{u}+\boldsymbol{v}) \\
&= (f(\boldsymbol{u}) + f(\boldsymbol{v})) + (g(\boldsymbol{u}) + g(\boldsymbol{v})) \\
&= (f(\boldsymbol{u}) + g(\boldsymbol{u})) + (f(\boldsymbol{v}) + g(\boldsymbol{v})) \\
&= (f+g)(\boldsymbol{u}) + (f+g)(\boldsymbol{v})
\end{aligned}
$$

であるから，$f+g$ は和を保存する．スカラー倍 cf についても同様であるから，練習問題とする． □

V から W への一次写像全体が作る集合を $L(V,W)$ と書く．定理 4.15 により，$L(V,W)$ は写像の和とスカラー倍について閉じていることが分かる．さらに，$L(V,W)$ はこの和とスカラー倍に関してベクトル空間の条件 (V1) – (V8) (71 ページを見よ) を満たすことが分かる．理由は一次写像の和 $f+g$ とスカラー倍 cf は値の和 $f(\boldsymbol{v})+g(\boldsymbol{v})$ およびスカラー倍 $cf(\boldsymbol{v})$ として定義されているので，値の属している空間 W の計算規則がそのまま写像の計算規則になるからである．

X を第三のベクトル空間とするとき，$f \in L(V,W)$ と $g \in L(W,X)$ に対し，合成写像 $g \circ f$ を

$$
g \circ f(\boldsymbol{v}) = g(f(\boldsymbol{v})) \qquad (\boldsymbol{v} \in V) \tag{4.12}
$$

で定義する．このとき，

定理 4.16 $f \in L(V,W)$, $g \in L(W,X)$ ならば $g \circ f \in L(V,X)$ で，次を満たす．

(a) $g \circ (f_1 + f_2) = g \circ f_1 + g \circ f_2$,

(b) $(g_1 + g_2) \circ f = g_1 \circ f + g_2 \circ f$,

(c) $g \circ (cf) = (cg) \circ f = c(g \circ f)$.

5. 有限次元ベクトル空間の一次写像

5.1. 基底と座標 V を n 次元ベクトル空間とし，$\{\boldsymbol{v}_1, \ldots, \boldsymbol{v}_n\}$ を V の基底とすると，任意の $\boldsymbol{x} \in V$ は一意的に

$$\boldsymbol{x} = x_1\boldsymbol{v}_1 + \cdots + x_n\boldsymbol{v}_n \tag{4.13}$$

と表されるが，これによって決まる n 次元数ベクトル $(x_1, \ldots, x_n) \in \mathbb{R}^n$ をベクトル $\boldsymbol{x}$ の基底 $\{\boldsymbol{v}_1, \ldots, \boldsymbol{v}_n\}$ に関する**座標**と呼び，V から $\mathbb{R}^n$ への対応

$$\boldsymbol{x} \mapsto (x_1, \ldots, x_n) \qquad (\boldsymbol{x} \in V)$$

を基底 $\{\boldsymbol{v}_1, \ldots, \boldsymbol{v}_n\}$ に関する V の**座標表現**といって，Z と書く．基底まで詳しく書きたいときは $Z_{\{v\}}$ と表す．この定義から，

$$Z(\boldsymbol{v}_1) = \boldsymbol{e}_1,\ \ldots,\ Z(\boldsymbol{v}_n) = \boldsymbol{e}_n$$

であることが分かる．よって，次が成り立つ．

定理 4.17 座標表現 Z は V から $\mathbb{R}^n$ へのベクトル空間としての同型写像である．従って，V と $\mathbb{R}^n$ はベクトル計算については全く同じ性質を持つ．

ベクトル $\boldsymbol{x}$ の基底 $\{\boldsymbol{v}_1, \ldots, \boldsymbol{v}_n\}$ による座標表現 (4.13) を

$$\boldsymbol{x} = \begin{bmatrix}\boldsymbol{v}_1 & \ldots & \boldsymbol{v}_n\end{bmatrix}\begin{bmatrix}x_1 \\ \vdots \\ x_n\end{bmatrix} \tag{4.14}$$

と行列の積の形式に書く．このように，以下では

ベクトル $\boldsymbol{x}$ の座標 $Z(\boldsymbol{x})$ は**計算式の中では列ベクトルの形に書く**

と約束する．すなわち，

$$Z(x_1\boldsymbol{v}_1 + \cdots + x_n\boldsymbol{v}_n) = Z(\boldsymbol{x}) = \begin{bmatrix}x_1 \\ \vdots \\ x_n\end{bmatrix}.$$

従って，(4.14) は $\boldsymbol{x} = \begin{bmatrix}\boldsymbol{v}_1 & \ldots & \boldsymbol{v}_n\end{bmatrix} Z(\boldsymbol{x})$ とも表される．座標 $Z(\boldsymbol{x})$ を行ベクトルの形で扱うときは $Z(\boldsymbol{x})^T$ と書く．しかし，計算に関係なく単独で使うときには，$(x_1, \ldots, x_n)$ などと書いても差支えない．座標 (または，数ベクトル) を横に書くか縦に書くかについては，特に決まりはないので，場合に応じて都合のいい方を選べばよい．

5.2. 一次写像の行列表示　f を n 次元ベクトル空間 V から m 次元ベクトル空間 W への一次写像とする．いま，V, W の基底を一つずつとって，

$$\{\boldsymbol{v}_1, \ldots, \boldsymbol{v}_n\}, \quad \{\boldsymbol{w}_1, \ldots, \boldsymbol{w}_m\}$$

とし，これらの基底に関する座標表現をそれぞれ Z_V, Z_W と書く．さて，これらの座標を使って一次写像 $f: V \to W$ を表現してみよう．そのため，変数 $\boldsymbol{x} \in V$, $\boldsymbol{y} \in W$ および基底ベクトル $\boldsymbol{v}_j$ の f による像 $f(\boldsymbol{v}_j) \in W$ の座標をそれぞれ

$$Z_V(\boldsymbol{x}) = \begin{bmatrix} x_1 \\ \vdots \\ x_n \end{bmatrix}, \ Z_W(\boldsymbol{y}) = \begin{bmatrix} y_1 \\ \vdots \\ y_m \end{bmatrix}, \ Z_W(f(\boldsymbol{v}_j)) = \begin{bmatrix} a_{1j} \\ \vdots \\ a_{mj} \end{bmatrix} \quad (1 \leqq j \leqq n)$$

とする．特に，座標表現 (4.14) を使って $\boldsymbol{y} = f(\boldsymbol{x})$ を計算すれば，

$$\begin{aligned} Z_W(\boldsymbol{y}) &= Z_W(f(\boldsymbol{x})) = Z_W \circ f\Big(\begin{bmatrix}\boldsymbol{v}_1 & \ldots & \boldsymbol{v}_n\end{bmatrix} Z_V(\boldsymbol{x})\Big) \\ &= \begin{bmatrix}(Z_W \circ f)(\boldsymbol{v}_1) & \ldots & (Z_W \circ f)(\boldsymbol{v}_n)\end{bmatrix} Z_V(\boldsymbol{x}) \end{aligned}$$

が得られる．従って，全部を座標成分で書けば，

$$\begin{bmatrix} y_1 \\ \vdots \\ y_m \end{bmatrix} = \begin{bmatrix} a_{11} & \ldots & a_{1n} \\ \vdots & & \vdots \\ a_{m1} & \ldots & a_{mn} \end{bmatrix} \begin{bmatrix} x_1 \\ \vdots \\ x_n \end{bmatrix} \tag{4.15}$$

となる．この右辺は行列の積である．この行列

$$A = \begin{bmatrix} a_{11} & \dots & a_{1n} \\ \vdots & & \vdots \\ a_{m1} & \dots & a_{mn} \end{bmatrix} \tag{4.16}$$

を一次写像 $f: V \to W$ の行列という．

問 4.16 $Z_V: V \to \mathbb{R}^n$ と $Z_W: W \to \mathbb{R}^m$ を座標表現とする．このとき，一次写像 $f: V \to W$ の行列 A は数ベクトル空間 $\mathbb{R}^n$ から数ベクトル空間 $\mathbb{R}^m$ への一次写像 $Z_W \circ f \circ Z_V^{-1}$ に定理 4.10 を適用して得られた行列に等しいことを示せ．

このように，有限次元の抽象的ベクトル空間の間の一次写像 f は基底を選んで座標成分による表現に移れば，数ベクトル空間の間の行列 A による掛け算の写像として表すことができる．これを絵で表すと次のようになる．

$$\begin{array}{ccc} V & \xrightarrow{\ f\ } & W \\ {\scriptstyle Z_V}\big\downarrow & & \big\downarrow{\scriptstyle Z_W} \\ \mathbb{R}^n & \xrightarrow{\ A\ } & \mathbb{R}^m \end{array} \tag{4.17}$$

これは**可換図式**と呼ばれる図式の一種で，この絵の意味を式で書けば

$$Z_W \circ f(\boldsymbol{x}) = AZ_V(\boldsymbol{x}) \qquad (\boldsymbol{x} \in V)$$

となる．すなわち，V の元 $\boldsymbol{x}$ を f で移してから座標に変えるか，座標に変えてから行列 (の積) で移すかのどちらでも結果は同じである．

演習問題

4.1 V, W をベクトル空間，$f: V \to W$ を一次写像とする．

(1) f が 1 対 1 ならば，一次独立なベクトル $\boldsymbol{v}_1, \dots, \boldsymbol{v}_n \in V$ の像はまた一次独立であることを示せ．

(2) f が同型写像ならば，V の基底 $\{\boldsymbol{v}_1, \dots, \boldsymbol{v}_n\}$ の像 $\{f(\boldsymbol{v}_1), \dots, f(\boldsymbol{v}_n)\}$ はまた W の基底であることを示せ．

(3) V のある基底 $\{\boldsymbol{v}_1, \ldots, \boldsymbol{v}_n\}$ に対してその像 $\{f(\boldsymbol{v}_1), \ldots, f(\boldsymbol{v}_n)\}$ が W の基底になったとすると，f は同型写像であることを示せ．

4.2 V と W はどちらも n 次元のベクトル空間であるとする．$\boldsymbol{v}_1, \ldots, \boldsymbol{v}_n \in V$ と $\boldsymbol{w}_1, \ldots, \boldsymbol{w}_n \in W$ をそれぞれの基底として，写像 $f : V \to W$ を

$$f(c_1\boldsymbol{v}_1 + \cdots + c_n\boldsymbol{v}_n) = c_1\boldsymbol{w}_1 + \cdots + c_n\boldsymbol{w}_n$$

のように定義すれば $f : V \to W$ は同型写像となることを示せ．

4.3 二つの有限次元ベクトル空間が同型であるための必要十分条件は，次元が等しいことである．これを証明せよ．

4.4 $f : \mathbb{R}^3 \to \mathbb{R}$ を $f(x_1, x_2, x_3) = x_1 + 2x_2 - 3x_3$ で定義するとき，f の核 $\operatorname{Ker} f$ を定め，その次元を求めよ．

4.5 多項式 $f(x)$ に対して $Lf(x) = (x^2 - 1)f''(x) + 2xf'(x)$ として写像 L を定義する．

(1) 各 n に対して, L は $\mathcal{P}_n$ 上の一次写像であることを示せ．

(2) $\mathcal{P}_4$ の基底 $\{1,\ x, \ldots,\ x^4\}$ に関する一次写像 $L : \mathcal{P}_4 \to \mathcal{P}_4$ の行列を求めよ．

(3) $\{1,\ x,\ 3x^2 - 1,\ 5x^3 - 3x,\ 35x^4 - 30x^2 + 3\}$ は $\mathcal{P}_4$ の基底 であることを示し，この基底に関する一次写像 $L : \mathcal{P}_4 \to \mathcal{P}_4$ の行列を求めよ．

4.6 多項式 $f(x)$ に対して, x に $x + 1$ を代入する写像 $Tf(x) = f(x + 1)$ を考える．

(1) 各 n に対して, T は $\mathcal{P}_n$ から $\mathcal{P}_n$ への一次写像であることを示せ．

(2) $\mathcal{P}_4$ の基底 $\{1,\ x, \ldots,\ x^4\}$ に関する一次写像 $T : \mathcal{P}_4 \to \mathcal{P}_4$ の行列を求めよ．

4.7 W をベクトル空間 V の部分空間とするとき，V のベクトル $\boldsymbol{v}_1, \ldots, \boldsymbol{v}_s$ が W を**法として一次独立**であるとは，$c_1\boldsymbol{v}_1 + \cdots + c_s\boldsymbol{v}_s \in W$ を満たすスカラー $c_1, \ldots, c_s$ は $c_1 = \cdots = c_s = 0$ に限ることをいう．このとき，次を示せ．

(1) W を法として一次独立なベクトルは一次独立である．

(2) V が有限次元で $\dim V - \dim W = k \geqq 1$ ならば，W を法として一次独立な k 個のベクトル $\boldsymbol{v}_1, \ldots, \boldsymbol{v}_k$ が存在する．

第5章 内積空間

1. ベクトル空間の内積

1.1. 数ベクトルの内積　第 1 章 §4.4 において，任意の n 次元数ベクトル $\boldsymbol{a}=(a_1,\ldots,a_n)$, $\boldsymbol{b}=(b_1,\ldots,b_n)$ に対して，$(\boldsymbol{a}\,|\,\boldsymbol{b})$ を

$$(\boldsymbol{a}\,|\,\boldsymbol{b})=a_1b_1+\cdots+a_nb_n \tag{5.1}$$

と定義して，$\boldsymbol{a}$ と $\boldsymbol{b}$ の**内積**と呼んだ．これについて詳しく調べよう．内積 (5.1) の特徴は $(a_1,\ldots,a_n)$ および $(b_1,\ldots,b_n)$ のそれぞれについて一次式であるということで，これを**双一次**であるという．具体的には，$\boldsymbol{a}$, $\boldsymbol{b}$, $\boldsymbol{c}$ をベクトル，c をスカラー (この場合は実数) として，次が成り立つ．これらは後で一般のベクトル空間上の内積の定義としても使われる大切な性質である．

(B1)　$(\boldsymbol{a}\,|\,\boldsymbol{a})\geqq 0$,
(B2)　$\boldsymbol{a}=\boldsymbol{0}$ のときかつそのときに限って $(\boldsymbol{a}\,|\,\boldsymbol{a})=0$,
(B3)　$(\boldsymbol{a}+\boldsymbol{b}\,|\,\boldsymbol{c})=(\boldsymbol{a}\,|\,\boldsymbol{c})+(\boldsymbol{b}\,|\,\boldsymbol{c})$,
(B4)　$(c\boldsymbol{a}\,|\,\boldsymbol{b})=c(\boldsymbol{a}\,|\,\boldsymbol{b})$,
(B5)　$(\boldsymbol{a}\,|\,\boldsymbol{b})=(\boldsymbol{b}\,|\,\boldsymbol{a})$.

問 5.1　(5.1) による内積 $(\boldsymbol{a}\,|\,\boldsymbol{b})$ が性質 (B1) – (B5) を満たすことを確かめよ．

一方，数ベクトル $\boldsymbol{a} \in \mathbb{R}^n$ の長さ $\|\boldsymbol{a}\|$ は

$$\|\boldsymbol{a}\| = \sqrt{a_1^2 + \cdots + a_n^2}$$

で定義された (11 ページの (1.5) を見よ). 右辺の根号の中味は内積を使えば $(\boldsymbol{a} \,|\, \boldsymbol{a})$ と表されるから，任意の $\boldsymbol{a} \in \mathbb{R}^n$ に対して $\|\boldsymbol{a}\| = \sqrt{(\boldsymbol{a} \,|\, \boldsymbol{a})}$ が成り立つ．すなわち，数ベクトルの長さを内積から定義することができる．これを予備知識として，一般ベクトル空間に内積を導入しよう．

1.2. 内積空間の定義と例 V をベクトル空間とする．V のベクトルの任意の順序をつけた対 $\{\boldsymbol{a}, \boldsymbol{b}\}$ に対し実数 $(\boldsymbol{a} \,|\, \boldsymbol{b})$ が一意的に対応して §1.1 の性質 (B1) – (B5) を満たすとき，$(\boldsymbol{a} \,|\, \boldsymbol{b})$ を $\boldsymbol{a}$ と $\boldsymbol{b}$ の**内積**と呼ぶ．内積が導入されたベクトル空間を**内積空間**という．

例 5.1 数ベクトル空間 $\mathbb{R}^n$ は自然な内積 (5.1) に関して内積空間になる．内積 (5.1) を $\mathbb{R}^n$ の**標準内積**と呼ぶ．標準内積を併せ考えた数ベクトル空間 $\mathbb{R}^n$ を n 次元**ユークリッド空間**と呼び，$\mathbb{E}^n$ と表す．

例 5.2 有限区間 $I = [a, b]$ 上の連続関数の空間 $C(I)$ (例 4.2 参照) において，

$$(f \,|\, g) = \int_a^b f(x)g(x)\,dx \qquad (f, g \in C(I)) \tag{5.2}$$

と定義すれば，$(f \,|\, g)$ は $C(I)$ 上の内積である．

1.3. 内積空間の基本性質 V を内積空間とし，その内積を $(\ |\ )$ とする．まず，内積の条件からすぐ分かる性質をいくつか述べる．

定理 5.1 (内積の性質) 内積について次が成り立つ．

(a) $(\boldsymbol{a} \,|\, c\,\boldsymbol{b}) = c(\boldsymbol{a} \,|\, \boldsymbol{b})$,

(b) $(\boldsymbol{a} \,|\, \boldsymbol{0}) = (\boldsymbol{0} \,|\, \boldsymbol{b}) = 0$,

(c) $(\boldsymbol{a} \,|\, \boldsymbol{b} + \boldsymbol{c}) = (\boldsymbol{a} \,|\, \boldsymbol{b}) + (\boldsymbol{a} \,|\, \mathbf{c})$.

問 5.2 定理 5.1 を検証せよ．

次に，任意の $\boldsymbol{a} \in V$ に対して，その長さを

$$\|\boldsymbol{a}\| = \sqrt{(\boldsymbol{a} \mid \boldsymbol{a})} \tag{5.3}$$

と定義する．

定理 5.2 V 上の関数 $\boldsymbol{a} \mapsto \|\boldsymbol{a}\|$ は次を満たす．

(N1) $\|\boldsymbol{0}\| = 0$. $\boldsymbol{a} \neq \boldsymbol{0}$ ならば $\|\boldsymbol{a}\| > 0$,

(N2) $\|\boldsymbol{a} + \boldsymbol{b}\| \leqq \|\boldsymbol{a}\| + \|\boldsymbol{b}\|$,

(N3) $\|c\boldsymbol{a}\| = |c|\|\boldsymbol{a}\|$.

ベクトル空間 V 上の関数で (N1), (N2), (N3) の 3 性質を持つものを V の**ノルム**と呼ぶ．上の定理はベクトル空間 V の内積から (5.3) によって V のノルムが定義されることを示している．内積から決まるノルムは実はもっと特別な性質を持っている．それについては追って説明することとしたい．

さて，定理の証明であるが，準備として次の有名な不等式を証明する．

定理 5.3 (シュワルツの不等式) 内積空間 V において次が成り立つ．

$$|(\boldsymbol{a} \mid \boldsymbol{b})| \leqq \|\boldsymbol{a}\|\|\boldsymbol{b}\| \qquad (\boldsymbol{a}, \boldsymbol{b} \in V). \tag{5.4}$$

証明 t を変数として $(t\boldsymbol{a} + \boldsymbol{b} \mid t\boldsymbol{a} + \boldsymbol{b})$ を計算してみると，

$$\begin{aligned} 0 \leqq (t\boldsymbol{a} + \boldsymbol{b} \mid t\boldsymbol{a} + \boldsymbol{b}) &= t^2(\boldsymbol{a} \mid \boldsymbol{a}) + t((\boldsymbol{a} \mid \boldsymbol{b}) + (\boldsymbol{b} \mid \boldsymbol{a})) + (\boldsymbol{b} \mid \boldsymbol{b}) \\ &= t^2\|\boldsymbol{a}\|^2 + 2t(\boldsymbol{a} \mid \boldsymbol{b}) + \|\boldsymbol{b}\|^2 \end{aligned}$$

が得られる．ここで，不等号は内積の性質 (B1) による．この二次不等式はすべての t に対して成り立つから，この二次式の判別式は負である．すなわち，

$$(\boldsymbol{a} \mid \boldsymbol{b})^2 \leqq \|\boldsymbol{a}\|^2\|\boldsymbol{b}\|^2.$$

両辺の平方根をとれば求める不等式となる． □

定理 5.2 の証明 (N1) 内積の性質 (B2) により $\|\boldsymbol{0}\| = \sqrt{(\boldsymbol{0} \mid \boldsymbol{0})} = 0$. また，$\boldsymbol{a} \neq \boldsymbol{0}$ ならば，(B1) と (B2) によって $\|\boldsymbol{a}\| = \sqrt{(\boldsymbol{a} \mid \boldsymbol{a})} > 0$.

(N2) シュワルツの不等式 (5.4) を使って次のように計算すればよい.

$$\begin{aligned}\|\boldsymbol{a}+\boldsymbol{b}\|^2 &= (\boldsymbol{a}+\boldsymbol{b}\,|\,\boldsymbol{a}+\boldsymbol{b}) = \|\boldsymbol{a}\|^2 + (\boldsymbol{a}\,|\,\boldsymbol{b}) + (\boldsymbol{b}\,|\,\boldsymbol{a}) + \|\boldsymbol{b}\|^2 \\ &\leqq \|\boldsymbol{a}\|^2 + 2\|\boldsymbol{a}\|\|\boldsymbol{b}\| + \|\boldsymbol{b}\|^2 = (\|\boldsymbol{a}\| + \|\boldsymbol{b}\|)^2.\end{aligned}$$

この両端の平方根を比較したものが求める不等式である.

(N3) (B4) と定理 5.1 (a) により

$$\|c\boldsymbol{a}\|^2 = (c\boldsymbol{a}\,|\,c\boldsymbol{a}) = c^2(\boldsymbol{a}\,|\,\boldsymbol{a}) = c^2\|\boldsymbol{a}\|^2.$$

この平方根をとれば, 求める等式が得られる. □

注意 5.1 ノルムの性質の中で一番興味があるのは (N2) で, これは「三角形の二辺の和は第三辺より長い」という三角形の特性の抽象化に当ることから**三角不等式**と呼ばれている.

問 5.3 2 次元および 3 次元数ベクトルの空間の場合にシュワルツの不等式を具体的に書き表せ.

問 5.4 シュワルツの不等式 (定理 5.3) において等号が起るのは, $\boldsymbol{a}, \boldsymbol{b}$ が一次従属のときであることを示せ.

2. 直交の概念と応用

2.1. 数ベクトルのなす角 第 1 章 §4.4 (11 ページ) で説明したように, n 次元数ベクトル $\boldsymbol{a}, \boldsymbol{b}$ のなす角を θ とすれば,

$$\cos\theta = \frac{(\boldsymbol{a}\,|\,\boldsymbol{b})}{\|\boldsymbol{a}\|\|\boldsymbol{b}\|} \tag{5.5}$$

であるから, 内積からベクトルのなす角を知ることができる. 一般のベクトル空間においても内積はベクトルのなす角を表すと考えるのは自然であろう. ベクトルのなす角に関して内積の最も有効な使い道はベクトルの直交である.

2.2. ベクトルの直交，直交補空間　内積空間 V のベクトル $\boldsymbol{a}$ と $\boldsymbol{b}$ が

$$(5.6) \qquad (\boldsymbol{a} \,|\, \boldsymbol{b}) = 0$$

を満たすとき，$\boldsymbol{a}$ は $\boldsymbol{b}$ に**直交する**という．記号は $\boldsymbol{a} \perp \boldsymbol{b}$ である．内積は前後を交換できるから，$(\boldsymbol{b} \,|\, \boldsymbol{a}) = (\boldsymbol{a} \,|\, \boldsymbol{b}) = 0$ となる．従って，$\boldsymbol{a}$ が $\boldsymbol{b}$ に直交すれば，$\boldsymbol{b}$ は $\boldsymbol{a}$ に直交する．よって，$\boldsymbol{a} \perp \boldsymbol{b}$ と $\boldsymbol{b} \perp \boldsymbol{a}$ は同じである．

いくつか (無数でもよい) のベクトルに同時に直交するベクトルを考えよう．V の空でない任意の部分集合 S に対して，S の各ベクトルに同時に直交するベクトルの全体を $S^{\perp}$ と書いて，S の**直交補空間**と呼ぶ．すなわち，

$$(5.7) \qquad S^{\perp} = \{\, \boldsymbol{v} \in V : (\boldsymbol{v} \,|\, \boldsymbol{a}) = 0 \quad (\boldsymbol{a} \in S) \,\}.$$

定理 5.4　直交補空間 $S^{\perp}$ は V の部分空間である．

証明　$\boldsymbol{u}, \boldsymbol{v} \in S^{\perp}$ を任意にとり，c を任意のスカラーとする．このとき，仮定からすべての $\boldsymbol{a} \in S$ に対して $(\boldsymbol{u} \,|\, \boldsymbol{a}) = (\boldsymbol{v} \,|\, \boldsymbol{a}) = 0$ であるから，

$$\begin{aligned} (\boldsymbol{u} + \boldsymbol{v} \,|\, \boldsymbol{a}) &= (\boldsymbol{u} \,|\, \boldsymbol{a}) + (\boldsymbol{v} \,|\, \boldsymbol{a}) = 0, \\ (c\boldsymbol{u} \,|\, \boldsymbol{a}) &= c(\boldsymbol{u} \,|\, \boldsymbol{a}) = 0 \end{aligned} \qquad (\boldsymbol{a} \in S)$$

を得る．従って，$\boldsymbol{u} + \boldsymbol{v}, c\boldsymbol{u} \in S^{\perp}$．すなわち，$S^{\perp}$ はベクトルの和とスカラー倍について閉じている．故に，定理 4.1 により $S^{\perp}$ は V の部分空間である．□

2.3. 直交性の応用 (1) 直線の方程式　内積空間 V の任意の部分集合 S に対して $S^{\perp}$ が V の部分空間であることは簡単な事実であるが，いろいろ応用ができる．ここでは，基礎的な応用に限って説明しよう．

まず，座標平面 O-xy 内での直線の方程式を求めよう．

例 5.3 (直線の方程式)　直線を l とし，l 上に 1 点 $P_0(x_0, y_0)$ をとって固定し，その点を示すベクトルを $\boldsymbol{a} = (x_0, y_0)$ とする．また，l に垂直な方向を持つベクトル (すなわち，l の法線ベクトル) を一つとって $\boldsymbol{p} = (A, B)$ とする (図 5.1)．このとき，

点 $P(x,y)$ を表すベクトルを $\boldsymbol{v}=(x,y)$ とすれば，P が直線 l 上にあるための必要十分条件はベクトル $\boldsymbol{v}-\boldsymbol{a}$ が $\boldsymbol{p}$ と直交することである．よって，

$$(\boldsymbol{v}-\boldsymbol{a}\,|\,\boldsymbol{p})=0 \tag{5.8}$$

が直線 l の方程式である．これに座標を代入して書き換えれば，

$$A(x-x_0)+B(y-y_0)=0$$

となるから，整理して

$$Ax+By=C \qquad (\text{ただし，}C=Ax_0+By_0) \tag{5.9}$$

が得られる．これが平面上の直線の方程式の一般の形である．

一方，(5.8) を $(\boldsymbol{v}\,|\,\boldsymbol{p})=(\boldsymbol{a}\,|\,\boldsymbol{p})$ と書き換えてみる．$\boldsymbol{a}$ として l への (原点からの) 垂線を与えるものとし，それを $\boldsymbol{p}_0$ とすれば，

$$C=(\boldsymbol{p}_0\,|\,\boldsymbol{p})=\pm\|\boldsymbol{p}_0\|\|\boldsymbol{p}\|.$$

右辺の符号は $\boldsymbol{p}$ の向きが $\boldsymbol{p}_0$ と同じときがプラスで，反対のときがマイナスである．特に，$\|\boldsymbol{p}\|=\sqrt{A^2+B^2}$ であるから，(5.9) の両辺を $\sqrt{A^2+B^2}$ で割ってみれば，

$$\frac{Ax+By}{\sqrt{A^2+B^2}}=\frac{C}{\sqrt{A^2+B^2}}$$

となり，この右辺は $\pm\|\boldsymbol{p}_0\|$ に等しい．符号の意味は同様で，従って

$$\boldsymbol{p}_0=\frac{C}{\sqrt{A^2+B^2}}\left(\frac{A}{\sqrt{A^2+B^2}},\frac{B}{\sqrt{A^2+B^2}}\right). \tag{5.10}$$

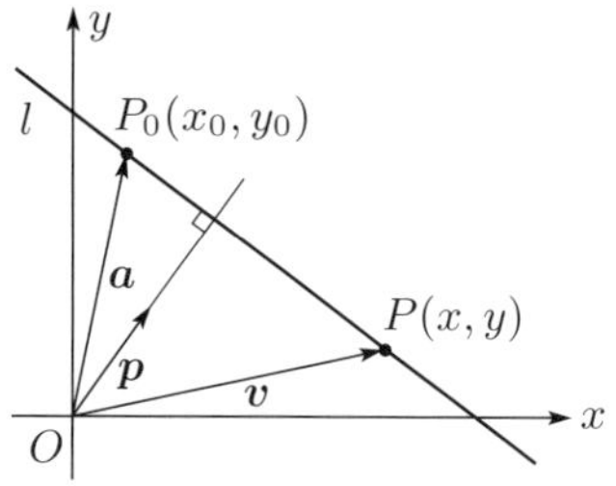

図 5.1: 直線の方程式

特に，$\boldsymbol{p}$ が原点から l に向う単位法線のとき，$\boldsymbol{p}$ が x 軸の正の方向となす角を α とすれば，$\boldsymbol{p} = (\cos\alpha, \sin\alpha)$ であるから，方程式 (5.9) は次の形となる．

$$x\cos\alpha + y\sin\alpha = p. \tag{5.11}$$

ここで，p は原点と l の距離である．(5.11) をヘッセの**標準形**という．

例 5.4 (点と直線の距離)　座標平面 O-xy 上の点 $P_1(x_1, y_1)$ から方程式

$$Ax + By = C \qquad (\text{ただし，} A^2 + B^2 \neq 0) \tag{5.12}$$

で表される直線 l への距離を求めよう．そのために，直線 l_1 を

$$Ax + By = C_1 \qquad (\text{ただし，} C_1 = Ax_1 + By_1)$$

で定義する．C_1 の決め方より，直線 l_1 は点 P_1 を通る．例 5.3 で説明したように，原点と直線 l および l_1 の (符号を込めた) 距離は

$$\frac{C}{\sqrt{A^2 + B^2}} \quad \text{および} \quad \frac{C_1}{\sqrt{A^2 + B^2}}$$

で与えられる．従って，l と l_1 の距離はこれらの距離の差として求められる．これはまた点 P_1 と直線 l の距離でもあるから，

$$\langle P_1 \text{ と } l \text{ の距離} \rangle = \frac{|C_1 - C|}{\sqrt{A^2 + B^2}} = \frac{|Ax_1 + By_1 - C|}{\sqrt{A^2 + B^2}}.$$

2.4. 直交性の応用 (2) 平面の方程式　3 次元空間の中での直線と平面の方程式を求める．直交性を利用するのは平面の方程式だけで，直線の方はベクトルのスカラー倍の単純な応用であるが，ここにまとめておく．

例 5.5 (直線の方程式)　点 $P_0(x_0, y_0, z_0)$ を通りベクトル $\boldsymbol{d} = (l, m, n)$ $(\neq \boldsymbol{0})$ と平行な直線 l の方程式を求めよう．P_0 を表すベクトルを $\boldsymbol{a} = (x_0, y_0, z_0)$ とし，空間の任意の点を示すベクトルを $\boldsymbol{v} = (x, y, z)$ とすれば，点 $P(x, y, z)$ が直線 l 上にあるための条件は $\boldsymbol{v} - \boldsymbol{a}$ が $\boldsymbol{d}$ のスカラー倍になることである．すなわち，

$$\boldsymbol{v} - \boldsymbol{a} = c\boldsymbol{d} \tag{5.13}$$

を満たすスカラー c が存在することである．これを成分ごとに表せば $x-x_0=cl$, $y-y_0=cm$, $z-z_0=cn$. これから c を消去すれば，方程式

$$\frac{x-x_0}{l}=\frac{y-y_0}{m}=\frac{z-z_0}{n} \tag{5.14}$$

が得られる．ただし，分母が 0 のときには対応する分子も 0 とするのである．

例 5.6 (平面の方程式) 3 次元座標空間 $O\text{-}xyz$ の中の平面 Π の方程式を求める．方法は座標平面で直線の方程式を求めたのとほとんど同様である．Π 上の定点 $P_0(x_0,y_0,z_0)$ を示すベクトルを $\boldsymbol{a}=(x_0,y_0,z_0)$ とし，Π に垂直な方向を表すベクトルを $\boldsymbol{p}=(A,B,C)$ と書く．空間の任意の点 $P(x,y,z)$ を示すベクトルを $\boldsymbol{v}=(x,y,z)$ と書けば，P が平面 Π 上にあるためには

$$(\boldsymbol{v}-\boldsymbol{a}\,|\,\boldsymbol{p})=0$$

が必要十分条件である．これに各ベクトルの成分を代入して整理すれば，

$$Ax+By+Cz=D \quad (\text{ただし，} D=(\boldsymbol{a}\,|\,\boldsymbol{p})=Ax_0+By_0+Cz_0) \tag{5.15}$$

となる．ここで，特に $\boldsymbol{a}$ を原点から Π への垂線として，それを $\boldsymbol{p}_0$ と書けば，

$$D=(\boldsymbol{p}_0\,|\,\boldsymbol{p})=\pm\|\boldsymbol{p}_0\|\|\boldsymbol{p}\|.$$

右辺の符号は $\boldsymbol{p}$ が $\boldsymbol{p}_0$ と同じ向きのときがプラスで，反対の向のときがマイナスである．特に，$\|\boldsymbol{p}\|=\sqrt{A^2+B^2+C^2}$ であるから，(5.15) の両辺を $\sqrt{A^2+B^2+C^2}$ で割ってみれば，

$$\frac{Ax+By+Cz}{\sqrt{A^2+B^2+C^2}}=\frac{D}{\sqrt{A^2+B^2+C^2}}=\frac{D}{\|\boldsymbol{p}\|}$$

となり，この右辺は $\pm\|\boldsymbol{p}_0\|$ に等しい．符号の意味は同様で，従って

$$\boldsymbol{p}_0=\frac{D}{\|\boldsymbol{p}\|}\left(\frac{A}{\|\boldsymbol{p}\|},\frac{B}{\|\boldsymbol{p}\|},\frac{C}{\|\boldsymbol{p}\|}\right)=\frac{D}{\sqrt{A^2+B^2+C^2}}\left(\frac{A}{\|\boldsymbol{p}\|},\frac{B}{\|\boldsymbol{p}\|},\frac{C}{\|\boldsymbol{p}\|}\right). \tag{5.16}$$

注意 5.2 (5.16) の最終辺は $\frac{D}{A^2+B^2+C^2}(A,B,C)$ と単純にも書けるが，ベクトル $\boldsymbol{p}_0$ の (符号つき) 長さと方向を表す単位ベクトルに分けることにした．

例 5.7 (点と平面の距離)　空間の任意の点 $P_1(x_1, y_1, z_1)$ から方程式

$$Ax + By + Cz = D \tag{5.17}$$

で与えられる平面 Π への距離を求める．いま，平面 Π_1 を

$$Ax + By + Cz = D_1 \qquad (D_1 = Ax_1 + By_1 + Cz_1)$$

によって定義すれば，Π_1 は Π に平行で点 P_1 を通る．例 5.6 で説明したように，原点から Π_1 への垂線を表すベクトルを $\boldsymbol{p}_1$ とすれば，注意 5.2 を参照して，

$$\boldsymbol{p}_1 = \frac{D_1}{A^2 + B^2 + C^2}(A, B, C).$$

よって，P_1 から平面 Π への垂線を表すベクトルは，$\boldsymbol{p}_0 - \boldsymbol{p}_1$ で与えられるから，

$$\langle P_1 \text{ から } \Pi \text{ への垂線ベクトル} \rangle = \frac{D - D_1}{A^2 + B^2 + C^2}(A, B, C), \tag{5.18}$$

ただし，$D_1 = Ax_1 + By_1 + Cz_1$ である．故に，

$$\langle P_1 \text{ と } \Pi \text{ の距離} \rangle = \frac{|D - D_1|}{\sqrt{A^2 + B^2 + C^2}} = \frac{|D - (Ax_1 + By_1 + Cz_1)|}{\sqrt{A^2 + B^2 + C^2}}. \tag{5.19}$$

例 5.8　座標空間において，原点と 2 点 $P_1(2, 1, 0)$, $P_2(0, 1, 1)$ を含む平面を Π とするとき，点 $P(1, 2, 3)$ から Π までの距離と P に最も近い Π 上の点を求めよ．

(解)　平面 Π は原点を通るから，Π 上の任意の点 $P(x, y, z)$ に対し，ベクトル (x, y, z) は $(2, 1, 0)$ と $(0, 1, 1)$ に一次従属である．よって，行列式の性質から

$$\begin{vmatrix} x & y & z \\ 2 & 1 & 0 \\ 0 & 1 & 1 \end{vmatrix} = 0, \qquad \therefore \quad x - 2y + 2z = 0.$$

これが Π の方程式である．$P(1, 2, 3)$ から Π への垂線ベクトルは (5.18) によって，

$$\frac{-(1 - 2 \cdot 2 + 2 \cdot 3)}{9}(1, -2, 2) = -\tfrac{1}{3}(1, -2, 2)$$

である．よって，点 $P(1, 2, 3)$ と平面 Π との距離は (5.19) より

$$\|-\tfrac{1}{3}(1, -2, 2)\| = \tfrac{1}{3}\|(1, -2, 2)\| = 1.$$

また，最も近い点は

$$(1,2,3) - \frac{1}{3}(1,-2,2) = (\tfrac{2}{3}, \tfrac{8}{3}, \tfrac{7}{3}). \quad \square$$

問 5.5 座標空間において，3 点 $P_1(0,1,-1)$, $P_2(-1,2,-3)$, $P_3(2,1,0)$ を含む平面を Π とするとき，点 $P(2,2,1)$ から平面 Π までの距離 d と P に最も近い Π 上の点 Q を求めよ．

3. 直交系

3.1. 定義と基本性質 一般の内積空間 V を考えよう．$\mathbf{0}$ でないベクトルの列 $\boldsymbol{u}_1, \ldots, \boldsymbol{u}_m \in V$ において，どの二つも互いに直交しているならば，**直交系**であるという．また，直交系 $\boldsymbol{u}_1, \ldots, \boldsymbol{u}_m$ においてどのベクトルもノルムが 1 (つまり，$\|\boldsymbol{u}_1\| = \cdots = \|\boldsymbol{u}_m\| = 1$) ならば，**正規直交系**であるという．特に，V の基底で同時に正規直交系であるものを V の**正規直交基**と呼ぶ．

例 5.9 n 次元ユークリッド空間 (例 5.1 参照) $\mathbb{E}^n$ の標準基底 $\boldsymbol{e}_1 = (1,0,\ldots,0)$, $\ldots$, $\boldsymbol{e}_n = (0,\ldots,0,1)$ は $\mathbb{E}^n$ の正規直交基である．

3.2. 直交と一次独立 ベクトルの直交系と一次独立の関係を調べよう．

定理 5.5 $\mathbf{0}$ でないベクトルからなる直交系は一次独立である．

証明 $\mathbf{0}$ でないベクトルからなる直交系を $\boldsymbol{u}_1, \ldots, \boldsymbol{u}_m$ とし，

$$c_1\boldsymbol{u}_1 + \cdots + c_m\boldsymbol{u}_m = \mathbf{0}$$

を満たすスカラー $c_1, \ldots, c_m$ を考える．この両辺と $\boldsymbol{u}_i$ との内積をとれば

$$\begin{aligned} 0 &= (c_1\boldsymbol{u}_1 + \cdots + c_m\boldsymbol{u}_m \,|\, \boldsymbol{u}_i) = c_1(\boldsymbol{u}_1 \,|\, \boldsymbol{u}_i) + \cdots + c_m(\boldsymbol{u}_m \,|\, \boldsymbol{u}_i) \\ &= c_i(\boldsymbol{u}_i \,|\, \boldsymbol{u}_i) \qquad (\, i = 1, 2, \ldots, m). \end{aligned}$$

仮定により $\boldsymbol{u}_i \neq \mathbf{0}$ であるから，$(\boldsymbol{u}_i \,|\, \boldsymbol{u}_i) \neq 0$. 従って，すべての i に対して $c_i = 0$ が得られる．故に，$\boldsymbol{u}_1, \ldots, \boldsymbol{u}_m$ は一次独立である． $\square$

一次独立なベクトルの列は必ずしも直交系をなすとは限らない．しかし，ある意味で同等な正規直交系を作ることはできる．それが次の**グラム・シュミットの直交化** (**シュミットの直交化**ともいう) である．

定理 5.6 (グラム・シュミットの直交化)　$\boldsymbol{v}_1, \ldots, \boldsymbol{v}_m$ を V 内の任意の一次独立なベクトル列とすると，

$$(5.20)\quad \begin{aligned} \boldsymbol{u}_1 &= \frac{\boldsymbol{v}_1}{\|\boldsymbol{v}_1\|}, \\ \boldsymbol{u}_k &= \frac{\boldsymbol{v}_k - (\boldsymbol{v}_k \mid \boldsymbol{u}_1)\boldsymbol{u}_1 - \cdots - (\boldsymbol{v}_k \mid \boldsymbol{u}_{k-1})\boldsymbol{u}_{k-1}}{\|\boldsymbol{v}_k - (\boldsymbol{v}_k \mid \boldsymbol{u}_1)\boldsymbol{u}_1 - \cdots - (\boldsymbol{v}_k \mid \boldsymbol{u}_{k-1})\boldsymbol{u}_{k-1}\|} \quad (2 \leqq k \leqq m) \end{aligned}$$

で定義される $\boldsymbol{u}_1, \ldots, \boldsymbol{u}_m$ は正規直交系で次が成り立つ．

$$\mathrm{Span}[\boldsymbol{u}_1, \ldots, \boldsymbol{u}_k] = \mathrm{Span}[\boldsymbol{v}_1, \ldots, \boldsymbol{v}_k] \qquad (k = 1, \ldots, m).$$

証明　k に関する帰納法で少し強い次の 2 条件を証明する．

(a)　$\mathrm{Span}[\boldsymbol{v}_1, \ldots, \boldsymbol{v}_k] = \mathrm{Span}[\boldsymbol{u}_1, \ldots, \boldsymbol{u}_k]$,

(b)　$\boldsymbol{v}_k = c_1\boldsymbol{u}_1 + \cdots + c_k\boldsymbol{u}_k$, $\boldsymbol{u}_k = d_1\boldsymbol{v}_1 + \cdots + d_k\boldsymbol{v}_k$ と表したとき，c_k と d_k は正数である．

まず，$k=1$ については，$\boldsymbol{u}_1$ の定義から明らかである．次に，ある $k-1$ まで証明されたとして，k について検証する．$\boldsymbol{u}_k$ の定義式の分子

$$\boldsymbol{v}_k - (\boldsymbol{v}_k \mid \boldsymbol{u}_1)\boldsymbol{u}_1 - \cdots - (\boldsymbol{v}_k \mid \boldsymbol{u}_{k-1})\boldsymbol{u}_{k-1}$$

の第 2 項以下は $\boldsymbol{u}_1, \ldots, \boldsymbol{u}_{k-1}$ の一次結合であるから，帰納法の仮定によって $\boldsymbol{v}_1, \ldots, \boldsymbol{v}_{k-1}$ の一次結合で表される．ところが，$\boldsymbol{v}_1, \ldots, \boldsymbol{v}_k$ は一次独立であるから上の式が 0 になることはない．故に，$\boldsymbol{u}_k$ の定義は意味があり，しかも $\boldsymbol{u}_k$ は $\boldsymbol{v}_1, \ldots, \boldsymbol{v}_k$ の一次結合であって，その $\boldsymbol{v}_k$ の係数は正数であることが分かった．一方，$\boldsymbol{v}_k$ を $\boldsymbol{u}_1, \ldots, \boldsymbol{u}_k$ の一次結合で表す方は，$\boldsymbol{u}_k$ の定義式の分母を払って移項してみれば，$\boldsymbol{u}_k$ の係数が正数であることが分かる．

故に，すべての $k = 1, \ldots, m$ に対して条件 (a), (b) が示された．　□

系　有限次元の任意の内積空間 V は正規直交基を持つ．

証明　V の任意の基底にグラム・シュミットの直交化定理を適用して作った正規直交系が求める正規直交基である．　□

例 5.10　4 次元ユークリッド空間 $\mathbb{E}^4$ において $\boldsymbol{v}_1 = (1,1,0,0)$, $\boldsymbol{v}_2 = (0,2,1,0)$, $\boldsymbol{v}_3 = (0,2,4,3)$ から生成される部分空間の正規直交基を作れ．

(解)　正規直交基は一つとは限らないが，(5.20) に従って $\boldsymbol{v}_1$, $\boldsymbol{v}_2$, $\boldsymbol{v}_3$ を正規直交化するのが，一番自然な方法である．求めるベクトルを $\boldsymbol{u}_1$, $\boldsymbol{u}_2$, $\boldsymbol{u}_3$ とする．まず，

$$\boldsymbol{u}_1 = \frac{\boldsymbol{v}_1}{\|\boldsymbol{v}_1\|} = \frac{1}{\sqrt{2}}(1,1,0,0)$$

とおく．次に，$\boldsymbol{u}_2$ を求めるために，その分子 $\boldsymbol{y}_2 = \boldsymbol{v}_2 - (\boldsymbol{v}_2 \,|\, \boldsymbol{u}_1)\boldsymbol{u}_1$ を計算すると，

$$\boldsymbol{y}_2 = (0,2,1,0) - \left((0,2,1,0) \,\middle|\, \frac{1}{\sqrt{2}}(1,1,0,0)\right)\frac{1}{\sqrt{2}}(1,1,0,0) = (-1,1,1,0).$$

従って，$\boldsymbol{u}_2 = \boldsymbol{y}_2/\|\boldsymbol{y}_2\| = \frac{1}{\sqrt{3}}(-1,1,1,0)$ が得られる．$\boldsymbol{u}_3$ の計算も同様で，分子を $\boldsymbol{y}_3 = \boldsymbol{v}_3 - (\boldsymbol{v}_3 \,|\, \boldsymbol{u}_1)\boldsymbol{u}_1 - (\boldsymbol{v}_3 \,|\, \boldsymbol{u}_2)\boldsymbol{u}_2$ とおくと，

$$\begin{aligned}\boldsymbol{y}_3 &= (0,2,4,3) - \left((0,2,4,3) \,\middle|\, \frac{1}{\sqrt{2}}(1,1,0,0)\right)\frac{1}{\sqrt{2}}(1,1,0,0) \\ &\qquad - \left((0,2,4,3) \,\middle|\, \frac{1}{\sqrt{3}}(-1,1,1,0)\right)\frac{1}{\sqrt{3}}(-1,1,1,0) \\ &= (1,-1,2,3).\end{aligned}$$

よって，$\boldsymbol{u}_3 = \boldsymbol{y}_3/\|\boldsymbol{y}_3\| = \frac{1}{\sqrt{15}}(1,-1,2,3)$. 以上より正規直交基は次の通りである．

$$\boldsymbol{u}_1 = \frac{1}{\sqrt{2}}(1,1,0,0), \quad \boldsymbol{u}_2 = \frac{1}{\sqrt{3}}(-1,1,1,0), \quad \boldsymbol{u}_3 = \frac{1}{\sqrt{15}}(1,-1,2,3). \quad \square$$

問 5.6　$\mathbb{E}^4$ のベクトル $(0,1,-1,0)$, $(1,0,2,-1)$, $(-1,1,0,2)$ に対してグラム・シュミットの直交化を適用して正規直交系を作れ．

問 5.7　区間 $[-1,1]$ 上の多項式の内積空間 $\mathcal{P}$ (例 4.3 参照) において，多項式 1, t, t^2 (1 は恒等的に 1 の関数) にグラム・シュミットの直交化を適用せよ．

3.3. 内積空間の同型 二つの内積空間 V と W が同型であるとは，V から W への一次写像 f で次の性質を持つものが存在することをいう．

(a) f は V から W へのベクトル空間の同型写像 (第 4 章 §4.4 参照) である．

(b) 任意の $\boldsymbol{a}, \boldsymbol{b} \in V$ に対して $(f(\boldsymbol{a}) \,|\, f(\boldsymbol{b})) = (\boldsymbol{a} \,|\, \boldsymbol{b})$ が成り立つ．

定理 5.7 n 次元の内積空間は n 次元ユークリッド空間 $\mathbb{E}^n$ と内積空間として同型である．

証明 V を n 次元の内積空間とする．定理 5.6 の系により，V は正規直交基を持つ．この一つを $\{\boldsymbol{u}_1, \ldots, \boldsymbol{u}_n\}$ とし，この基底に関する V の座標表現を $\boldsymbol{x} \to Z(\boldsymbol{x}) = (x_1, \ldots, x_n)$ とする．すなわち，$\boldsymbol{x} = x_1\boldsymbol{u}_1 + \cdots + x_n\boldsymbol{u}_n$ とすると，$\boldsymbol{x} \to Z(\boldsymbol{x})$ は V から $\mathbb{R}^n$ へのベクトル空間の同型対応である (定理 4.17)．よって，任意の $\boldsymbol{a}, \boldsymbol{b} \in V$ に対して $(\boldsymbol{a} \,|\, \boldsymbol{b}) = (Z(\boldsymbol{a}) \,|\, Z(\boldsymbol{b}))$ (右辺は $\mathbb{E}^n$ の標準内積) が示せればよい．実際，$\boldsymbol{a}, \boldsymbol{b} \in V$ を任意にとれば，

$$
\begin{aligned}
(\boldsymbol{a} \,|\, \boldsymbol{b}) &= (a_1\boldsymbol{u}_1 + \cdots + a_n\boldsymbol{u}_n \,|\, b_1\boldsymbol{u}_1 + \cdots + b_n\boldsymbol{u}_n) \\
&= \sum_{j,k=1}^{n} a_j b_k (\boldsymbol{u}_j \,|\, \boldsymbol{u}_k) \\
&= a_1 b_1 + \cdots + a_n b_n = (Z(\boldsymbol{a}) \,|\, Z(\boldsymbol{b})). \quad \square
\end{aligned}
$$

3.4. グラム行列式による一次独立性の判定 ベクトル列が一次独立であるか否かは内積の存在とは無関係なことであるが，内積を利用すると一次独立かどうかを数量的に判別できるという利点がある．

内積空間 V の任意のベクトル列 $\boldsymbol{v}_1, \ldots, \boldsymbol{v}_m$ をとる．これが一次独立か否かを見るために，スカラー $c_1, \ldots, c_m$ を未知数として方程式

$$
c_1\boldsymbol{v}_1 + \cdots + c_m\boldsymbol{v}_m = \boldsymbol{0} \tag{5.21}
$$

を考える．各 $\boldsymbol{v}_i$ とこの方程式の両辺の内積を作れば，連立一次方程式

(5.22)
$$\begin{aligned} c_1(\boldsymbol{v}_1 \,|\, \boldsymbol{v}_1) + \cdots + c_m(\boldsymbol{v}_1 \,|\, \boldsymbol{v}_m) &= 0, \\ c_1(\boldsymbol{v}_2 \,|\, \boldsymbol{v}_1) + \cdots + c_m(\boldsymbol{v}_2 \,|\, \boldsymbol{v}_m) &= 0, \\ \cdots\cdots \\ c_1(\boldsymbol{v}_m \,|\, \boldsymbol{v}_1) + \cdots + c_m(\boldsymbol{v}_m \,|\, \boldsymbol{v}_m) &= 0 \end{aligned}$$

が得られる．この方程式の係数行列をベクトル列 $\boldsymbol{v}_1, \ldots, \boldsymbol{v}_m$ の**グラム行列**と呼び，$\mathrm{Gram}(\boldsymbol{v}_1, \ldots, \boldsymbol{v}_m)$ と書く．すなわち，

(5.23)
$$\mathrm{Gram}(\boldsymbol{v}_1, \ldots, \boldsymbol{v}_m) = \begin{bmatrix} (\boldsymbol{v}_1 \,|\, \boldsymbol{v}_1) & \ldots & (\boldsymbol{v}_1 \,|\, \boldsymbol{v}_m) \\ \vdots & & \vdots \\ (\boldsymbol{v}_m \,|\, \boldsymbol{v}_1) & \ldots & (\boldsymbol{v}_m \,|\, \boldsymbol{v}_m) \end{bmatrix}.$$

また，この行列の行列式をベクトル列 $\boldsymbol{v}_1, \ldots, \boldsymbol{v}_m$ の**グラム行列式**と呼ぶ．

まず，もし $\boldsymbol{v}_1, \ldots, \boldsymbol{v}_m$ が一次従属ならば，斉次方程式 (5.22) は

$$c_1 = \cdots = c_m = 0$$

以外の解を持つから，クラメールの公式 (定理 3.15) の系により，方程式 (5.22) の係数の行列式 (つまりグラム行列式) は 0 に等しい．すなわち，

(5.24)
$$\begin{vmatrix} (\boldsymbol{v}_1 \,|\, \boldsymbol{v}_1) & \ldots & (\boldsymbol{v}_1 \,|\, \boldsymbol{v}_m) \\ \vdots & & \vdots \\ (\boldsymbol{v}_m \,|\, \boldsymbol{v}_1) & \ldots & (\boldsymbol{v}_m \,|\, \boldsymbol{v}_m) \end{vmatrix} = 0.$$

次に，$\boldsymbol{v}_1, \ldots, \boldsymbol{v}_m$ が一次独立であると仮定する．このときは，グラム・シュミットの直交化 (定理 5.6) により，正規直交系 $\boldsymbol{u}_1, \ldots, \boldsymbol{u}_m$ を $\boldsymbol{v}_1, \ldots, \boldsymbol{v}_m$ の一次結合の形で作ることができる．その一つを

$$\boldsymbol{u}_i = c_{i1}\boldsymbol{v}_1 + \cdots + c_{im}\boldsymbol{v}_m, \qquad (i = 1, \ldots, m)$$

とする．従って，係数の行列を $C = [c_{ij}]$ とすれば，

$$
\begin{aligned}
(\boldsymbol{u}_i \,|\, \boldsymbol{u}_j) &= (c_{i1}\boldsymbol{v}_1 + \cdots + c_{im}\boldsymbol{v}_m \,|\, c_{j1}\boldsymbol{v}_1 + \cdots + c_{jm}\boldsymbol{v}_m) \\
&= \sum_{k,l=1}^{m} c_{ik}(\boldsymbol{v}_k \,|\, \boldsymbol{v}_l)c_{jl}
\end{aligned}
$$

であるから，行列の積の定義を思い出せば，

$$
E_m = \mathrm{Gram}(\boldsymbol{u}_1, \ldots, \boldsymbol{u}_m) = C\,\mathrm{Gram}(\boldsymbol{v}_1, \ldots, \boldsymbol{v}_m)C^T
$$

と表される．行列式に移れば，

$$
\begin{aligned}
1 = \det(E_m) &= \det(\mathrm{Gram}(\boldsymbol{u}_1, \ldots, \boldsymbol{u}_m)) \\
&= \det(C)^2 \det(\mathrm{Gram}(\boldsymbol{v}_1, \ldots, \boldsymbol{v}_m))
\end{aligned}
$$

であるから，$\det(\mathrm{Gram}(\boldsymbol{v}_1, \ldots, \boldsymbol{v}_m)) \neq 0$. 以上の考察をまとめて次を得る．

定理 5.8 内積空間 V のベクトル列 $\boldsymbol{v}_1, \ldots, \boldsymbol{v}_m$ が一次独立であるための必要十分条件は $\boldsymbol{v}_1, \ldots, \boldsymbol{v}_m$ のグラム行列式が 0 にならないこと，すなわち

$$
\begin{vmatrix}
(\boldsymbol{v}_1 \,|\, \boldsymbol{v}_1) & \ldots & (\boldsymbol{v}_1 \,|\, \boldsymbol{v}_m) \\
\vdots & & \vdots \\
(\boldsymbol{v}_m \,|\, \boldsymbol{v}_1) & \ldots & (\boldsymbol{v}_m \,|\, \boldsymbol{v}_m)
\end{vmatrix} \neq 0 \tag{5.25}
$$

が成り立つことである．

4. ユニタリー空間

4.1. エルミート内積 複素スカラーのベクトル空間 V 上の**エルミート内積** (単に**内積**ともいう) とは，V の元の順序のついた対 $\{\boldsymbol{a}, \boldsymbol{b}\}$ に対して複素数 $(\boldsymbol{a} \,|\, \boldsymbol{b})$ が対応し，任意の $\boldsymbol{a}, \boldsymbol{b}, \boldsymbol{c} \in V$ と任意のスカラー c に対して，

(B1c) $(\boldsymbol{a} \,|\, \boldsymbol{a}) \geqq 0$,

(B2c) $\boldsymbol{a} = \boldsymbol{0}$ のときかつそのときに限って $(\boldsymbol{a} \,|\, \boldsymbol{a}) = 0$,

(B3c) $(\boldsymbol{a} + \boldsymbol{b} \,|\, \boldsymbol{c}) = (\boldsymbol{a} \,|\, \boldsymbol{c}) + (\boldsymbol{b} \,|\, \boldsymbol{c})$,

(B4c) $(c\boldsymbol{a}\,|\,\boldsymbol{b}) = c(\boldsymbol{a}\,|\,\boldsymbol{b})$,

(B5c) $(\boldsymbol{b}\,|\,\boldsymbol{a}) = \overline{(\boldsymbol{a}\,|\,\boldsymbol{b})}$ (右辺の上線 $\overline{}$ は共役(きょうやく)複素数)

を満たすことをいう．エルミート内積が導入されたベクトル空間を**ユニタリー空間**または**複素内積空間**という．

例 5.11 (標準内積) 数ベクトル空間 $\mathbb{C}^n$ は自然な内積

$$(\boldsymbol{a}\,|\,\boldsymbol{b}) = a_1\bar{b}_1 + \cdots + a_n\bar{b}_n \tag{5.26}$$

に関してユニタリー空間になる．内積 (5.26) を $\mathbb{C}^n$ の**標準内積**という．

エルミート内積の条件 (B1c) – (B5c) を実内積の条件 (B1) – (B5) (§1.1 参照) と比べれば，最初の四つは形式的に全く同じである．また，5 番目の性質については，$(\boldsymbol{a}\,|\,\boldsymbol{b})$ が実数ならば二つの条件は一致する．従って，実スカラーの内積空間で成り立つ性質のほとんどすべては複素内積空間でも成り立つ．違いが起るところは，例えば定理 5.1 の性質 (a) (96 ページ) で，

$$(\boldsymbol{a}\,|\,c\boldsymbol{b}) = \bar{c}(\boldsymbol{a}\,|\,\boldsymbol{b}) \qquad (\boldsymbol{a}, \boldsymbol{b} \in V,\ c \text{ はスカラー}) \tag{5.27}$$

のように，内積の第二の変数のスカラー倍を取り出すときは，共役複素数になることである．

さて，V をユニタリー空間としよう．まず，実スカラーのときと同様に

$$\|\boldsymbol{a}\| = \sqrt{(\boldsymbol{a}\,|\,\boldsymbol{a})} \tag{5.28}$$

と定義して $\boldsymbol{a}$ の**ノルム**と呼ぶ．これについてはやはり次が成り立つ．

(N1) $\|\boldsymbol{0}\| = 0$. $\boldsymbol{a} \neq \boldsymbol{0}$ ならば $\|\boldsymbol{a}\| > 0$,

(N2) $\|\boldsymbol{a} + \boldsymbol{b}\| \leqq \|\boldsymbol{a}\| + \|\boldsymbol{b}\|$,

(N3) $\|c\boldsymbol{a}\| = |c|\|\boldsymbol{a}\| \quad (c \in \mathbb{C})$.

性質 (N1) と (N3) の証明は実スカラーの場合とほとんど同様であるから繰り返さない．三角不等式 (N2) はやはりシュワルツの不等式，すなわち

$$|(\boldsymbol{a}\,|\,\boldsymbol{b})| \leqq \|\boldsymbol{a}\|\|\boldsymbol{b}\| \qquad (\boldsymbol{a}, \boldsymbol{b} \in V) \tag{5.29}$$

を経由するのが普通であるが，後者の証明には複素数独特の工夫が必要になる．

不等式 (5.29) の証明 $(\boldsymbol{a}\,|\,\boldsymbol{b}) \neq 0$ と仮定して証明すればよい．まず，

$$\alpha = \frac{|(\boldsymbol{a}\,|\,\boldsymbol{b})|}{(\boldsymbol{a}\,|\,\boldsymbol{b})}$$

とおく．α は絶対値が 1 の複素数で，$\alpha \cdot (\boldsymbol{a}\,|\,\boldsymbol{b})$ は実数 $(= |(\boldsymbol{a}\,|\,\boldsymbol{b})|)$ である．従って，任意の実数 t に対して

$$\begin{aligned} 0 &\leqq (t\alpha\boldsymbol{a} + \boldsymbol{b}\,|\,t\alpha\boldsymbol{a} + \boldsymbol{b}) \\ &= t^2|\alpha|^2(\boldsymbol{a}\,|\,\boldsymbol{a}) + 2t\,\mathrm{Re}(\alpha \cdot (\boldsymbol{a}\,|\,\boldsymbol{b})) + (\boldsymbol{b}\,|\,\boldsymbol{b}) \\ &= t^2(\boldsymbol{a}\,|\,\boldsymbol{a}) + 2t|(\boldsymbol{a}\,|\,\boldsymbol{b})| + (\boldsymbol{b}\,|\,\boldsymbol{b}) \end{aligned}$$

が成り立つ．すなわち，t に関するこの二次式は負にならないから，その判別式は正にはならない．よって，

$$|(\boldsymbol{a}\,|\,\boldsymbol{b})|^2 \leqq (\boldsymbol{a}\,|\,\boldsymbol{a})(\boldsymbol{b}\,|\,\boldsymbol{b}) = \|\boldsymbol{a}\|^2\|\boldsymbol{b}\|^2.$$

両辺の平方根をとれば，求めるシュワルツの不等式となる． □

問 5.8 三角不等式をシュワルツの不等式から導け．

問 5.9 ユニタリー空間のノルムに対し，$|\|\boldsymbol{a}\| - \|\boldsymbol{b}\|| \leqq \|\boldsymbol{a} - \boldsymbol{b}\|$ が成り立つことを示せ．

4.2. ノルムの特徴 エルミート内積から (5.28) で定義されるノルムは次の特徴を持つ．

定理 5.9 (中線定理) ベクトル空間 V 上のノルム $\boldsymbol{x} \mapsto \|\boldsymbol{x}\|$ がエルミート内積から定義されるための必要十分条件は等式

$$\|\boldsymbol{x} + \boldsymbol{y}\|^2 + \|\boldsymbol{x} - \boldsymbol{y}\|^2 = 2\Big(\|\boldsymbol{x}\|^2 + \|\boldsymbol{y}\|^2\Big) \tag{5.30}$$

が成り立つことである．この等式を中線定理と呼ぶ．

まず，ノルム $\|\boldsymbol{x}\|$ がエルミート内積 $(\boldsymbol{x}\,|\,\boldsymbol{y})$ から (5.28) で定義されているときは，型通りの計算で (5.30) が成り立つことが示される．しかも，

$$(5.31)\qquad (\boldsymbol{x}\,|\,\boldsymbol{y})=\tfrac{1}{2}\{\|\boldsymbol{x}+\boldsymbol{y}\|^2+i\|\boldsymbol{x}+i\boldsymbol{y}\|^2-(1+i)(\|\boldsymbol{x}\|^2+\|\boldsymbol{y}\|^2)\}$$

が成り立つことも分かる．これを**極化恒等式**と呼ぶ．逆に，ノルム $\|\boldsymbol{x}\|$ が中線定理 (5.30) を満たすときは，(5.31) の右辺によって $(\!(\boldsymbol{x}\,|\,\boldsymbol{y})\!)$ を定義すれば，$(\!(\boldsymbol{x}\,|\,\boldsymbol{y})\!)$ はエルミート内積の性質を持ち，しかも $\|\boldsymbol{x}\|=\sqrt{(\!(\boldsymbol{x}\,|\,\boldsymbol{x})\!)}$ を満たすことが示される．公式 (5.31) によって中線定理を満たすノルムからエルミート内積を作る方法は二次形式 (または，エルミート形式) から双一次形式 (または，半双一次形式) を作る一般的な操作で**極化**と呼ばれる操作である．

ユニタリー空間 V においても，ベクトル $\boldsymbol{a}$ と $\boldsymbol{b}$ の**直交**を $(\boldsymbol{a}\,|\,\boldsymbol{b})=0$ で定義する．また，V のベクトル $\boldsymbol{v}_1,\,\ldots\,,\boldsymbol{v}_m$ が**正規直交系**であるとは，

$$(5.32)\qquad (\boldsymbol{v}_j\,|\,\boldsymbol{v}_k)=\begin{cases}1 & (j=k),\\ 0 & (j\neq k)\end{cases}\qquad (j,k=1,\,\ldots\,,m)$$

を満たすことをいう．エルミート内積についても，直交系の一次独立性 (定理 5.5)，グラム・シュミットの直交化 (定理 5.6)，一次独立性のグラム行列式による判定法 (定理 5.8) は証明を含めて正しい．

重要な注意 (クロネッカーのデルタ)　正規直交系の定義式 (5.32) の右辺を簡潔に表す記号が**クロネッカーのデルタ** δ_{jk} で，

$$\delta_{jk}=\begin{cases}1 & (j=k),\\ 0 & (j\neq k)\end{cases}$$

によって定義されるものである．ここで，j,k は前もって指定された範囲を動く番号である．これを使えば，(5.32) は $(\boldsymbol{v}_j\,|\,\boldsymbol{v}_k)=\delta_{jk}$ $(j,k=1,\,\ldots\,,m)$ となる．

演習問題

5.1　(1)　ベクトル空間 V の二つの基底 $\{\boldsymbol{u}_1,\ldots,\boldsymbol{u}_n\}$ と $\{\boldsymbol{v}_1,\ldots,\boldsymbol{v}_n\}$ が条件

$$\mathrm{Span}[\boldsymbol{v}_1,\ldots,\boldsymbol{v}_k]=\mathrm{Span}[\boldsymbol{u}_1,\ldots,\boldsymbol{u}_k]\qquad (k=1,\,\ldots\,,n)$$

を満たせば，$\{\boldsymbol{u}_i\}$ から $\{\boldsymbol{v}_i\}$ への基底変換行列は上三角行列であることを示せ．

(2) $\{\boldsymbol{v}_1, \ldots, \boldsymbol{v}_n\}$ を内積空間 V の基底とし，$\{\boldsymbol{u}_1, \ldots, \boldsymbol{u}_n\}$ をそれからグラム・シュミットの直交化で作った正規直交基底とすると，$\{\boldsymbol{v}_i\}$ から $\{\boldsymbol{u}_i\}$ への基底変換行列は上三角行列であることを示せ．

5.2 $\boldsymbol{v}_1, \ldots, \boldsymbol{v}_n$ を内積空間 V の一次独立なベクトルとし，$\boldsymbol{v}_1, \ldots, \boldsymbol{v}_n$ にグラム・シュミットの直交化を適用して得られる正規直交系を $\boldsymbol{u}_1, \ldots, \boldsymbol{u}_n$ とする．

(1) $k = 2, \ldots, n$ のとき，$\boldsymbol{u}_k$ は $\boldsymbol{v}_1, \ldots, \boldsymbol{v}_{k-1}$ の全部と直交することを示せ．

(2) $\boldsymbol{w}_1, \ldots, \boldsymbol{w}_n$ は V の $\mathbf{0}$ でないベクトルで，条件

$$\mathrm{Span}[\boldsymbol{v}_1, \ldots, \boldsymbol{v}_k] = \mathrm{Span}[\boldsymbol{w}_1, \ldots, \boldsymbol{w}_k] \qquad (k = 1, \ldots, n),$$

$$\boldsymbol{w}_k \perp \boldsymbol{v}_1, \ldots, \ \boldsymbol{w}_k \perp \boldsymbol{v}_{k-1} \qquad (k = 2, \ldots, n)$$

を満たすとする．そのとき，$\boldsymbol{w}_1, \ldots, \boldsymbol{w}_n$ は V の直交系で，各 $\boldsymbol{w}_k$ と $\boldsymbol{u}_k$ は同じ直線上にある，つまりスカラー $c_1, \ldots, c_n$ が存在して $\boldsymbol{w}_1 = c_1\boldsymbol{u}_1, \ldots, \boldsymbol{w}_n = c_n\boldsymbol{u}_n$ が成り立つことを証明せよ．

(3) 上記 (2) の $\boldsymbol{w}_1, \ldots, \boldsymbol{w}_n$ が正規直交系で，さらに条件

$$(\boldsymbol{w}_1 \,|\, \boldsymbol{v}_1), \ldots, \ (\boldsymbol{w}_n \,|\, \boldsymbol{v}_n) \quad \text{はすべて正数}$$

を満たせば，$\boldsymbol{w}_1 = \boldsymbol{u}_1, \ldots, \boldsymbol{w}_n = \boldsymbol{u}_n$ が成り立つことを証明せよ．

5.3 多項式の空間 $\mathcal{P}$ に，ある内積 $(\cdot|\cdot)$ が定義されて内積空間になっているとする．また $1, x, x^2, \ldots, x^n, \ldots$ にグラム・シュミットの直交化を適用して得られる正規直交多項式系を $f_0(x), f_1(x), f_2(x), \ldots, f_n(x), \ldots$ とする．

(1) $n = 1, 2, \ldots$ のとき，f_n は $n-1$ 次以下のすべての多項式と直交することを示せ．

(2) 0 でない多項式の列 $p_0(x), p_1(x), p_2(x), \ldots, p_n(x), \ldots$ が条件

(i) $p_n(x)$ ($n = 0, 1, 2, \ldots$) は n 次多項式，

(ii) $p_n(x)$ ($n = 1, 2, \ldots$) は $n-1$ 次以下のすべての多項式と直交する，

を満たすとする．そのとき，$p_0(x), p_1(x), p_2(x), \ldots, p_n(x), \ldots$ は $\mathcal{P}$ の直交系であり，また $p_n(x)$ は $f_n(x)$ の定数倍であることを証明せよ．

5.4 V は区間 $I = [-1, 1]$ 上の (実数値) 連続関数の空間 $C(I)$ に例 5.2 で述べた内積を与えて作られた内積空間とする．関数列 $1, x, x^2, \ldots, x^n, \ldots$ を V の元と考えてグラム・シュミットの直交化を適用し，得られる正規直交多項式系を $f_0(x), f_1(x), f_2(x), \ldots, f_n(x), \ldots$ とすると，$f_n(x)$ は n 次のルジャンドル多項式

$$P_n(x) = \frac{1}{2^n n!}\frac{d^n}{dx^n}(x^2-1)^n$$

の定数倍であることを示せ．

（ヒント） $P_n(x)$ が n 次多項式であり，$n-1$ 次以下の任意の多項式 $Q(x)$ に対して $(P_n \,|\, Q) = 0$ を満たすという事実を用いよ．この事実はここでは証明しないが，$k < n$ ならば関数 $\dfrac{d^k}{dx^k}(x^2-1)^n$ が -1 と 1 で 0 になることに注意して部分積分を繰り返せば証明できる．なお，演習問題 7.1 を参照せよ．

5.5 V は演習問題 5.4 の内積空間とすると，関数列

$$\frac{1}{\sqrt{2}},\ \sin\pi x,\ \cos\pi x,\ \sin 2\pi x,\ \cos 2\pi x,\ \ldots,\ \sin n\pi x,\ \cos n\pi x,\ \ldots$$

は V の正規直交系であることを示せ．

5.6 $\mathbb{R}^n$ または $\mathbb{C}^n$ の内積 $(\boldsymbol{x} \,|\, \boldsymbol{y})$ について次は同値であることを示せ．

(a) $(\boldsymbol{x} \,|\, \boldsymbol{y})$ は標準内積である．

(b) $(\boldsymbol{x} \,|\, \boldsymbol{y})$ について標準基底 $\{\boldsymbol{e}_1, \ldots, \boldsymbol{e}_n\}$ は正規直交系である．

第6章 一次変換の行列表現

1. 基本の設定

本章ではスカラーが実数の場合と複素数の場合を並行して取り扱う．共通の性質も多いため，$\mathbb{R}$ と $\mathbb{C}$ を分けず，共通の記号として $\mathbb{K}$ を使う．$\mathbb{R}$ か $\mathbb{C}$ かで話が分かれるときは，そのつど注意することとしたい．

さて，n 次元ベクトル空間 V 上の一次変換 f を行列を使って調べよう．そのため，V の基底 $\{\boldsymbol{v}_1, \ldots, \boldsymbol{v}_n\}$ を任意に選んで固定し，それによる V の座標表現を Z と書く．詳しくいえば，$\boldsymbol{x} \in V$ に対し，その座標 $Z(\boldsymbol{x}) = \begin{bmatrix} x_1 \\ \vdots \\ x_n \end{bmatrix}$ を $\boldsymbol{x} = x_1\boldsymbol{v}_1 + \cdots + x_n\boldsymbol{v}_n$ によって定める．すなわち，

$$\boldsymbol{x} = x_1\boldsymbol{v}_1 + \cdots + x_n\boldsymbol{v}_n = (\boldsymbol{v}_1, \ldots, \boldsymbol{v}_n)Z(\boldsymbol{x}) \tag{6.1}$$

とする．最終辺は $1 \times n$ 行列 $(\boldsymbol{v}_1, \ldots, \boldsymbol{v}_n)$ と $n \times 1$ 行列 $Z(\boldsymbol{x})$ の積である．

さて，この座標に関する一次変換 f, すなわち

$$\boldsymbol{y} = f(\boldsymbol{x}) \qquad (\boldsymbol{x} \in V) \tag{6.2}$$

の行列を $A = \left[a_{ij}\right]$ とする．これは，第 4 章 §5.2 で説明したものであるが，形式的に扱えるように多少形を変えて復習しておこう．一次変換 f とそれを

基底 $\{\boldsymbol{v}_1, \dots, \boldsymbol{v}_n\}$ で表した行列 A については,

$$(f(\boldsymbol{v}_1), \dots, f(\boldsymbol{v}_n)) = (\boldsymbol{v}_1, \dots, \boldsymbol{v}_n)A \tag{6.3}$$

が成り立つ．もちろん，これを行列 A の定義と思ってもよい．さらに，これを見やすくするために，左辺を $f(\boldsymbol{v}_1, \dots, \boldsymbol{v}_n)$ と書く．すなわち,

$$f(\boldsymbol{v}_1, \dots, \boldsymbol{v}_n) = (f(\boldsymbol{v}_1), \dots, f(\boldsymbol{v}_n)). \tag{6.4}$$

注意 6.1　(6.4) の左辺は n 変数の関数ではなくて，ベクトル $(\boldsymbol{v}_1, \dots, \boldsymbol{v}_n)$ に f を作用させるという意味であり，その作用の結果が右辺の $(f(\boldsymbol{v}_1), \dots, f(\boldsymbol{v}_n))$ である．$f((\boldsymbol{v}_1, \dots, \boldsymbol{v}_n))$ と書くべきであろうが，煩わしいので略記したと理解する．

これらの記号を使って関数式 (6.2) を書き換えれば，まず

$$\begin{aligned} f(\boldsymbol{x}) &= f((\boldsymbol{v}_1, \dots, \boldsymbol{v}_n)Z(\boldsymbol{x})) = f(\boldsymbol{v}_1, \dots, \boldsymbol{v}_n)Z(\boldsymbol{x}) \\ &= (\boldsymbol{v}_1, \dots, \boldsymbol{v}_n)AZ(\boldsymbol{x}) \end{aligned}$$

が得られる．これを $\boldsymbol{y} = (\boldsymbol{v}_1, \dots, \boldsymbol{v}_n)Z(\boldsymbol{y})$ と比較すれば，$\boldsymbol{y} = f(\boldsymbol{x})$ は

$$Z(\boldsymbol{y}) = AZ(\boldsymbol{x}) \tag{6.5}$$

と表される．f とその行列表現 A の関係を見やすくしたのが次の絵である．

$$\begin{array}{ccc} V & \xrightarrow{f} & V \\ {\scriptstyle Z}\downarrow & & \downarrow{\scriptstyle Z} \\ \mathbb{K}^n & \xrightarrow{A} & \mathbb{K}^n \end{array} \tag{6.6}$$

ここで，対応 $\mathbb{K}^n \xrightarrow{A} \mathbb{K}^n$ は (6.5) で表されるものである．(6.6) は第 4 章 §5.2 に一度現れた**可換図式**で，表示された写像を左回りに合成しても右回りに合成しても結果は同じであることを表現するものである．可換図式は写像

の関係を分かりやすくするのに役立つので，覚えておくと便利である．なお，一次変換の行列表示 (6.5) を成分を使って書けば次の通りである．

$$\begin{bmatrix} y_1 \\ \vdots \\ y_n \end{bmatrix} = \begin{bmatrix} a_{11} & \dots & a_{1n} \\ \vdots & & \vdots \\ a_{n1} & \dots & a_{nn} \end{bmatrix} \begin{bmatrix} x_1 \\ \vdots \\ x_n \end{bmatrix}. \tag{6.7}$$

この結果，V 上の変換 f を調べるには，$\mathbb{K}^n$ の行列 A による変換を調べればよいことが分かった．実際，A について得られた知識は (6.6) によって f に還元されるから，いろいろな n 次元ベクトル空間 V を調べる代りに，数ベクトル空間 $\mathbb{K}^n$ だけを調べればよい．

それで，以下では次の設定で話を進めることにする．

(a) 基本のベクトル空間は数ベクトルの空間 $\mathbb{K}^n$ である．これを V^n と表し，V^n の元は列ベクトルの形式で書く．

(b) 基本の基底は標準基底 $\boldsymbol{e}_1, \dots, \boldsymbol{e}_n$ とする．

(c) 一次変換は行列で表され，V^n の元には行列の積の形で作用する．

(d) V^n は内積を持つとは限らないが，内積を考えるときは標準内積 (複素スカラーのときはエルミート内積) とする．

注意 6.2 この章で話の出発点として選んだベクトル空間は数ベクトルの空間 $\mathbb{K}^n$ である．しかし，新しい座標ベクトルを選ぶたびにそれに対応する座標の集合としても $\mathbb{K}^n$ が登場するので，見分けがつかなくなるおそれがある．それで，元になる数ベクトル空間に特別な記号 V^n (n は次元) を割り当てて区別することにした．

これらの条件をまとめれば表 6.1 の通りである．

表 6.1: 基本の空間設定 (次元が n の場合)

スカラー $\mathbb{K}$	空間 V^n	基底	内積 $(\cdot\|\cdot)$ (もしあれば)
$\mathbb{R}$	$\mathbb{R}^n$	$\boldsymbol{e}_1, \dots, \boldsymbol{e}_n$	$x_1y_1 + \cdots + x_ny_n$
$\mathbb{C}$	$\mathbb{C}^n$	$\boldsymbol{e}_1, \dots, \boldsymbol{e}_n$	$x_1\bar{y}_1 + \cdots + x_n\bar{y}_n$

2. 基底の変換

2.1. 変換の目的　V^n 上の一次変換 f を表す行列 A を観察する．A は標準基底による座標によって f を表したものであるが，基底を変えれば行列も変る．ここでは，f を表すいろいろな行列の間の関係を調べる．その目的は f の特性をよりよく反映する行列を求めることである．

さて，一次変換 f を標準基底 $\{\boldsymbol{e}_1, \ldots, \boldsymbol{e}_n\}$ に関する行列で表示して $A = \left[a_{ij}\right]$ とする．従って，$\boldsymbol{y} = f(\boldsymbol{x})$ は $\boldsymbol{x}, \boldsymbol{y}$ 等を列ベクトルと見れば

(6.8)　$$\boldsymbol{y} = A\boldsymbol{x} \qquad (\boldsymbol{x} \in V^n)$$

と行列の積の形式で表される．この表示式から話を始めることにしよう．

問 6.1　$\mathbb{R}^2$ の次の各変換 f は線型であることを示し，標準基底に関する行列で表せ．(1) $(x, y) \mapsto (-x, y)$，(2) $(x, y) \mapsto (x, y - x)$，(3) $(x, y) \mapsto (y, x)$.

2.2. 一般の基底変換　準備として，V^n の任意の二つの基底 $\{\boldsymbol{v}_i\}$ と $\{\boldsymbol{w}_i\}$ の間の関係を調べよう．まず，

(6.9)　$$\boldsymbol{w}_j = p_{1j}\boldsymbol{v}_1 + \cdots + p_{nj}\boldsymbol{v}_n \qquad (j = 1, \ldots, n)$$

によって係数 p_{ij} を決める．この p_{ij} を (i, j) 成分とする行列

(6.10)　$$P = \begin{bmatrix} p_{11} & \cdots & p_{1n} \\ \vdots & & \vdots \\ p_{n1} & \cdots & p_{nn} \end{bmatrix}$$

を $\{\boldsymbol{v}_i\}$ から $\{\boldsymbol{w}_i\}$ への**基底変換行列**という．定義式 (6.9) から

(6.11)　$$(\boldsymbol{w}_1, \ldots, \boldsymbol{w}_n) = (\boldsymbol{v}_1, \ldots, \boldsymbol{v}_n)P$$

である．逆に，$\{\boldsymbol{w}_i\}$ から $\{\boldsymbol{v}_i\}$ への基底変換行列を Q とすれば，

(6.12)　$$(\boldsymbol{v}_1, \ldots, \boldsymbol{v}_n) = (\boldsymbol{w}_1, \ldots, \boldsymbol{w}_n)Q$$

が成り立つ．これらの変換を続けて行えば元に戻ってくるから，

(6.13) $$PQ = E_n \quad \text{または} \quad Q = P^{-1}$$

が得られる．すなわち，次が成り立つ．

定理 6.1 任意の基底変換行列は正則行列である．

2.3. 基底の変更と一次変換の行列表現 $\{\boldsymbol{u}_1, \ldots, \boldsymbol{u}_n\}$ を V^n の基底とし，これらを第 1, ..., 第 n 列ベクトルとする行列を U とおく．すなわち，

$$U = (\boldsymbol{u}_1, \ldots, \boldsymbol{u}_n)$$

とすると，

$$(\boldsymbol{u}_1, \ldots, \boldsymbol{u}_n) = (\boldsymbol{e}_1, \ldots, \boldsymbol{e}_n)U$$

であるから，(6.11) と比較すれば，U は標準基底 $\{\boldsymbol{e}_1, \ldots, \boldsymbol{e}_n\}$ から基底 $\{\boldsymbol{u}_1, \ldots, \boldsymbol{u}_n\}$ への基底変換行列であることが分かる．従って，任意の $\boldsymbol{x} \in V^n$ の $\{\boldsymbol{u}_1, \ldots, \boldsymbol{u}_n\}$ に関する座標を列ベクトル $\boldsymbol{x}'$ で表せば，

(6.14) $$\boldsymbol{x} = (\boldsymbol{u}_1, \ldots, \boldsymbol{u}_n)\boldsymbol{x}' = U\boldsymbol{x}' \quad \text{または} \quad \boldsymbol{x}' = U^{-1}\boldsymbol{x}$$

が成り立つ．

さて，一次変換 A の基底 $\{\boldsymbol{u}_i\}$ に関する行列を B としよう．変換 A を表す式 (6.8) の $\boldsymbol{x}$ と $\boldsymbol{y}$ を新しい基底に関する座標で書けば，(6.14) により

$$U\boldsymbol{y}' = \boldsymbol{y} = A\boldsymbol{x} = AU\boldsymbol{x}' \quad \text{または} \quad \boldsymbol{y}' = U^{-1}AU\boldsymbol{x}'$$

となる．この第二の式が新しい基底による A の表現である．よって，

(6.15) $$B = U^{-1}AU \quad \text{または} \quad UB = AU.$$

正則な行列 U によって (6.15) の関係を満たす二つの行列 A, B を互いに相似であるという．従って，次が得られた．

定理 6.2 行列 A を V^n 上の一次変換とすると，行列 B が V^n のある基底に関する A の行列表現であるための必要十分条件は B が A と相似なことである．

証明 条件が必要であることは上で示した．逆に，B が A と相似であると仮定すると，$B = U^{-1}AU$ を満たす正則行列 U が存在する．このとき，行列 U の第 1, ..., 第 n 列ベクトルを V^n の基底に選べば，この基底に関する A の行列表現がちょうど B に等しい． □

2.4. 行列の標準形 V^n の一次変換の行列 A を基底を変更して分かりやすい行列 B を求めることは，行列の**標準形**の問題として線型代数の中心的な課題の一つである．このような行列 B は正則行列 U によって

$$B = U^{-1}AU$$

の形で得られることは上で見た通りで，U は基底変換の行列である．原理的には，U としてはどんな正則行列でもよい訳であるが，その時々の周囲の状況によって選ぶことのできる U が限られてくることも多い．例えば，ユークリッド空間に関連した問題では基底としては正規直交基を選ぶことが望ましいといったことが起る．この場合には，変換行列 U は座標の回転を表す行列 (第 7 章 §3.1 参照) に限られるといった具合である．

2.5. 不変部分空間と行列 V^n の一次変換 f が V^n のある部分空間 W をそれ自身に写すと仮定する．すなわち，任意の $\boldsymbol{v} \in W$ に対して $f(\boldsymbol{v}) \in W$ を満たすとする．この条件が成り立つとき，W は f によって**不変である**という．または，W は f の**不変部分空間**であるという．この場合，f を表す行列をある簡単な形にすることができる．これを見るために，まず $\{\boldsymbol{v}_1, \ldots, \boldsymbol{v}_m\}$ を W の基底とし，これにいくつかのベクトル $\{\boldsymbol{v}_{m+1}, \ldots, \boldsymbol{v}_n\}$ を追加して V^n の基底とし，この基底による変換 f の行列を B とする．このとき，$f(\boldsymbol{v}_i)$

$(i=1,\dots,m)$ は仮定により W の中にあるから，$\boldsymbol{v}_1,\dots,\boldsymbol{v}_m$ だけの一次結合で表される．従って，

$$b_{ji}=0 \qquad (j=m+1,\dots,n)$$

が成り立つ．すなわち，行列 B はブロック形式で

$$B=\begin{bmatrix} B_{11} & B_{12} \\ 0_{n-m,m} & B_{22} \end{bmatrix} \tag{6.16}$$

のようになる．ただし，左下隅は $(n-m)\times m$ 型の零行列である．

さらに，V^n が二つの f 不変部分空間 W_1 と W_2 の直和 (第 4 章 §1.3 参照) に分解されるときは，V^n の基底 $\{\boldsymbol{v}_1,\dots,\boldsymbol{v}_n\}$ の前半分を W_1 から，後半分を W_2 から選ぶことにより，f の行列 B をブロック形式で

$$B=\begin{bmatrix} B_{11} & 0_{m,n-m} \\ 0_{n-m,m} & B_{22} \end{bmatrix}$$

のように対角型にとることができる．

もし f が行列 A で与えられているときは，基底変換行列 P で

$$P^{-1}AP=\begin{bmatrix} B_{11} & B_{12} \\ 0_{n-m,m} & B_{22} \end{bmatrix} \tag{6.17}$$

または

$$P^{-1}AP=\begin{bmatrix} B_{11} & 0_{m,n-m} \\ 0_{n-m,m} & B_{22} \end{bmatrix} \tag{6.18}$$

を満たすものがある．この事実は行列の標準形を求めるときに役立つ．

3. 固有値と固有ベクトル

3.1. 一次変換の固有値　ベクトル空間 V をそれ自身に写す一次変換 f を分析しよう．一次変換の中で一番単純なものはベクトルのスカラー倍 (感覚的には伸縮) である．それで，f がスカラー倍として作用するようなベクト

ルを探すことによって f を調べようというのが本節の目的である．我々は V のベクトル $\boldsymbol{x}$ で f によってスカラー倍になるもの，すなわち

$$f(\boldsymbol{x}) = \lambda\boldsymbol{x}, \quad \boldsymbol{x} \neq \boldsymbol{0} \tag{6.19}$$

を満たす $\boldsymbol{x} \in V$ を考える．

定義 6.1　f をベクトル空間 V からそれ自身への一次変換とする．このとき，V のベクトル $\boldsymbol{x} \neq \boldsymbol{0}$ で $f(\boldsymbol{x})$ が $\boldsymbol{x}$ のスカラー倍になるものを f の**固有ベクトル**と呼ぶ．また，スカラー λ が f の**固有値**であるとは，$f(\boldsymbol{x}) = \lambda\boldsymbol{x}$ を満たすベクトル $\boldsymbol{x} \neq \boldsymbol{0}$ が存在することをいう．

注意 6.3　$\boldsymbol{x} \in V$ が f の固有ベクトルであるとは，$\boldsymbol{x}$ が生成する 1 次元の部分空間 $\mathrm{Span}[\boldsymbol{x}]$ が f で不変であることと同等である．

f の固有ベクトルは (6.19) によって固有値を一つ決定する．逆に f の固有値は (6.19) を満たす少なくとも 1 個の固有ベクトルに対応する．f の固有値 λ に対し，$f(\boldsymbol{x}) = \lambda\boldsymbol{x}$ を満たすベクトル $\boldsymbol{x}$ の全体を λ の**固有空間**と呼ぶ．

問 6.2　f の固有値 λ の固有空間は λ の固有ベクトルおよび零ベクトル $\boldsymbol{0}$ からなる V の部分空間であることを示せ．

さて，一次変換 f の固有値や固有ベクトルを f の行列表現を通して調べよう．そのため，ベクトル空間 V は数ベクトルの空間 V^n であるとし，f は $n \times n$ 行列 A によって

$$\boldsymbol{y} = A\boldsymbol{x} \tag{6.20}$$

と表されているとする．これを詳しく書けば，

$$A = \begin{bmatrix} a_{11} & \dots & a_{1n} \\ \vdots & & \vdots \\ a_{n1} & \dots & a_{nn} \end{bmatrix}, \quad \boldsymbol{x} = \begin{bmatrix} x_1 \\ \vdots \\ x_n \end{bmatrix}, \quad \boldsymbol{y} = \begin{bmatrix} y_1 \\ \vdots \\ y_n \end{bmatrix}$$

であり，(6.20) は行列の積の意味で

$$(6.21)\qquad \begin{bmatrix} y_1 \\ \vdots \\ y_n \end{bmatrix} = \begin{bmatrix} a_{11} & \ldots & a_{1n} \\ \vdots & & \vdots \\ a_{n1} & \ldots & a_{nn} \end{bmatrix} \begin{bmatrix} x_1 \\ \vdots \\ x_n \end{bmatrix}$$

と同じである．以下では，A を V^n からそれ自身への一次変換と見たときの固有値，固有ベクトルを行列 A の固有値，固有ベクトルということにする．

3.2. 固有多項式　行列 A の固有値を求めよう．λ を A の固有値とし，$\boldsymbol{x} \neq \boldsymbol{0}$ を λ に対する A の固有ベクトルとすれば，(6.19) を

$$A\boldsymbol{x} = \lambda\boldsymbol{x} \quad \text{または} \quad (\lambda E - A)\boldsymbol{x} = \boldsymbol{0}$$

と書きかえることができる．後者を $\boldsymbol{x}$ を未知数とする斉次連立一次方程式と思えば，これは零でない解を持つから，係数の行列式は 0 に等しい (第 3 章，定理 3.15 の系)．従って，次が成り立つ．

定理 6.3　λ が行列 A の固有値であるための必要十分条件は

$$(6.22)\qquad \left|\lambda E - A\right| = 0.$$

この左辺の行列式で λ を変数 x に置き換えた

$$(6.23)\qquad \left|xE - A\right| = \begin{vmatrix} x - a_{11} & -a_{12} & \ldots & -a_{1n} \\ -a_{21} & x - a_{22} & \ldots & -a_{2n} \\ \vdots & \vdots & & \vdots \\ -a_{n1} & -a_{n2} & \ldots & x - a_{nn} \end{vmatrix}$$

を行列 A の**固有多項式**と呼ぶ．これを x について展開すれば，

$$(6.24)\qquad \left|xE - A\right| = x^n + c_{n-1}x^{n-1} + \cdots + c_1 x + c_0$$

の形で，x の n 次式である．これを $\phi_A(x)$ と書く．A の固有値は方程式

$$(6.25)\qquad \phi_A(x) = \left|xE - A\right| = 0$$

の解である．(6.25) を行列 A の**固有方程式**と呼ぶ．

注意 6.4　この定義では A の固有多項式，A の固有方程式というように，行列 A を強調した形になっているが，実は以下に述べる定理 6.6 から分かるように，これらは一次変換 f のみで決まり，f を表現する行列の選び方には関係しない．それで，一次変換 f の固有多項式，固有方程式などと呼んでも差し支えない．

A の固有多項式 ϕ_A は n 次の多項式で，その係数は考えているスカラーの範囲内にある．すなわち，スカラーが実数のときは実係数の多項式であり，スカラーが複素数のときは複素係数の多項式である．λ が A の固有値ならば，$\phi_A(x)$ は $x-\lambda$ で割り切れるが，$\phi_A(x)$ を割り切る $x-\lambda$ の最大の (巾の) 指数を固有値 λ の**重複度**(ちょうふくど)という．

定理 6.4　固有多項式について次が成り立つ．

(a)　スカラーが複素数ならば，$\phi_A(x)$ は n 個の一次因数の積に分解される．

(b)　スカラーが実数ならば，$\phi_A(x)$ は一次因数と既約な二次因数の積に分解される．ただし，この中の一方だけのこともある．

これは，**代数学の基本定理**として知られる有名な定理そのものである．証明などの詳しいことは代数学の教科書の譲ることにし，ここでは述べない．この結果をみれば，固有値に関する問題は複素スカラーの場合の方が，実スカラーの場合よりも単純であることが分かる．ここでは，順序としてまずスカラーに無関係に成り立つ性質から説明を始めることにしたい．

定理 6.5　スカラーが複素数ならば，空間 V^n の一次変換は重複度を入れてちょうど n 個の固有値を持ち，各固有値は少なくとも 1 個の固有ベクトルを持つ．

注意 6.5　スカラーが実数のとき，一次変換の固有方程式は複素数 (実数ではない) の根を持つこともあるが，それらは変換の固有値とは見なさない．従って，固有値が一つもないことも起る．

行列 A で表される V^n の一次変換を V^n の他の基底に関して行列表現すれば，A に相似な行列 B が得られる．これに関して次が成り立つ．

定理 6.6 相似な行列は同じ固有多項式を持つ．従って，一次変換 f を表す行列の固有多項式は基底の選び方に無関係で，変換 f のみで決定される．

証明 B を A に相似な行列とすれば，$B = P^{-1}AP$ を満たす正則行列 P が存在する．従って，

$$\begin{aligned}\phi_B(x) &= \left|xE - B\right| = \left|xE - P^{-1}AP\right| = \left|P^{-1}(xE - A)P\right| \\ &= \left|P^{-1}\right|\left|xE - A\right|\left|P\right| = \left|xE - A\right| = \phi_A(x). \quad \square\end{aligned}$$

固有値が簡単に分かる行列の例として，巾零行列を考えてみよう．n 次行列 A がある自然数 q に対し指数 q の巾零(べきれい)行列であるとは，$A^q = 0$ であるが $A^{q-1} \neq 0$ を満たすことをいう．

例 6.1 巾零行列の固有値は 0 のみであることを示せ．

(解) λ を巾零行列 A の固有値とすると，$A\boldsymbol{x} = \lambda\boldsymbol{x}$ を満たすベクトル $\boldsymbol{x} \neq \boldsymbol{0}$ が存在する．このとき，両辺に A を作用させれば，$A^2\boldsymbol{x} = \lambda A\boldsymbol{x} = \lambda^2\boldsymbol{x}$ が得られる．この操作を繰り返せば，任意の自然数 k に対して $A^k\boldsymbol{x} = \lambda^k\boldsymbol{x}$ が成り立つ．A は巾零であるから，$A^k = 0$ となる $k \geqq 1$ がある．この k に対しては，$\lambda^k = 0$ が成り立つから，$\lambda = 0$. スカラーが複素数のときは，これですべての固有値が 0 であることが分かった．スカラーが実数のときは，A が $\mathbb{C}^n$ に作用していると思って議論すれば，複素数の固有値まで考えに入れても 0 しかないことが分かる．$\square$

3.3. ケーリー・ハミルトンの定理 n 次行列 A の多項式を考えてみよう．スカラー $a_0, \ldots, a_k$ を係数とする 1 変数の多項式

$$F(x) = a_k x^k + a_{k-1}x^{k-1} + \cdots + a_1 x + a_0$$

に行列 A を代入するとは，x を A で置き換え，定数項 a_0 を a_0E (E は n 次の単位行列) で置き換えて n 次行列を作ることで，この結果を $F(A)$ と書く．具体的には，

$$F(A) = a_k A^k + a_{k-1}A^{k-1} + \cdots + a_1 A + a_0 E.$$

特に，固有多項式については次の基本的な結果が成り立つ．

定理 6.7 (ケーリー・ハミルトン) 行列 A の固有多項式を $\phi_A(\lambda)$ とすれば，$\phi_A(A) = 0$ (右辺の 0 は n 次の零行列) である．

以下には，マックレーン・バーコフの教科書 [**17**] に従った証明を述べる*1．

証明 $\phi_A(A)$ の各項を計算するために，因数分解の公式

$$\lambda^i E - A^i = (\lambda^{i-1}E + \lambda^{i-2}A + \cdots + A^{i-1})(\lambda E - A) = A_i(\lambda)(\lambda E - A)$$

に注意する．ここで，$A_i(\lambda) = \lambda^{i-1}E + \lambda^{i-2}A + \cdots + A^{i-1}$ である．次に，$\lambda E - A$ の余因子行列を $\mathcal{A}(\lambda)$ と書けば，定理 3.13 により

$$\mathcal{A}(\lambda)^T(\lambda E - A) = \left|\lambda E - A\right| E = \phi_A(\lambda)E \tag{6.26}$$

が成り立つ．これらを使って $\phi_A(A)$ を計算すると，まず

$$\phi_A(A) = \sum_{i=0}^{n} c_i A^i = \phi_A(\lambda)E - \sum_{i=0}^{n} c_i A_i(\lambda)(\lambda E - A).$$

これに (6.26) を代入して

$$\phi_A(A) = \left\{\mathcal{A}(\lambda)^T - \sum_{i=0}^{n} c_i A_i(\lambda)\right\}(\lambda E - A) \tag{6.27}$$

を得る．右辺の $\{\ \}$ の中は λ の多項式を成分とする行列であるから，

$$C(\lambda) = C_0 + C_1\lambda + \cdots + C_k\lambda^k$$

の形に書ける．ここで，k は非負の整数で，$C_0, \ldots, C_k$ はスカラーを成分とする行列である．もし $C(\lambda)$ が零行列ならば，(6.27) の右辺の積は 0 で，従って $\phi_A(A) = 0$ である．もし $C(\lambda) \neq 0$ ならば，$C_k \neq 0$ ($k \geqq 0$) と仮定すると，(6.27) の右辺は λ に関する $k+1$ 次の項が $C_k\lambda^{k+1}$ となって，λ

---

*1 引用の番号は 211 ページの参考書一覧による．

を実際に含む．ところが，(6.27) の左辺の $\phi_A(A)$ は λ を含まないから矛盾である．よって，$C(\lambda) \neq 0$ の場合は起らない． □

重要な注意 ケーリー・ハミルトンの定理は行列に関する代表的な練習問題というだけではない．第 10 章で見るように，この定理は一般行列に関する固有空間への分解の基礎となるものである．

問 6.3 行列 $A = \begin{bmatrix} 1 & 2 \\ 2 & 1 \end{bmatrix}$ に対してケーリー・ハミルトンの定理を確かめよ．

問 6.4 固有値が全部 0 である n 次複素行列は $A^n = 0$ を満たすことを示せ．

さて，$\mu(x) = x^t + a_{t-1}x^{t-1} + \cdots + a_0$ を $\mu(A) = 0$ を満たす最低次数の多項式とすれば，最高次の項の係数は 1 との条件の下で一意に決まる．これを行列 A の**最小多項式**という．これについては次が成り立つ．

定理 6.8 A の最小多項式 $\mu(x)$ は唯一つで，$F(A) = 0$ を満たすすべての多項式 $F(x)$ を割り切る．

証明 $F(A) = 0$ を満たす多項式 $F(x)$ の全体を $\mathcal{J}_A$ とおく．ケーリー・ハミルトンの定理により $\phi_A(x) \in \mathcal{J}_A$ であるから，$\mathcal{J}_A$ は 0 でない多項式を含む．さて，$\mu(x)$ の次数を d とする．もしある $F(x) \in \mathcal{J}_A$ が $\mu(x)$ で割り切れないならば，$F(x)$ を $\mu(x)$ で割ったときの商を $q(x)$, 余りを $r(x)$ とすれば

$$F(x) = q(x)\mu(x) + r(x), \quad r(x) \neq 0$$

で，$r(x)$ の次数は d より小さい．ところが，上の等式に A を代入してみれば，$r(A) = F(A) - q(A)\mu(A) = 0$ となって，$r(x)$ も $\mathcal{J}_A$ に含まれることになるが，これは $\mu(x)$ の次数 d が最小であったことに矛盾する． □

実は，$\mathcal{J}_A$ は $\mu(x)$ で割り切れる多項式の全体と一致することも分かる．

注意 6.6 $xE - A$ の $n-1$ 次の小行列式の最大公約式を $d(x)$ とすると，$d(x)$ は A の固有多項式 $\phi_A(x)$ の約数であり，$\phi_A(x)/d(x)$ は A の最小多項式である．

演習問題

6.1　次の行列の固有値と固有ベクトルを複素数の範囲で求めよ．

$$\begin{bmatrix} 3 & 2 & 2 \\ 1 & 4 & 1 \\ -2 & -4 & -1 \end{bmatrix}$$

6.2　行列 A が固有値 0 を持つとき，A は正則でないことを示せ．また，その逆も正しいことを示せ．

6.3　A と A^T は同じ固有多項式を持つことを証明せよ．

6.4　n 次巾零行列 A の固有多項式 $\phi_A(x)$ について，$\phi_A(x) = x^n$ が成り立つことを示せ．

6.5　n 次行列 A が対角行列に相似ならば，A の固有ベクトルからなる V^n の基底が存在することを証明せよ．また，この逆も正しいことを示せ．

6.6　2×2 行列 A の行列式が負ならば，A は対角行列に相似であることを示せ．

6.7　n 次行列 $A = \left[a_{ij}\right]$ に対し，その対角成分の和 $a_{11} + a_{22} + \cdots + a_{nn}$ を $\operatorname{tr} A$ と書き A の**跡** (または，**トレース**) と呼ぶ．このとき，次を示せ．

(1)　任意の正則行列 P に対し $\operatorname{tr}(P^{-1}AP) = \operatorname{tr} A$ が成り立つ．

(2)　$\operatorname{tr} A$ は A の固有方程式のすべての根 (重複度も数える) の和に等しい．

6.8　$n \times n$ 行列 A, B に対し $\operatorname{tr}(AB) = \operatorname{tr}(BA)$ が成り立つことを示せ．

6.9　(1)　α が行列 A の固有値ならば，任意の自然数 k に対し α^k は A^k の固有値であることを示せ．

(2)　α が $\left|xE - A\right| = 0$ の解ならば，任意の自然数 k に対し α^k は $\left|xE - A^k\right| = 0$ の解であることを示せ．

(ヒント)　(1) を利用してみよ．

第7章 内積空間の一次変換

1. ユークリッド空間の一次変換

1.1. はじめに 本章で調べる n 次元ユークリッド空間 $\mathbb{E}^n$ は $\mathbb{R}^n$ に標準内積を与えたものである[*1]. 定理 5.7 により，任意の n 次元内積空間は同じ次元のユークリッド空間と内積空間として同型になるから，本章で得られた結果は有限次元内積空間全体に通用することになる．なお，本章を通して $\{\boldsymbol{e}_1, \ldots, \boldsymbol{e}_n\}$ は $\mathbb{E}^n$ の標準基底を表すことにする．

1.2. 一次変換の転置 ユークリッド空間では内積と関わる一次変換の演算として，一次変換の転置がある．行列 A の転置 A^T は A の行と列を入れ替えたものとして形式的に定義されたが，内積空間では自然に発生する．

定理 7.1 $\mathbb{E}^n$ 上の任意の一次変換 f に対し，

(7.1) $$(f(\boldsymbol{x}) \,|\, \boldsymbol{y}) = (\boldsymbol{x} \,|\, f^T(\boldsymbol{y})) \qquad (\boldsymbol{x}, \boldsymbol{y} \in \mathbb{E}^n)$$

を満たす一次変換 f^T が一意に存在する．

---

*1 標準内積は標準基底 $\{\boldsymbol{e}_1, \ldots, \boldsymbol{e}_n\}$ が正規直交系になる内積として特徴づけられる (演習問題 5.6) ことに注意せよ．

証明　任意に $\boldsymbol{y} \in \mathbb{E}^n$ を固定すると，すべての $\boldsymbol{x} \in \mathbb{E}^n$ に対して

$$(f(\boldsymbol{x}) \mid \boldsymbol{y}) = (\boldsymbol{x} \mid \boldsymbol{z}) \tag{7.2}$$

を満たすようなベクトル $\boldsymbol{z} \in \mathbb{E}^n$ が唯一つ存在することを示そう．まず，もし $\boldsymbol{z}, \boldsymbol{z}'$ がこの性質を持つとすれば，すべての $\boldsymbol{x} \in \mathbb{E}^n$ に対して $(\boldsymbol{x} \mid \boldsymbol{z} - \boldsymbol{z}') = 0$ が成り立つ．特に，$\boldsymbol{x} = \boldsymbol{z} - \boldsymbol{z}'$ とおけば，$(\boldsymbol{z} - \boldsymbol{z}' \mid \boldsymbol{z} - \boldsymbol{z}') = 0$ となるから，内積の性質 (B2) により $\boldsymbol{z} - \boldsymbol{z}' = \boldsymbol{0}$ となって，$\boldsymbol{z} = \boldsymbol{z}'$ が得られる．従って，存在するとすれば，$\boldsymbol{z}$ は $\boldsymbol{y}$ によって唯一つに決定する．

次に，(7.2) を満たす $\boldsymbol{z}$ を求める．このため，$\boldsymbol{z} = z_1\boldsymbol{e}_1 + \cdots + z_n\boldsymbol{e}_n$ とおくと，$\boldsymbol{e}_j$ $(j = 1, \ldots, n)$ に対して (7.2) を適用して，$z_j = (\boldsymbol{e}_j \mid \boldsymbol{z}) = (f(\boldsymbol{e}_j) \mid \boldsymbol{y})$ が得られる．よって，もし $\boldsymbol{z}$ が存在すれば，

$$\boldsymbol{z} = (f(\boldsymbol{e}_1) \mid \boldsymbol{y})\boldsymbol{e}_1 + \cdots + (f(\boldsymbol{e}_n) \mid \boldsymbol{y})\boldsymbol{e}_n \tag{7.3}$$

で与えられることが分かった．この $\boldsymbol{z}$ が (7.2) を満たすことを示すには，$\boldsymbol{x} = x_1\boldsymbol{e}_1 + \cdots + x_n\boldsymbol{e}_n$ と座標で書いて計算すればよい．実際，

$$\begin{aligned}(f(\boldsymbol{x}) \mid \boldsymbol{y}) &= (f(x_1\boldsymbol{e}_1 + \cdots + x_n\boldsymbol{e}_n) \mid \boldsymbol{y}) \\ &= x_1(f(\boldsymbol{e}_1) \mid \boldsymbol{y}) + \cdots + x_n(f(\boldsymbol{e}_n) \mid \boldsymbol{y}) \\ &= (\boldsymbol{x} \mid \boldsymbol{z}).\end{aligned}$$

最後に，$\boldsymbol{y}$ を $\mathbb{E}^n$ の中を動かしたとき，対応 $\boldsymbol{y} \mapsto \boldsymbol{z}$ が一次写像になることは (7.3) を使って簡単に確かめられる．そこで，$f^T(\boldsymbol{y}) = \boldsymbol{z}$ と定義すれば，この関数 f^T が求めるものである．□

定理 7.2　一次変換 f の (標準基底に関する) 行列を A とすれば，f の転置 f^T の行列は A の転置行列 A^T に等しい．実際，$A = \left(a_{ij}\right)$ とおけば，

$$a_{ij} = (f(\boldsymbol{e}_j) \mid \boldsymbol{e}_i) \qquad (i, j = 1, \ldots, n) \tag{7.4}$$

が成り立つ．

証明　まず，等式 (7.4) は，f の行列 $A = \big(a_{ij}\big)$ の定義式

$$f(\boldsymbol{e}_j) = a_{1j}\boldsymbol{e}_1 + \cdots + a_{nj}\boldsymbol{e}_n$$

と $\boldsymbol{e}_i$ の内積を計算すれば簡単に分かる．また，f の転置写像 f^T の行列を $B = \big(b_{ij}\big)$ とすれば，(7.4) によって

$$b_{ij} = (f^T(\boldsymbol{e}_j) \,|\, \boldsymbol{e}_i) = (\boldsymbol{e}_i \,|\, f^T(\boldsymbol{e}_j)) = (f(\boldsymbol{e}_i) \,|\, \boldsymbol{e}_j) = a_{ji}$$

であるから，B は A の転置行列である．故に，f^T の行列は A^T である．□

注意 7.1　等式 (7.1) を座標形式で書けば次の通りである．

(7.5) $$(A\boldsymbol{x} \,|\, \boldsymbol{y}) = (\boldsymbol{x} \,|\, A^T\boldsymbol{y}) \qquad (\boldsymbol{x}, \boldsymbol{y} \in \mathbb{E}^n).$$

1.3. 一次変換の値域の計算

定理 7.3　$\mathbb{E}^n$ 上の一次変換 f について次が成り立つ．

(7.6) $$\dim \operatorname{Ran} f = \dim \operatorname{Ran} f^T.$$

証明　f の値域を W とし，$\dim W = m$ とする．まず，W の基底を任意にとり $\boldsymbol{v}_1, \ldots, \boldsymbol{v}_m$ と書く．もし $m < n$ ならば，これに $n - m$ 個の $\mathbb{E}^n$ のベクトル $\boldsymbol{v}_{m+1}, \ldots, \boldsymbol{v}_n$ を追加して $\mathbb{E}^n$ の基底を作る．これはシュタイニッツの交換定理 (80 ページの定理 4.5 参照) によって可能である．

次に，$\boldsymbol{v}_1, \ldots, \boldsymbol{v}_n$ にグラム・シュミットの直交化 (定理 5.6) を適用して $\mathbb{E}^n$ の正規直交基 $\boldsymbol{u}_1, \ldots, \boldsymbol{u}_n$ を作る．作り方から，$\boldsymbol{u}_1, \ldots, \boldsymbol{u}_m$ は $\boldsymbol{v}_1, \ldots, \boldsymbol{v}_m$ と同じ部分空間を生成するから，$\boldsymbol{u}_1, \ldots, \boldsymbol{u}_m$ は W の正規直交基である．我々は $\{f^T(\boldsymbol{u}_1), \ldots, f^T(\boldsymbol{u}_m)\}$ が f^T の値域 $\operatorname{Ran} f^T$ の基底になることを示そう．これが分かれば，

$$\dim \operatorname{Ran} f^T = m = \dim W = \dim \operatorname{Ran} f$$

となって，証明が終る．

まず，$\boldsymbol{u}_1, \ldots, \boldsymbol{u}_n$ は $\mathbb{E}^n$ を生成するから，$f^T(\boldsymbol{u}_1), \ldots, f^T(\boldsymbol{u}_n)$ は f^T の値域 $\operatorname{Ran} f^T$ を生成する．$j = m+1, \ldots, n$ に対しては，$\boldsymbol{u}_j$ は $\boldsymbol{u}_1, \ldots, \boldsymbol{u}_m$ に直交するから，W に直交する．ところが，$f(\boldsymbol{x})$ $(\boldsymbol{x} \in \mathbb{E}^n)$ は全部 W に含まれているから，このような各 j については，すべての $\boldsymbol{x} \in \mathbb{E}^n$ に対して

$$(\boldsymbol{x} \mid f^T(\boldsymbol{u}_j)) = (f(\boldsymbol{x}) \mid \boldsymbol{u}_j) = 0.$$

$\boldsymbol{x}$ は何でもよいから，$\boldsymbol{x} = f^T(\boldsymbol{u}_j)$ として内積の性質 (B2) を使えば，

$$f^T(\boldsymbol{u}_{m+1}) = \cdots = f^T(\boldsymbol{u}_n) = \boldsymbol{0}$$

が得られる．よって，$\operatorname{Ran} f^T$ は残りの $f^T(\boldsymbol{u}_1), \ldots, f^T(\boldsymbol{u}_m)$ で生成される．

また，$f^T(\boldsymbol{u}_1), \ldots, f^T(\boldsymbol{u}_m)$ は一次独立である．実際，スカラー $c_1, \ldots, c_m$ を $c_1 f^T(\boldsymbol{u}_1) + \cdots + c_m f^T(\boldsymbol{u}_m) = \boldsymbol{0}$ を満たすようにとると，

$$\begin{aligned}
0 &= (\boldsymbol{x} \mid c_1 f^T(\boldsymbol{u}_1) + \cdots + c_m f^T(\boldsymbol{u}_m)) \\
&= c_1(\boldsymbol{x} \mid f^T(\boldsymbol{u}_1)) + \cdots + c_m(\boldsymbol{x} \mid f^T(\boldsymbol{u}_m)) \\
&= c_1(f(\boldsymbol{x}) \mid \boldsymbol{u}_1) + \cdots + c_m(f(\boldsymbol{x}) \mid \boldsymbol{u}_m) \\
&= (f(\boldsymbol{x}) \mid c_1\boldsymbol{u}_1 + \cdots + c_m\boldsymbol{u}_m)
\end{aligned}$$

がすべての $\boldsymbol{x} \in \mathbb{E}^n$ に対して成り立つ．ここで，$f(\boldsymbol{x})$ は f の値域 W 全体を動くから，$c_1\boldsymbol{u}_1 + \cdots + c_m\boldsymbol{u}_m$ に一致させることができる．従って，内積の性質 (B2) により $c_1\boldsymbol{u}_1 + \cdots + c_m\boldsymbol{u}_m = \boldsymbol{0}$ が成り立つが，$\boldsymbol{u}_1, \ldots, \boldsymbol{u}_m$ は一次独立であるから，$c_1 = \cdots = c_m = 0$ を得る．故に，$f^T(\boldsymbol{u}_1), \ldots, f^T(\boldsymbol{u}_m)$ は一次独立で，$\operatorname{Ran} f^T$ の基底になる．これで証明は終了した．□

2. 行列への応用

2.1. 行列の階数 一般の矩形行列を考えよう．A を $m \times n$ 行列としその列および行ベクトル表現を

$$A = \begin{bmatrix} a_{11} & \dots & a_{1n} \\ \vdots & & \vdots \\ a_{m1} & \dots & a_{mn} \end{bmatrix} = (\boldsymbol{a}_1, \dots, \boldsymbol{a}_n) = \begin{bmatrix} \boldsymbol{a}'_1 \\ \vdots \\ \boldsymbol{a}'_m \end{bmatrix}$$

とする．このとき，$\boldsymbol{a}_1, \dots, \boldsymbol{a}_n$ に含まれる一次独立なベクトルの最大数を行列 A の**列階数**と呼び，$\operatorname{rank}_c A$ と書く．また，$\boldsymbol{a}'_1, \dots, \boldsymbol{a}'_m$ に含まれる一次独立なベクトルの最大数を行列 A の**行階数**と呼び，$\operatorname{rank}_r A$ と書く．

問 7.1 $m \times n$ 行列 $A = [a_{ij}]$ に対して，次を示せ．

$$\operatorname{rank}_c A = \dim \operatorname{Span}[\boldsymbol{a}_1, \dots, \boldsymbol{a}_n], \quad \operatorname{rank}_r A = \dim \operatorname{Span}[\boldsymbol{a}'_1, \dots, \boldsymbol{a}'_n].$$

2.2. 一次写像による解釈 $m \times n$ 行列 $A = [a_{ij}]$ に対し，$\mathbb{R}^n$ から $\mathbb{R}^m$ への一次写像 f_A を

$$f_A(\boldsymbol{e}_j^{(n)}) = a_{1j}\boldsymbol{e}_1^{(m)} + \dots + a_{mj}\boldsymbol{e}_m^{(m)} = \boldsymbol{a}_j$$

によって定義する．ただし，$\{\boldsymbol{e}_1^{(n)}, \dots, \boldsymbol{e}_n^{(n)}\}, \{\boldsymbol{e}_1^{(m)}, \dots, \boldsymbol{e}_m^{(m)}\}$ はそれぞれ $\mathbb{R}^n, \mathbb{R}^m$ の標準基底であり，$\boldsymbol{a}_j$ は行列 A の第 j 列ベクトルである．従って，$\mathbb{R}^n$ の任意のベクトル $\boldsymbol{x} = x_1\boldsymbol{e}_1^{(n)} + \dots + x_n\boldsymbol{e}_n^{(n)}$ に対しては，

$$\begin{aligned} f_A(\boldsymbol{x}) &= f_A(x_1\boldsymbol{e}_1^{(n)} + \dots + x_n\boldsymbol{e}_n^{(n)}) = x_1 f_A(\boldsymbol{e}_1^{(n)}) + \dots + x_n f_A(\boldsymbol{e}_n^{(n)}) \\ &= x_1\boldsymbol{a}_1 + \dots + x_n\boldsymbol{a}_n \end{aligned}$$

が成り立つ．これから，f_A の値域 $\operatorname{Ran} f_A$ はベクトル $\boldsymbol{a}_1, \dots, \boldsymbol{a}_n$ によって張られる $\mathbb{R}^n$ の部分空間 $\operatorname{Span}[\boldsymbol{a}_1, \dots, \boldsymbol{a}_n]$ であることが分かる．故に，

$$\dim \operatorname{Ran} f_A = \operatorname{rank}_c A \tag{7.7}$$

が得られる (問 7.1 参照).

定理 7.4 n 次正方行列 A について

$$\mathrm{rank}_c\, A = \mathrm{rank}_r\, A. \tag{7.8}$$

証明 f_A を行列 A から定義された一次写像とする．この場合は $m = n$ であるから，f_A は $\mathbb{E}^n$ の一次変換と考えられる．従って，定理 7.3 により

$$\dim \mathrm{Ran}\, f_A = \dim \mathrm{Ran}\, f_A^T$$

が成り立つ．f_A の行列が A であることは f_A の定義から分かるから，f_A^T の行列は A^T となる．よって，

$$\mathrm{rank}_c\, A = \dim \mathrm{Ran}\, f_A = \dim \mathrm{Ran}\, f_A^T = \mathrm{rank}_c\, A^T = \mathrm{rank}_r\, A. \quad \square$$

2.3. 一般行列の階数

定理 7.5 任意の行列 A について，その列階数と行階数は相等しい．

この定理は等式 (7.8) が一般の行列に対しても正しいことを示している．この共通の数を行列 A の**階数**と呼ぶ．記号は $\mathrm{rank}\, A$ である．

証明 $m = n$ の場合は定理 7.4 により正しいから，$m \neq n$ を仮定する．

まず，$m < n$ の場合には，行列 A に成分が 0 ばかりの $n - m$ 本の行を $m+1, \ldots, n$ 行として追加し n 次の正方行列 B を作る．すなわち，

$$B = \begin{bmatrix} a_{11} & \ldots & a_{1n} \\ \cdots & \cdots & \cdots \\ a_{m1} & \ldots & a_{mn} \\ 0 & \ldots & 0 \\ \cdots & \cdots & \cdots \\ 0 & \ldots & 0 \end{bmatrix}.$$

このときは，行列 B に定理 7.4 を適用すれば，$\mathrm{rank}_c\, B = \mathrm{rank}_r\, B$ が得られる．ところが，行列 B について見れば，列ベクトルが一次独立かどうかはやはり A の部分だけで決まり，追加した部分は全く影響しないから，

$$\mathrm{rank}_c\, B = \mathrm{rank}_c\, A$$

となる．また，一次独立な行ベクトルの個数も A の部分で決まるから

$$\mathrm{rank}_r\, B = \mathrm{rank}_r\, A$$

であることが分かる．故に，$\mathrm{rank}_c\, A = \mathrm{rank}_r\, A$.

$m > n$ の場合は，行と列を交換して考えれば，前半の結果に帰着する．これで証明が終った．□

系　$m \times n$ 行列 A を (行と列の) 基本変形によって

$$\begin{bmatrix} E_r & 0_{r,n-r} \\ 0_{m-r,r} & 0_{m-r,n-r} \end{bmatrix}$$

の形に変形するとき，$\mathrm{rank}\, A = r$ が成り立つ．

証明　行または列の基本変形によって行または列の階数は変らない．ところが，定理により行と列の階数は一致しているから，結局行および列の階数は行列の基本変形で変化しないことが分かる．よって，$\mathrm{rank}\, A$ は変形の最終結果の階数と同じで，これは明らかに r に等しい．□

2.4. 連立一次方程式の解法　連立一次方程式

$$Ax = b \tag{7.9}$$

を考えよう．ここでは第 2 章 §2.1 (特に 26 ページ参照) の記号をそのまま使うことにする．すなわち，A はこの方程式の係数を表す $m \times n$ 行列であり，$B = \left[A, \boldsymbol{b}\right]$ は右辺も含めた拡大係数行列である．

解の存在　方程式 (7.9) に解があるためには，左辺を

$$A\boldsymbol{x} = (\boldsymbol{a}_1, \ldots, \boldsymbol{a}_n)\begin{bmatrix} x_1 \\ \vdots \\ x_n \end{bmatrix} = x_1\boldsymbol{a}_1 + \cdots + x_n\boldsymbol{a}_n$$

のように変形してみれば分かるように，$\boldsymbol{b}$ が行列 A の列ベクトル $\boldsymbol{a}_1, \ldots, \boldsymbol{a}_n$ の一次結合で書けることが必要十分である．従って，$\mathrm{rank}_c\, B \leqq \mathrm{rank}_c\, A$

が成り立つ．逆の不等号は明らかであるから，$\mathrm{rank}_c\, A = \mathrm{rank}\, A$ などに注意すれば，次の結果が証明されたことになる．

定理 7.6　連立一次方程式 (7.9) が解けるための必要十分条件は

$$\mathrm{rank}\, B = \mathrm{rank}\, A. \tag{7.10}$$

解の個数　方程式 (7.9) が解ける場合，解の個数を調べよう．そのため，解の一つを $\boldsymbol{x}_0$ とし，$\boldsymbol{z} = \boldsymbol{x} - \boldsymbol{x}_0$ とおくと，$A\boldsymbol{z} = A(\boldsymbol{x} - \boldsymbol{x}_0) = \boldsymbol{b} - \boldsymbol{b} = \boldsymbol{0}$ を得る．従って，$\boldsymbol{x}$ が方程式 (7.9) の解であるためには，$\boldsymbol{z}$ が斉次方程式

$$A\boldsymbol{z} = \boldsymbol{0} \tag{7.11}$$

の解であることが必要十分である．A を一次写像とみれば，このためには

$$\boldsymbol{z} \in \mathrm{Ker}\, A$$

が必要十分である．定理 4.13 によれば，

$$\dim \mathrm{Ker}\, A = n - \dim \mathrm{Ran}\, A = n - \mathrm{rank}\, A$$

であるから，次の結果となる．

定理 7.7　$m \times n$ 行列 A の階数を r とすれば，次が成り立つ．

(a)　斉次連立一次方程式 (7.11) は $n - r$ 個の一次独立な解を持つ．

(a1)　$r = n$ ならば，$A\boldsymbol{z} = \boldsymbol{0}$ には自明な解 $\boldsymbol{z} = \boldsymbol{0}$ しかない．

(a2)　$r < n$ ならば，$A\boldsymbol{z} = \boldsymbol{0}$ は $n - r$ 個の一次独立な解を持ち，すべての解はこれらの一次結合の形で表される．

(b)　非斉次の連立一次方程式 (7.9) が 1 個の解 $\boldsymbol{x}_0$ を持つならば，そのすべての解は $\boldsymbol{x}_0$ に斉次方程式 $A\boldsymbol{z} = \boldsymbol{0}$ の解を加えた形で得られる．従って，

(b1)　$r = n$ ならば，解は唯一つ (1 組) である．

(b2)　$r < n$ ならば，解は $n - r$ 個の任意定数を含む．

3. ユークリッド空間の座標変換

3.1. 回転の行列 ユークリッド空間 $\mathbb{E}^n$ の任意の基底を $\{\boldsymbol{u}_1, \ldots, \boldsymbol{u}_n\}$ とする．このとき，各 $\boldsymbol{u}_i$ を列ベクトルとして，行列

$$U = (\boldsymbol{u}_1, \ldots, \boldsymbol{u}_n) \tag{7.12}$$

を定義すれば，第 6 章 §2.3 で示したように U は標準基底 $\{\boldsymbol{e}_1, \ldots, \boldsymbol{e}_n\}$ を $\{\boldsymbol{u}_1, \ldots, \boldsymbol{u}_n\}$ に変換する基底変換の行列である．内積空間の場合，座標変換として最も特徴的なものは**回転**と呼ばれるものである．

定理 7.8 空間 $\mathbb{E}^n$ 上の行列 U について次の条件は同等である．

(a) U はベクトルの長さを変えない．すなわち，$\|U\boldsymbol{x}\| = \|\boldsymbol{x}\|$.

(b) U はベクトルの内積を変えない．すなわち，$(U\boldsymbol{x} \,|\, U\boldsymbol{y}) = (\boldsymbol{x} \,|\, \boldsymbol{y})$.

(c) $\boldsymbol{u}_1, \ldots, \boldsymbol{u}_n$ は V^n の正規直交基である．

証明 (a) から (b) は極化恒等式 (第 5 章の (5.31)) からすぐ出る．(b) から (c) は (b) の等式で $\boldsymbol{x} = \boldsymbol{e}_i$, $\boldsymbol{y} = \boldsymbol{e}_j$ $(i, j = 1, \ldots, n)$ とおいてみれば分かる．最後に，(c) から (a) は $\boldsymbol{x}$ の座標を $(x_1, \ldots, x_n)$ とするとき，

$$\begin{aligned}\|U\boldsymbol{x}\|^2 &= (U\boldsymbol{x} \,|\, U\boldsymbol{x}) = (x_1\boldsymbol{u}_1 + \cdots + x_n\boldsymbol{u}_n \,|\, x_1\boldsymbol{u}_1 + \cdots + x_n\boldsymbol{u}_n) \\ &= |x_1|^2 + \cdots + |x_n|^2 = \|\boldsymbol{x}\|^2. \quad \square\end{aligned}$$

この条件を満たす行列 U を**直交行列**と呼ぶ．この行列の U のみによる特徴づけを次に述べる．

定理 7.9 実数を成分とする n 次行列 U について次の条件は同等である．

(a) U は直交行列である．

(b) $U^T U = E_n$.

(c) U は正則行列で．$U^{-1} = U^T$ を満たす．

証明 U を (7.12) のように表示して証明する．まず，(a) を仮定すると，$(\boldsymbol{u}_j \mid \boldsymbol{u}_k) = \delta_{jk}$ $(j, k = 1, \dots, n)$ (δ はクロネッカーの記号) を満たすから，

$$U^T U = \begin{bmatrix} (\boldsymbol{u}_1 \mid \boldsymbol{u}_1) & \dots & (\boldsymbol{u}_1 \mid \boldsymbol{u}_n) \\ \vdots & & \vdots \\ (\boldsymbol{u}_n \mid \boldsymbol{u}_1) & \dots & (\boldsymbol{u}_n \mid \boldsymbol{u}_n) \end{bmatrix} = E_n$$

となって，(b) が成り立つ．次に，(b) が成り立てば，U^T が U の逆行列であることが分かるから，(c) が正しい．(c) から (b) は掛け算をすれば分かる．

最後に，等式 $U^T U = E_n$ の具体的計算 (上記) を見れば $\boldsymbol{u}_1, \dots, \boldsymbol{u}_n$ が正規直交系であることが分かるから，(b) から (a) が導かれる． □

定理 7.10 (直交行列の行列式) 直交行列の行列式は ± 1 に等しい．

証明 U を直交行列とすると，$U^T U = E_n$ であるから，

$$\left|U\right|^2 = \left|U^T\right| \left|U\right| = \left|U^T U\right| = \left|E_n\right| = 1. \qquad \therefore \quad \left|U\right| = \pm 1. \quad \square$$

注意 7.2 $\left|U\right| = 1$ を満たす直交行列を**固有直交行列**と呼ぶ．固有直交行列を基底変換行列に持つような二つの正規直交基は**向きが同じ**であるという．特に，標準基底と向きが同じ正規直交基を**右手系**という．固有直交行列によって別の正規直交基に移ることを，**座標軸を回転する**といえばイメージが湧くであろうか．行列式が -1 であるような直交行列は回転してから座標を一つ裏返す操作を表すものである．

問 7.2 直交行列の転置行列はまた直交行列であることを証明せよ．従って，直交行列の行ベクトルは V^n の正規直交基をなすことを示せ．

問 7.3 二つの n 次直交行列の積はまた直交行列であることを示せ．

3.2. 平面と空間の回転と応用

例 7.1 次の 2 次正方行列は直交行列であることを確かめよ．逆に 2 次直交行列はこの型のもので尽くされることを示せ．

$$\begin{bmatrix} \cos\theta & -\sin\theta \\ \sin\theta & \cos\theta \end{bmatrix}, \quad \begin{bmatrix} \cos\theta & \sin\theta \\ \sin\theta & -\cos\theta \end{bmatrix} \qquad (0 \leqq \theta < 2\pi).$$

(解)　$A=\begin{bmatrix} a & b \\ c & d \end{bmatrix}$ を直交行列とすれば，定理 7.9 により，列ベクトル $\begin{bmatrix} a \\ c \end{bmatrix}$ と $\begin{bmatrix} b \\ d \end{bmatrix}$ は長さが 1 で直交する．従って，ベクトル $\begin{bmatrix} a \\ c \end{bmatrix}$ が x 軸の正の方向とのなす角を θ とすれば，$a=\cos\theta$, $c=\sin\theta$. $\begin{bmatrix} b \\ d \end{bmatrix}$ はこれと直交するから，角度は $\theta\pm\pi/2$ に等しい．よって，

$$b=\cos\left(\theta\pm\frac{\pi}{2}\right)=\mp\sin\theta, \quad d=\sin\left(\theta\pm\frac{\pi}{2}\right)=\pm\cos\theta \qquad (\text{複号同順}).$$

これが求める結果である．□

問 7.4　座標平面上の 2 点 $A_1=(a_1,b_1)$, $A_2=(a_2,b_2)$ に対し，$\triangle OA_1A_2$ の面積は $\frac{1}{2}\begin{vmatrix} a_1 & a_2 \\ b_1 & b_2 \end{vmatrix}$ の絶対値に等しいことを示せ．

例 7.2 (平行六面体の体積)　同一平面上にない 3 本のベクトルを

$$\boldsymbol{a}=(a_1,a_2,a_3)^T, \quad \boldsymbol{b}=(b_1,b_2,b_3)^T, \quad \boldsymbol{c}=(c_1,c_2,c_3)^T$$

とするとき，これらを三辺とする平行六面体の体積 V について次が成り立つ．

$$V=\pm\begin{vmatrix} a_1 & b_1 & c_1 \\ a_2 & b_2 & c_2 \\ a_3 & b_3 & c_3 \end{vmatrix}. \tag{7.13}$$

右辺の符号は，$\{\boldsymbol{a},\boldsymbol{b},\boldsymbol{c}\}$ が右手系のときプラス，左手系のときマイナスである．

(解)　空間の回転で，$\boldsymbol{a}$ と $\boldsymbol{b}$ を xy 平面内へ移し，しかも $\boldsymbol{a}$ は x 軸の正の部分へ，$\boldsymbol{b}$ は上半平面 (y 座標が正) 内へ動かすものを U とする．従って，新座標では

$$U\boldsymbol{a}=\begin{bmatrix} a_1' \\ 0 \\ 0 \end{bmatrix}, \quad U\boldsymbol{b}=\begin{bmatrix} b_1' \\ b_2' \\ 0 \end{bmatrix} \qquad (a_1'>0,\ b_2'>0)$$

となる．よって，

$$U(\boldsymbol{a},\boldsymbol{b},\boldsymbol{c})=(U\boldsymbol{a},\ U\boldsymbol{b},\ U\boldsymbol{c})=\begin{bmatrix} a_1' & b_1' & c_1' \\ 0 & b_2' & c_2' \\ 0 & 0 & c_3' \end{bmatrix}.$$

両端の行列式を作れば，$|U|=1$ に注意して

$$|\boldsymbol{a}\ \boldsymbol{b}\ \boldsymbol{c}|=a_1'b_2'c_3'=\pm\langle\ \text{平行六面体の体積}\ \rangle$$

を得る．ただし，右辺の符号は c_3' の符号に一致する．すなわち，$\boldsymbol{a}$ を $\boldsymbol{b}$ に重なるように六面体の表面内で回転させるとき，右ねじの進む方向に $\boldsymbol{c}$ があればプラス (右手系)，なければマイナス (左手系) である．□

問 7.5　例 7.2 と同じ記号で，次が成り立つことを示せ．

$$V^2 = \begin{vmatrix} (\boldsymbol{a}\,|\,\boldsymbol{a}) & (\boldsymbol{a}\,|\,\boldsymbol{b}) & (\boldsymbol{a}\,|\,\boldsymbol{c}) \\ (\boldsymbol{b}\,|\,\boldsymbol{a}) & (\boldsymbol{b}\,|\,\boldsymbol{b}) & (\boldsymbol{b}\,|\,\boldsymbol{c}) \\ (\boldsymbol{c}\,|\,\boldsymbol{a}) & (\boldsymbol{c}\,|\,\boldsymbol{b}) & (\boldsymbol{c}\,|\,\boldsymbol{c}) \end{vmatrix}. \tag{7.14}$$

演習問題

7.1　多項式の空間 $\mathcal{P}$ を演習問題 5.4 と同じ内積空間 V の部分空間と考え，$f(x) \in \mathcal{P}$ に対して $Lf(x) = (x^2-1)f''(x) + 2xf'(x)$ を演習問題 4.5 で定義した一次写像とするとき，次の問に答えよ．

(1)　L は対称な一次写像であることを示せ．

(2)　$L1 = 0$, $Lx = 2x$, $L(x^k) = k(k+1)x^k - k(k-1)x^{k-2}$ $(k \geqq 2)$ を示し，L を $\mathcal{P}_n$ 上の一次写像と考えたときの固有値は $\{k(k+1)\}_{k=1}^{n}$ であることを証明せよ．

(3)　上のことから，各 $n = 0, 1, 2, \ldots$ に対してルジャンドルの微分方程式

$$(x^2-1)f''(x) + 2xf'(x) - n(n+1)f(x) = 0$$

を満たす n 次多項式が，定数倍を除いて唯一つ存在することを証明せよ．

(4)　演習問題 5.4 のルジャンドルの多項式 $P_n(x)$ がルジャンドルの微分方程式を満たすことを示し，$P_n(x)$ は $n-1$ 次以下の任意の多項式 $Q(x)$ に対して

$$\int_{-1}^{1} P_n(x)Q(x)\,dx = 0$$

を満たすことを証明せよ．

7.2　3 次の固有直交行列 U は必ず 1 を固有値に持つことを示せ．$\boldsymbol{a}$ を 1 の固有ベクトルとすると，U はこの周りの回転を表すことを示せ．つまり，3 次の固有直交行列は必ずある軸の周りの回転を表す．

第8章 二次形式の標準化

1. 二次曲線と主軸問題

1.1. 主軸問題とは　楕円，双曲線，放物線といったいわゆる**二次曲線**は

$$ax^2 + 2bxy + cy^2 + dx + ey + f = 0$$

の形の方程式で表されるが，その主要部

$$ax^2 + 2bxy + cy^2 \qquad (a,\, b,\, c \text{ はスカラー})$$

を x, y の**二次形式**という．行列を使えば，この式は

$$[x\ y]\begin{bmatrix} a & b \\ b & c \end{bmatrix}\begin{bmatrix} x \\ y \end{bmatrix}$$

と書ける．行列 $A = \begin{bmatrix} a & b \\ b & c \end{bmatrix}$ は 2 次の対称行列で，この二次形式の行列と呼ばれる．二次曲線の理論では，曲線の対称軸に座標軸を合わせることによって，方程式を単純にできることが知られている．これは**主軸問題**と呼ばれ，二次曲線の標準形を求める問題であるが，行列の立場からは，座標軸の回転によって行列 A を対角行列になおす問題と解釈される．一般の次元については次のようになるが，これが本章の中心課題である．

主軸問題 (n 次元) 実数を成分とする n 次の対称行列 A に対し，直交行列 U を求めて U^TAU を対角行列にせよ．

1.2. 対称な一次変換 ユークリッド空間 $\mathbb{E}^n$ 上の一次変換 f が

$$(f(\boldsymbol{x})\,|\,\boldsymbol{y}) = (\boldsymbol{x}\,|\,f(\boldsymbol{y})) \qquad (\boldsymbol{x}, \boldsymbol{y} \in \mathbb{E}^n) \tag{8.1}$$

を満たすとき**対称**であるという．

定理 8.1 $\mathbb{E}^n$ 上の一次変換 f について次は同値である．

(a) f は対称である．

(b) $f = f^T$.

(c) f の (標準基底に関する) 行列 H は対称行列である．

証明 (a) ⇒ (b): f は対称であると仮定する．定義の式 (8.1) を f^T の定義 (7.1) と比較すれば，$(\boldsymbol{x}\,|\,f^T(\boldsymbol{y})) = (\boldsymbol{x}\,|\,f(\boldsymbol{y}))$ がすべての $\boldsymbol{x}, \boldsymbol{y} \in \mathbb{E}^n$ に対して成り立つことが分かる．これから，内積の性質を使って $f^T(\boldsymbol{y}) = f(\boldsymbol{y})$ であることが導かれる．

(b) ⇒ (c): f の行列を H とすれば，f^T の行列は H^T である．よって，$f = f^T$ ならば，$H = H^T$ が得られる．故に，H は対称行列である．

(c) ⇒ (a): H が対称ならば，f と f^T の行列は一致するから，$f = f^T$ となり，等式 (8.1) が成り立つ．故に，f は対称である． □

問 8.1 $\mathbb{E}^n$ の一次変換 f が対称ならば，$\mathbb{E}^n$ の任意の正規直交基に関する f の行列は対称行列であることを示せ．また，この逆も成り立つことを示せ．

2. 主軸問題と対称行列の対角化

2.1. 解答の方針 我々は主軸問題を解くために次の 2 点を証明する．

(i) 対称行列の固有方程式の解は全部実数である．

(ii) 対称行列は直交行列によりその固有値を対角成分とする対角行列に変換される．

この目的のために，以下では複素数を成分とする行列 (特に，数ベクトル) を経由する．記号を一つ用意しよう．複素数を成分とする行列 $A = \left[a_{ij}\right]$ に対し，その各成分 a_{ij} をその共役複素数 $\bar{a}_{ij}$ に変えてできる行列を $\bar{A}$ と書く．すなわち，$\bar{A} = \left[\bar{a}_{ij}\right]$ である．数ベクトルについては，行列の特別の場合と考え，行または列ベクトル $\boldsymbol{x}$ に対しその各成分を共役複素数に変えたベクトルを $\bar{\boldsymbol{x}}$ と書くことにする．

以下では，f を $\mathbb{E}^n$ の対称な一次変換とし，その行列を

$$H = \begin{bmatrix} h_{11} & \dots & h_{1n} \\ \vdots & & \vdots \\ h_{n1} & \dots & h_{nn} \end{bmatrix} \tag{8.2}$$

とする．従って，h_{jk} は実数で $H^T = H$ を満たす．

2.2. 対称行列の固有値

定理 8.2 対称行列の固有方程式の解はすべて実数である．

証明 対称行列を H とし，その固有方程式

$$\phi_H(x) = \left|xE - H\right| = 0$$

を複素数の範囲で解き，任意の解を λ とする．このとき，斉次連立方程式

$$(\lambda E - H)\boldsymbol{x} = \mathbf{0}$$

はやはり複素数の範囲で $\mathbf{0}$ ではない解 $\boldsymbol{x}_0$ を持つ．この場合，$\boldsymbol{x}$ や $\boldsymbol{x}_0$ は列ベクトルの形式に書かれた数ベクトルである．従って，

$$H\boldsymbol{x}_0 = \lambda\boldsymbol{x}_0. \tag{8.3}$$

H は成分が実数であるから，$\bar{H} = H$ を満たす．従って，(8.3) より

$$H\bar{\boldsymbol{x}}_0 = \bar{H}\bar{\boldsymbol{x}}_0 = \bar{\lambda}\bar{\boldsymbol{x}}_0$$

が成り立つ．H はまた対称であるから，$H^T = H$ を満たす．よって，(8.3) の両辺に左から $\bar{\boldsymbol{x}}_0^T$ を掛ければ，

$$\begin{aligned}\lambda(\bar{\boldsymbol{x}}_0^T\boldsymbol{x}_0) &= \bar{\boldsymbol{x}}_0^T\cdot(\lambda\boldsymbol{x}_0) = \bar{\boldsymbol{x}}_0^T\cdot H\boldsymbol{x}_0 = (H^T\bar{\boldsymbol{x}}_0)^T\boldsymbol{x}_0 = (H\bar{\boldsymbol{x}}_0)^T\boldsymbol{x}_0 \\ &= (\bar{\lambda}\bar{\boldsymbol{x}}_0)^T\boldsymbol{x}_0 = \bar{\lambda}(\bar{\boldsymbol{x}}_0^T\boldsymbol{x}_0).\end{aligned}$$

ここで，$\bar{\boldsymbol{x}}_0^T\boldsymbol{x}_0$ は複素ベクトル $\boldsymbol{x}_0$ の長さの二乗 $\|\boldsymbol{x}_0\|^2$ であるから，0 ではない．よって，$\lambda = \bar{\lambda}$ が得られる．故に，λ は実数である．□

定理 8.2 により，H の固有多項式 $\phi_H(x)$ は実数スカラーの範囲で一次因数の積に分解される．これを

$$\phi_H(x) = \left|xE - H\right| = (x-\lambda_1)(x-\lambda_2)\cdots(x-\lambda_n) \tag{8.4}$$

とする．ここで，$\lambda_1, \ldots, \lambda_n$ は H の固有値であって，重複度を込めて数えたものである．この章の目的は次の定理である．

定理 8.3 (主軸定理) f を $\mathbb{E}^n$ の対称な一次変換とすると，f の固有ベクトルのみからなる $\mathbb{E}^n$ の正規直交基が存在する．この基底に関する f の行列は f の固有値を対角成分とする対角行列であり，各固有値はその重複度に等しい個数だけ重複して現れる．

2.3. 主軸定理の証明 証明の基本となる手段は次の結果である．

定理 8.4 $\mathbb{E}^n$ の部分空間 W が対称な一次変換 f で不変ならば，W の直交補空間 $W^{\perp}$ も f で不変である．

証明 仮定により $f(W) \subset W$ であるから，任意の $\boldsymbol{v} \in W^{\perp}$ に対し

$$(f(\boldsymbol{v})\,|\,\boldsymbol{w}) = (\boldsymbol{v}\,|\,f^T(\boldsymbol{w})) = (\boldsymbol{v}\,|\,f(\boldsymbol{w})) = 0 \qquad (\boldsymbol{w} \in W)$$

が得られる．従って，$f(\boldsymbol{v}) \in W^{\perp}$．故に，$W^{\perp}$ も f で不変である． □

次元 n に関する数学的帰納法により，定理の前半を証明しよう．まず，$n=1$ のときは，$f(x)=cx$ (c は定数) の形で，この c が f の固有値であることは明らかであろう．そこで，$n-1$ 次のときは定理 (の前半) が正しいと仮定し，n 次 ($n \geqq 2$) の場合を証明する．

さて，f の固有値の一つを λ_1 とし，λ_1 に対する固有ベクトル $\boldsymbol{u}_1$ で $\|\boldsymbol{u}_1\|=1$ を満たすものを一つ選び，$W=\mathrm{Span}[\boldsymbol{u}_1]$ とおく．W の元は $\boldsymbol{u}_1$ のスカラー倍であるから，f を作用させると λ_1 倍になる．よって，W は f によって不変である．

次に，この W に定理 8.4 を適用すれば，その直交補空間 $W^{\perp}$ も f によって不変であることが分かる．任意の $\boldsymbol{x}, \boldsymbol{y} \in W^{\perp}$ に対してももちろん $(f(\boldsymbol{x}) \,|\, \boldsymbol{y}) = (\boldsymbol{z} \,|\, f(\boldsymbol{y}))$ であるから，f は $W^{\perp}$ 上でも対称である．従って，帰納法の仮定により，f の ($W^{\perp}$ の中での) 固有ベクトルのみからなる $W^{\perp}$ の正規直交基が存在する．これを $\{\boldsymbol{u}_2, \ldots, \boldsymbol{u}_n\}$ とすると，$\boldsymbol{u}_1, \ldots, \boldsymbol{u}_n$ は $\mathbb{E}^n$ の正規直交基で f の固有ベクトルのみからなる．これで帰納法が完成した．

定理の後半の証明は次の定理の証明の中で示される．

定理 8.5 H を n 次の対称行列とし，その固有値を重複度を込めて $\lambda_1, \ldots, \lambda_n$ とすると，n 次の直交行列 U で次を満たすものが存在する．

$$(8.5)\qquad U^T H U = \begin{bmatrix} \lambda_1 & & \\ & \ddots & \\ & & \lambda_n \end{bmatrix} \qquad \text{(右辺は対角行列)}.$$

証明 行列 H が定義する $\mathbb{E}^n$ 上の一次変換を f_H と書く．従って，

$$(f_H(\boldsymbol{x}) \,|\, \boldsymbol{y}) = (H\boldsymbol{x} \,|\, \boldsymbol{y})$$

が成り立つ．H は対称であるから，この右辺はさらに $(\boldsymbol{x} \,|\, H\boldsymbol{y}) = (\boldsymbol{x} \,|\, f_H(\boldsymbol{y}))$ と変形できる．これは f_H が対称な一次変換であることを示している．従って，定理 8.3 の前半を f_H に適用することができて，f_H の固有ベクトルの

みからなる $\mathbb{E}^n$ の正規直交基 $\{\boldsymbol{u}_1, \ldots, \boldsymbol{u}_n\}$ がとれる．各 $\boldsymbol{u}_i$ は固有ベクトルであるから，

$$f_H(\boldsymbol{u}_i) = \lambda_i \boldsymbol{u}_i \qquad (i = 1, \ldots, n)$$

を満たすスカラー $\lambda_1, \ldots, \lambda_n$ が存在する．これから，$\{\boldsymbol{u}_1, \ldots, \boldsymbol{u}_n\}$ に関する f_H の行列表示を H' とするとき，

$$\begin{aligned}(\boldsymbol{u}_1, \ldots, \boldsymbol{u}_n)H' &= (f_H(\boldsymbol{u}_1), \ldots, f_H(\boldsymbol{u}_n)) = (\lambda_1 \boldsymbol{u}_1, \ldots, \lambda_n \boldsymbol{u}_n) \\ &= (\boldsymbol{u}_1, \ldots, \boldsymbol{u}_n) \begin{bmatrix} \lambda_1 & & \\ & \ddots & \\ & & \lambda_n \end{bmatrix}\end{aligned}$$

が得られる．一方，$\boldsymbol{u}_1, \ldots, \boldsymbol{u}_n$ を第 1, ..., 第 n 列ベクトルとする行列を U とおけば，U は直交行列で

$$\begin{aligned}(\boldsymbol{e}_1, \ldots, \boldsymbol{e}_n)UH' &= (\boldsymbol{u}_1, \ldots, \boldsymbol{u}_n)H' = (f_H(\boldsymbol{u}_1), \ldots, f_H(\boldsymbol{u}_n)) \\ &= (f_H(\boldsymbol{e}_1), \ldots, f_H(\boldsymbol{e}_n))U = (\boldsymbol{e}_1, \ldots, \boldsymbol{e}_n)HU\end{aligned}$$

が成り立つ．よって，$U^T HU = H'$ は $\lambda_1, \ldots, \lambda_n$ を対角成分とする対角行列である．ところが，固有多項式は座標変換によって変らないから，

$$\phi_H(x) = \phi_{H'}(x) = \begin{vmatrix} x - \lambda_1 & & 0 \\ & \ddots & \\ 0 & & x - \lambda_n \end{vmatrix}.$$

故に，$\lambda_1, \ldots, \lambda_n$ は H の固有値を重複度を込めて並べたものである． □

3. 問題の練習

3.1. 対称行列の対角化 対称行列は直交行列で対角行列に変換されることを知ったが，その具体的な解法を簡単な例で示そう．

例 8.1　直交行列 P を求めて，対称行列

$$H = \begin{bmatrix} 5 & -4 \\ -4 & 5 \end{bmatrix}$$

を対角行列に変換せよ．

(解)　まず，H の固有値を求めると，

$$\phi_H(\lambda) = \begin{vmatrix} \lambda - 5 & 4 \\ 4 & \lambda - 5 \end{vmatrix} = (\lambda - 1)(\lambda - 9) = 0$$

から，H の固有値 $\lambda = 1, 9$ で，従ってこれらを対角成分とする対角行列 Λ に変換する直交行列 $P = \begin{bmatrix} p_{ij} \end{bmatrix}$ がある．この P は

$$\begin{bmatrix} 5 & -4 \\ -4 & 5 \end{bmatrix} \begin{bmatrix} p_{11} & p_{12} \\ p_{21} & p_{22} \end{bmatrix} = \begin{bmatrix} p_{11} & p_{12} \\ p_{21} & p_{22} \end{bmatrix} \begin{bmatrix} 1 & 0 \\ 0 & 9 \end{bmatrix}$$

を満たすから，その成分は

$$\begin{bmatrix} 5 & -4 \\ -4 & 5 \end{bmatrix} \begin{bmatrix} p_{11} \\ p_{21} \end{bmatrix} = \begin{bmatrix} p_{11} \\ p_{21} \end{bmatrix}, \qquad \begin{bmatrix} 5 & -4 \\ -4 & 5 \end{bmatrix} \begin{bmatrix} p_{12} \\ p_{22} \end{bmatrix} = 9 \begin{bmatrix} p_{12} \\ p_{22} \end{bmatrix}$$

から求められる．実際に解いてみれば，

$$\begin{bmatrix} p_{11} \\ p_{21} \end{bmatrix} = c_1 \begin{bmatrix} 1 \\ 1 \end{bmatrix}, \quad \begin{bmatrix} p_{12} \\ p_{22} \end{bmatrix} = c_2 \begin{bmatrix} -1 \\ 1 \end{bmatrix} \qquad (c_1,\ c_2 \text{ は定数})$$

が得られる．これらのベクトルはすでに直交系になっているから，定数 c_1, c_2 はベクトルの長さが 1 になるように決めればよい．例えば，$c_1 = c_2 = \frac{1}{\sqrt{2}}$ とおくと，

$$P = \begin{bmatrix} \frac{1}{\sqrt{2}} & -\frac{1}{\sqrt{2}} \\ \frac{1}{\sqrt{2}} & \frac{1}{\sqrt{2}} \end{bmatrix} \quad \text{かつ} \quad P^T H P = \begin{bmatrix} 1 & 0 \\ 0 & 9 \end{bmatrix}. \quad \square$$

問 8.2　次の対称行列を直交行列によって対角行列に変換せよ．

$$(1) \quad \begin{bmatrix} 0 & -1 & 1 \\ -1 & 2 & 2 \\ 1 & 2 & 2 \end{bmatrix}, \quad (2) \quad \begin{bmatrix} 1 & -1 & 2 \\ -1 & 0 & 1 \\ 2 & 1 & 1 \end{bmatrix}, \quad (3) \quad \begin{bmatrix} 0 & 1 & -1 \\ 1 & 0 & -1 \\ -1 & -1 & 0 \end{bmatrix}.$$

3.2. 平面二次曲線 平面上の二次曲線は一般に

$$ax^2 + 2bxy + cy^2 + dx + ey + f = 0$$

で表され，その主要部 $ax^2 + 2bxy + cy^2$ は

$$[x\ y]\begin{bmatrix} a & b \\ b & c \end{bmatrix}\begin{bmatrix} x \\ y \end{bmatrix}$$

と書けるから，二次曲線の方程式を単純化するには行列 $A = \begin{bmatrix} a & b \\ b & c \end{bmatrix}$ を直交行列で変換して対角化すればよい．これを**二次曲線の標準化**という．

例 8.2 次の二次曲線を座標軸の回転により標準形に変換せよ．

$$f(x,y) = 17x^2 + 6xy + 9y^2 = 72.$$

(解) 左辺の二次形式の行列を A とし，その固有値を求めよう．まず，

$$A = \begin{bmatrix} 17 & 3 \\ 3 & 9 \end{bmatrix}$$

であるから，固有値は

$$\phi_A(\lambda) = \begin{vmatrix} \lambda - 17 & -3 \\ -3 & \lambda - 9 \end{vmatrix} = \lambda^2 - 26\lambda + 144 = 0. \qquad \therefore \quad \lambda = 8,\ 18.$$

対応する回転の行列を $P = [p_{ij}]$ とすれば，

$$\begin{bmatrix} 17 & 3 \\ 3 & 9 \end{bmatrix}\begin{bmatrix} p_{11} & p_{12} \\ p_{21} & p_{22} \end{bmatrix} = \begin{bmatrix} p_{11} & p_{12} \\ p_{21} & p_{22} \end{bmatrix}\begin{bmatrix} 8 & 0 \\ 0 & 18 \end{bmatrix}.$$

これを P の第 1 列と第 2 列に関する二つの方程式に分解して計算すれば，

$$\begin{bmatrix} 9 & 3 \\ 3 & 1 \end{bmatrix}\begin{bmatrix} p_{11} \\ p_{21} \end{bmatrix} = \begin{bmatrix} 0 \\ 0 \end{bmatrix}, \qquad \therefore \quad \begin{bmatrix} p_{11} \\ p_{21} \end{bmatrix} = c_1 \begin{bmatrix} 1 \\ -3 \end{bmatrix},$$

$$\begin{bmatrix} -1 & 3 \\ 3 & -9 \end{bmatrix}\begin{bmatrix} p_{12} \\ p_{22} \end{bmatrix} = \begin{bmatrix} 0 \\ 0 \end{bmatrix}, \qquad \therefore \quad \begin{bmatrix} p_{12} \\ p_{22} \end{bmatrix} = c_2 \begin{bmatrix} 3 \\ 1 \end{bmatrix}.$$

スカラー c_1, c_2 はベクトルの長さを 1 にする (これを**正規化する**という) ための定数である．ここでは，$c_1 = c_2 = \frac{1}{\sqrt{10}}$ である．従って，新しい変数 (X, Y) を

$$\begin{bmatrix} x \\ y \end{bmatrix} = \begin{bmatrix} \frac{1}{\sqrt{10}} & \frac{3}{\sqrt{10}} \\ -\frac{3}{\sqrt{10}} & \frac{1}{\sqrt{10}} \end{bmatrix}\begin{bmatrix} X \\ Y \end{bmatrix}$$

で定義すれば,

$$f(x,y) = \begin{bmatrix} X, Y \end{bmatrix} P^T A P \begin{bmatrix} X \\ Y \end{bmatrix} = \begin{bmatrix} X, Y \end{bmatrix} \begin{bmatrix} 8 & 0 \\ 0 & 18 \end{bmatrix} \begin{bmatrix} X \\ Y \end{bmatrix} = 8X^2 + 18Y^2.$$

これから，求める標準形は $8X^2 + 18Y^2 = 72$. または，両辺を 72 で割って

$$\frac{X^2}{3^2} + \frac{Y^2}{2^2} = 1.$$

故に，曲線は長軸の長さが 3，短軸の長さが 2 の楕円であり，軸の方向は，長軸が $(\frac{1}{\sqrt{10}}, -\frac{3}{\sqrt{10}})$, 短軸が $(\frac{3}{\sqrt{10}}, \frac{1}{\sqrt{10}})$ である． □

3.3. 空間の二次曲面　3 変数の二次方程式は空間の曲面を表すと考えられる．これを平面の場合にならって調べてみよう．変数を x_1, x_2, x_3 とすれば，一般式は

$$f(x_1, x_2, x_3) = \sum_{i,j=1}^{3} a_{ij} x_i x_j + 2 \sum_{i=1}^{3} b_i x_i + c = 0 \tag{8.6}$$

である．その二次の部分を主要部と呼び，$Q(x_1, x_2, x_3)$ と書く．すなわち，

$$Q(x_1, x_2, x_3) = \sum_{i,j=1}^{3} a_{ij} x_i x_j. \tag{8.7}$$

この式を変数 x_1, x_2, x_3 の**二次形式**という．また，係数から作られる行列

$$A = \begin{bmatrix} a_{11} & a_{12} & a_{13} \\ a_{21} & a_{22} & a_{23} \\ a_{31} & a_{32} & a_{33} \end{bmatrix} \tag{8.8}$$

を二次形式 $Q(x_1, x_2, x_3)$ の行列という．ここで，係数は $a_{ij} = a_{ji}$ を満たすと仮定してよい．実際，もし例えば $3x_1x_2 + 5x_2x_1$ のような項がある場合には，係数を平均して $4x_1x_2 + 4x_2x_1$ のようにすれば，式は全体として同じで係数は対称にできるからである．

さて，$\boldsymbol{x} = (x_1, x_2, x_3)^T$ と列ベクトルの記号を使うことにすると，

$$Q(x_1, x_2, x_3) = \boldsymbol{x}^T A \boldsymbol{x} = \begin{bmatrix} x_1 & x_2 & x_3 \end{bmatrix} \begin{bmatrix} a_{11} & a_{12} & a_{13} \\ a_{21} & a_{22} & a_{23} \\ a_{31} & a_{32} & a_{33} \end{bmatrix} \begin{bmatrix} x_1 \\ x_2 \\ x_3 \end{bmatrix}$$

と書ける．従って，方程式 (8.6) を単純化するには行列 A を直交行列で変換して対角化すればよい．これは平面曲線の場合とほぼ同様であるが，違った事情も起ってくるので，手順を説明しよう．

固有値を求める　まず，行列 A の固有値を求めるために，固有方程式

$$\phi_A(x) = \left| xE_3 - A \right| = \begin{vmatrix} x - a_{11} & -a_{12} & -a_{13} \\ -a_{21} & x - a_{22} & -a_{23} \\ -a_{31} & -a_{32} & x - a_{33} \end{vmatrix} = 0 \tag{8.9}$$

を解く．A は対称行列であるから，この方程式は 3 個の実数解を持つ．それを $\lambda_1, \lambda_2, \lambda_3$ とする．

基底変換の行列を求める　A を固有値 $\lambda_1, \lambda_2, \lambda_3$ を対角成分とする対角行列 (これを Λ と書く) に変換するための基底変換の直交行列 $P = \left[p_{ij} \right]$ は

$$P^T A P = \Lambda \quad \text{または} \quad AP = P\Lambda$$

を解いて求められる．成分を使って書けば，

$$\begin{bmatrix} a_{11} & a_{12} & a_{13} \\ a_{21} & a_{22} & a_{23} \\ a_{31} & a_{32} & a_{33} \end{bmatrix} \begin{bmatrix} p_{11} & p_{12} & p_{13} \\ p_{21} & p_{22} & p_{23} \\ p_{31} & p_{32} & p_{33} \end{bmatrix} = \begin{bmatrix} p_{11} & p_{12} & p_{13} \\ p_{21} & p_{22} & p_{23} \\ p_{31} & p_{32} & p_{33} \end{bmatrix} \begin{bmatrix} \lambda_1 & 0 & 0 \\ 0 & \lambda_2 & 0 \\ 0 & 0 & \lambda_3 \end{bmatrix}$$

となり，P の列ベクトルごとに 3 個の斉次方程式に分けて計算すれば P が求められる．P の各列はそれぞれの固有値に対する固有ベクトルである．

新しい変数に移る　基底変換行列の第 1, 第 2, 第 3 列ベクトル $\boldsymbol{p}_1, \boldsymbol{p}_2, \boldsymbol{p}_3$ を新しい基底としたとき，ベクトル $\boldsymbol{x}$ の座標を (x_1', x_2', x_3') とし，それを列ベクトル形式に書いたものを $\boldsymbol{x}'$ とする．すなわち，

$$\boldsymbol{x} = \begin{bmatrix} x_1 \\ x_2 \\ x_3 \end{bmatrix} = \begin{bmatrix} \boldsymbol{p}_1 & \boldsymbol{p}_2 & \boldsymbol{p}_3 \end{bmatrix} \begin{bmatrix} x_1' \\ x_2' \\ x_3' \end{bmatrix} = P\boldsymbol{x}'$$

とする．このとき，二次形式 Q は次のようになる．

$$Q(x_1, x_2, x_3) = \boldsymbol{x}^T A\boldsymbol{x} = (P\boldsymbol{x}')^T A(P\boldsymbol{x}') = \boldsymbol{x}'^T(P^T AP)\boldsymbol{x}'$$
$$= \boldsymbol{x}'^T \Lambda\boldsymbol{x}' = \lambda_1 x_1'^2 + \lambda_2 x_2'^2 + \lambda_3 x_3'^2.$$

以上をまとめれば，次の結果となる．

定理 8.6 ユークリッド空間 $\mathbb{E}^3$ 上の二次形式 (8.7) は座標軸の回転で新座標 (x_1', x_2', x_3') に移ることにより，標準形

$$\lambda_1 x_1'^2 + \lambda_2 x_2'^2 + \lambda_3 x_3'^2 \tag{8.10}$$

に変換することができる．ここで，係数 $\lambda_1, \lambda_2, \lambda_3$ は二次形式の行列の固有値である．これらは n 変数の二次形式に対しても正しい．

二次形式の階数と符号定数 3 変数の二次形式 (8.7) を一般の正則行列 $P = \left[p_{ij}\right]$ で変換してみよう．新しい変数をやはり $\boldsymbol{x}' = (x_1', x_2', x_3')^T$ と書くことにすれば，$\boldsymbol{x} = P\boldsymbol{x}'$ であるから，

$$Q(\boldsymbol{x}) = \boldsymbol{x}^T A\boldsymbol{x} = \boldsymbol{x}'^T P^T AP\boldsymbol{x}'.$$

新しい座標変数 $\boldsymbol{x}'$ に関する行列を A' と書けば，A' も対称行列であって，

$$P^T AP = A' \tag{8.11}$$

が成り立つ．正則な行列 P に関して (8.11) の関係にある二つの対称行列 A, A' は互いに**同値**であるという．P が直交行列でなければ，P^T は P の逆行列ではないから，一般には同値と相似は違う．

一般の座標変換で二次形式はさらに変形できる．これが次の結果である．

定理 8.7 二次形式 $Q(x_1, x_2, x_3) = \boldsymbol{x}^T A\boldsymbol{x}$ は正則行列による一般の座標変換 $\boldsymbol{x} = P\boldsymbol{x}'$ によって次の標準形に変換される．

$$Q(x_1, x_2, x_3) = \boldsymbol{x}^T A\boldsymbol{x} = \varepsilon_1 x_1'^2 + \varepsilon_2 x_2'^2 + \varepsilon_3 x_3'^2. \tag{8.12}$$

ここで，$\varepsilon_1, \varepsilon_2, \varepsilon_3$ は ± 1 または 0 である．

証明 定理 8.6 により，任意の二次形式 Q は直交変換により

$$\lambda_1 x_1'^2 + \lambda_2 x_2'^2 + \lambda_3 x_3'^2$$

に変形される．ここで，$\lambda_i \neq 0$ であるような番号については，変数 x_i' をさらに $\sqrt{|\lambda_i|}$ で割ったものを改めて x_i' と書けば，求める形式になる． □

二次形式 $Q(x_1, x_2, x_3)$ はこのように二つの**標準形** (8.10) と (8.12) を持つ．違いは座標変換を直交変換 (つまり，回転) だけに限るかどうかによる．両方に共通するものとして，0 でない係数の個数と正と負の係数の個数がある．この中で，0 でない係数の個数を二次形式 $Q(x_1, x_2, x_3)$ (または，行列 A) の**階数**と呼び，正係数の個数 p と負係数の個数 q の組 (p, q) を Q (または，A) の**符号定数**と呼ぶ．証明は述べないが，知っておいてよいことである．

ガウス消去法で標準形を求める 二次形式 $Q(x_1, x_2, x_3) = \boldsymbol{x}^T A \boldsymbol{x}$ の標準形 (8.12) を具体的に求めよう．上の説明では A の固有値を経由したが，これは 3 変数の場合でも必ずしも実用的ではない．A の固有値を求めるには，まず固有方程式

$$\phi_A(x) = \left| x E_3 - A \right| = 0$$

を解く必要がある．3 次対称行列の固有方程式は三つの実数解を持っていることは分かっているから，因数分解して問題は解決と思いがちである．しかし，A の成分が整数で，固有多項式が有理数の範囲で因数分解できない (これを**既約**であるという) ときは，固有方程式の根を四則と巾根 (平方根，立方根など) で表そうとすると，必ず虚の立方根を開かねばならないことが**カルダノの公式の簡約不可能の場合**として知られている (例えば，高木 [**6**, 206 ページ] 参照)．従って，固有方程式が整数係数で既約ならば，固有値を実数として表す代数的な方法はない．ここでは，固有値を出さずに直接標準形 (8.12) を求めるためにガウス消去法の技術を応用する方法を示そう．これによれば，計算は簡単で変換の行列も正確に求められる．

例 8.3 3 次元ユークリッド空間 $\mathbb{E}^3$ 上の二次形式

$$Q(\boldsymbol{x}) = -2x_1^2 + 4x_1x_2 + 6x_1x_3 + 11x_2^2 + 2x_2x_3 - x_3^2 \tag{8.13}$$

の階数と符号定数を求めよ．

(解) 二次形式 Q の行列を A とおく．後で示すように，この行列の固有多項式は有理数の範囲で既約であるので，固有値を経由する計算には困難が伴う．以下では，ガウスの消去法の手順を利用して変形する．次の式の中で $\langle 2\rangle \leftrightarrow \langle 1\rangle$ と書いたのは，第 1 行と第 2 行を交換し，引き続き第 1 列と第 2 列を交換する操作を示す．その他も同様で，行の基本変形と対応する列の基本変形を同時に行う意味である．

$$A = \begin{bmatrix} -2 & 2 & 3 \\ 2 & 11 & 1 \\ 3 & 1 & -1 \end{bmatrix} \xrightarrow{\langle 2\rangle\leftrightarrow\langle 1\rangle} \begin{bmatrix} 11 & 2 & 1 \\ 2 & -2 & 3 \\ 1 & 3 & -1 \end{bmatrix}$$

$$\xrightarrow{\langle 2\rangle-\langle 1\rangle\times\frac{2}{11}} \begin{bmatrix} 11 & 0 & 1 \\ 0 & -\frac{26}{11} & \frac{31}{11} \\ 1 & \frac{31}{11} & -1 \end{bmatrix} \xrightarrow{\langle 3\rangle-\langle 1\rangle\times\frac{1}{11}} \begin{bmatrix} 11 & 0 & 0 \\ 0 & -\frac{26}{11} & \frac{31}{11} \\ 0 & \frac{31}{11} & -\frac{12}{11} \end{bmatrix}$$

$$\xrightarrow{\langle 3\rangle+\langle 2\rangle\times\frac{31}{26}} \begin{bmatrix} 11 & 0 & 0 \\ 0 & -\frac{26}{11} & 0 \\ 0 & 0 & \frac{59}{26} \end{bmatrix} \xrightarrow{\langle 3\rangle\leftrightarrow\langle 2\rangle} \begin{bmatrix} 11 & 0 & 0 \\ 0 & \frac{59}{26} & 0 \\ 0 & 0 & -\frac{26}{11} \end{bmatrix}$$

$$\xrightarrow[\langle 3\rangle\times\sqrt{11/26}]{\langle 1\rangle\times\sqrt{1/11},\ \langle 2\rangle\times\sqrt{26/59}} \begin{bmatrix} 1 & 0 & 0 \\ 0 & 1 & 0 \\ 0 & 0 & -1 \end{bmatrix}.$$

変換の行列は使った基本変形を行列で書けばよい (記号は第 2 章 §2.6 参照)．

$$\begin{aligned} P &= P_{12}T_{21}\left(-\frac{2}{11}\right)T_{31}\left(-\frac{1}{11}\right)T_{32}\left(\frac{31}{26}\right)P_{23} \times \\ &\qquad\qquad \times D_1\left(\frac{1}{\sqrt{11}}\right)D_2\left(\sqrt{\frac{26}{59}}\right)D_3\left(\sqrt{\frac{11}{26}}\right) \\ &= \begin{bmatrix} 0 & 31/\sqrt{1534} & \sqrt{11/26} \\ 1/\sqrt{11} & -4\sqrt{2/767} & -\sqrt{2/143} \\ 0 & \sqrt{26/59} & 0 \end{bmatrix}. \end{aligned}$$

新しい変数を $\boldsymbol{x}' = (x_1', x_2', x_3')^T$ を $\boldsymbol{x} = P\boldsymbol{x}'$ によって定義すれば,

$$Q(x_1, x_2, x_3) = \boldsymbol{x}^T A\boldsymbol{x} = \boldsymbol{x}'^T P^T AP\boldsymbol{x}' = \begin{bmatrix} x_1' & x_2' & x_3' \end{bmatrix} \begin{bmatrix} 1 & 0 & 0 \\ 0 & 1 & 0 \\ 0 & 0 & -1 \end{bmatrix} \begin{bmatrix} x_1' \\ x_2' \\ x_3' \end{bmatrix}$$

$$= x_1'^2 + x_2'^2 - x_3'^2.$$

故に，この二次形式の階数は 3 で，符号定数は $(2, 1)$ である． □

注意 8.1 例 8.3 で取り扱った二次形式 (8.13) の固有多項式は

$$\phi_A(x) = |xE_3 - A| = \begin{vmatrix} x+2 & -2 & -3 \\ -2 & x-11 & -1 \\ -3 & -1 & x+1 \end{vmatrix} = x^3 - 8x^2 - 45x + 59$$

で有理数の範囲で既約である．

注意 8.2 例 8.3 では，対称行列を同値なものに変形するために，行と列の基本変形を対称的に使った．具体的には，次の通りである．

(I) 任意の番号 i と 0 でないスカラー c に対し，第 i 行を c 倍し，次に第 i 列を c 倍する．

(II) 任意の番号 i, j $(i \neq j)$ と任意のスカラー c に対し，第 i 行に c を掛けたものを第 j 行に加え，次に第 i 列に c を掛けたものを第 j 列に加える．

(III) 任意の番号 i, j $(i \neq j)$ に対し，第 i 行と第 j 行を交換し，次に第 i 列と第 j 列を交換する．

これを行列の**対称基本変形**と呼べば，感覚的に分かりやすいであろう．これらは，行または列基本変形の行列 $T_{ij}(c)$, P_{ij}, $D_i(c)$ を使って $P^T AP$ のように A を挟むことで実現される．

なお，例 8.3 の計算から分かるように，この対称基本変形は任意の自然数 n に対し n 変数の二次形式の標準形を求めるためにもこのまま利用できるし，変数変換の行列も求められる．

問 8.3 次の二次形式の階数と符号定数を求めよ．

(1) $7x^2 + 10xy + 32y^2$, (2) $x_1^2 + 6x_1x_2 - 4x_1x_3 + 7x_2^2 + 4x_2x_3 - x_3^2$.

演習問題

8.1 (カルダノの公式)　(1)　任意の複素数 a, b に対して，$\alpha+\beta=a$, $\alpha\beta=b$ を満たす複素数の組 α, β がただ一組定まることを示せ．

(2)　三次方程式 $x^3+ax^2+bx+c=0$ は，$x+\frac{a}{3}$ を x とおきなおすと

$$x^3+px+q=0 \tag{8.14}$$

の形に帰着できることを示せ．

(3)　x が方程式 (8.14) の解であるとして，$x=u+v$, $uv=-\frac{p}{3}$ を満たすように u, v をとったとする．そのとき，u^3+v^3 と u^3v^3 を p, q を用いて表せ．

(4)　(3) を用いて次を示せ．これをカルダノの公式と呼ぶ．

$$x=\sqrt[3]{\frac{q+\sqrt{q^2+4p^3/27}}{2}}+\sqrt[3]{\frac{q-\sqrt{q^2+4p^3/27}}{2}}.$$

(5)　三次方程式 $x^3-3x=0$ にカルダノの公式を適用し，因数分解して得られる解と比較せよ．

8.2　(1)　二次曲面の一般式 $f(x_1,x_2,x_3)=0$ は拡大した行列

$$\tilde{A}=\begin{bmatrix} A & \boldsymbol{b} \\ \boldsymbol{b}^T & c \end{bmatrix} \qquad (\text{ただし，} \boldsymbol{b}=(b_1,b_2,b_3)^T)$$

とベクトル $\tilde{\boldsymbol{x}}=\begin{bmatrix} \boldsymbol{x} \\ 1 \end{bmatrix}$ によって，

$$f(x_1,x_2,x_3)=\tilde{\boldsymbol{x}}^T\tilde{A}\tilde{\boldsymbol{x}}=0$$

と表すことができることを示せ．

(2)　座標変換 $\boldsymbol{x}=P\boldsymbol{x}'+\boldsymbol{q}$ (P は正方行列，$\boldsymbol{q}$ はベクトル) で $\tilde{A}$ はどのように変換されるかを示せ．

8.3　$\boldsymbol{x}=P\boldsymbol{x}'$ (P は直交行列) で二次形式 $Q(x_1,x_2,x_3)$ が標準形 (8.10) になったとする．さらに座標変換 $\boldsymbol{x}=P\boldsymbol{x}'+\boldsymbol{q}$ を行うこととする．このとき，$\boldsymbol{q}$ をうまく選べば A の階数に応じて $f(x_1,x_2,x_3)$ を次の形にできることを示せ．

(1)　$\operatorname{rank} A=3$ のとき $f(x_1,x_2,x_3)=\lambda_1{x_1'}^2+\lambda_2{x_2'}^2+\lambda_3{x_3'}^2+d$,

(2)　$\mathrm{rank}\, A = 2$ のとき $f(x_1, x_2, x_3) = \lambda_1 {x'_1}^2 + \lambda_2 {x'_2}^2 + 2\mu x'_3 + d$,

(3)　$\mathrm{rank}\, A = 1$ のとき $f(x_1, x_2, x_3) = \lambda_1 {x'_1}^2 + 2\mu_1 x'_2 + 2\mu_2 x'_3 + d$.

8.4　次の二次曲面を座標変換して，演習問題 8.3 の標準形にせよ．

(1) $25x^2 + 9y^2 + 5z^2 + 20xy + 10yz + 10x + 4y + 2\sqrt{6}z + 12 = 0$,

(2) $5x^2 - 3y^2 - 2xy + 8yz - 8zx + 2y + 4z = 0$,

(3) $2x^2 + 3y^2 + 4z^2 + 4xy + 4yz + 4x - 2y + 12z + 10 = 0$,

(4) $-2x^2 + 7y^2 + 4z^2 + 4xy + 20yz + 16zx + 4x - 2y + 6z + 8 = 0$,

(5) $5x^2 + 11y^2 + 2z^2 + 16xy - 4yz + 20zx + 14x - 10y + 28z + 17 = 0$,

(6) $10x^2 + 13y^2 + 13z^2 + 4xy + 8yz + 4zx + 20x + 22y - 14z + 19 = 0$.

8.5　$\mathbb{E}^n$ 上の一次変換の行列 A が座標の基底の直交変換によって対角行列になるならば，A は対称行列であることを示せ．

8.6　n 次行列 $A = \left[a_{ij}\right]$ に対し，

$$D = -\begin{vmatrix} a_{11} & \dots & a_{1n} & x_1 \\ \vdots & & \vdots & \vdots \\ a_{n1} & \dots & a_{nn} & x_n \\ x_1 & \dots & x_n & 0 \end{vmatrix}$$

とおく．このとき，次を示せ．

(1)　$D = \sum_{i,j=1}^{n} \alpha_{ij} x_i x_j$ が成り立つ．ただし，α_{ij} は行列 A に関する a_{ij} の余因子である．

(2)　A が対称行列でかつ $\left|A\right| = 0$ ならば，D は完全平方である．

第 9 章 ユニタリー空間の一次変換

1. 基礎概念

1.1. 随伴変換 n 次元の複素数ベクトル空間 $\mathbb{C}^n$ に標準内積 $(\boldsymbol{z}\,|\,\boldsymbol{w}) = z_1\bar{w}_1 + \cdots + z_n\bar{w}_n$ を与えたものを $\mathbb{U}^n$ と書き，n 次元ユニタリー空間 (または，複素ユークリッド空間) と呼ぶ．ユークリッド空間の場合にならって，ユニタリー空間での転置行列に当るものを導入しよう．

定理 9.1 $\mathbb{U}^n$ 上の任意の一次変換 f に対し，

$$(f(\boldsymbol{x})\,|\,\boldsymbol{y}) = (\boldsymbol{x}\,|\,f^*(\boldsymbol{y})) \qquad (\boldsymbol{x}, \boldsymbol{y} \in \mathbb{U}^n) \tag{9.1}$$

を満たす一次変換 f^* が一意に存在する．

証明 内積の前後を入れ替えれば共役複素数になるというエルミート内積の特徴に注意して定理 7.1 の証明をまねればよい．実際，

$$f^*(\boldsymbol{y}) = (\boldsymbol{y}\,|\,f(\boldsymbol{e}_1))\boldsymbol{e}_1 + \cdots + (\boldsymbol{y}\,|\,f(\boldsymbol{e}_n))\boldsymbol{e}_n \tag{9.2}$$

とおけばよい．詳細は読者の演習に残す． □

この定理で与えられる一次変換 f^* を f の**随伴変換**と呼ぶ．対応する行列については次が成り立つ．

定理 9.2 一次変換 f の (標準基底に関する) 行列を A とすれば，f の随伴変換 f^* の行列は $\bar{A}^T$ に等しい．

行列 A に対し $A^* = \bar{A}^T$ とおいて，A の**随伴行列**と呼ぶ．

証明 まず，f の (標準基底に関する) 行列 $A = \big(a_{ij}\big)$ は

$$a_{ij} = (f(\boldsymbol{e}_j) \,|\, \boldsymbol{e}_i)$$

で定義されることを思い出そう．いま，f^* の行列を $B = \big(b_{ij}\big)$ とおけば，

$$b_{ij} = (f^*(\boldsymbol{e}_j) \,|\, \boldsymbol{e}_i) = \overline{(\boldsymbol{e}_i \,|\, f^*(\boldsymbol{e}_j))} = \overline{(f(\boldsymbol{e}_i) \,|\, \boldsymbol{e}_j)} = \bar{a}_{ji}.$$

すなわち，B は A の転置行列の複素共役をとったものに等しい．故に，f^* の行列は $\bar{A}^T = A^*$ である． □

問 9.1 f の随伴変換に関する等式 (9.1) を対応する行列 A で書けば，

$$(Ax \,|\, y) = (x \,|\, A^* y) \qquad (x, y \in \mathbb{U}^n) \tag{9.3}$$

に等しいことを確かめよ．

問 9.2 行列に関する次の公式を示せ．

(1) $(A+B)^* = A^* + B^*$,

(2) $A^{**} = (A^*)^* = A$,

(3) $(AB)^* = B^* A^*$.

2. ユニタリー空間の回転

2.1. 回転の行列 第 7 章においては，ユークリッド空間の回転を表す行列として直交行列を得たが，ここではユニタリー空間の回転を特徴づけよう．

定理 9.3 内積空間 $\mathbb{U}^n$ 上の行列 U について次の条件は同等である．

(a) U はベクトルの長さを変えない．すなわち，$\|U\boldsymbol{x}\| = \|\boldsymbol{x}\|$.

(b) U はベクトルの内積を変えない．すなわち，$(U\boldsymbol{x} \,|\, U\boldsymbol{y}) = (\boldsymbol{x} \,|\, \boldsymbol{y})$.

(c) U の列ベクトル $\boldsymbol{u}_1, \ldots, \boldsymbol{u}_n$ は $\mathbb{U}^n$ の正規直交基である.

この条件を満たす行列 U を**ユニタリー行列**と呼ぶ.

定理 9.4 複素数を成分とする行列 U について次の条件は同等である.

(a) U はユニタリー行列である.
(b) $U^*U = E_n$. ただし, $U^* = \bar{U}^T$.
(c) U は正則行列で, $U^{-1} = U^*$ を満たす.

証明は定理 7.9 の場合をまねればよいので練習問題とする.

問 9.3 定理 9.4 を検証せよ. また, ユニタリー行列の行列式は絶対値が 1 の複素数であることを示せ.

2.2. 一次変換の表現行列とユニタリー同値 f を $\mathbb{U}^n$ の一次変換とし, その標準基底による行列表現を A とする. A の標準形を求める問題を考えよう. ユニタリー空間 $\mathbb{U}^n$ の場合には, ユークリッド空間の場合と同様に, 新たな基底としては正規直交基を選ぶのが基本である. いま, $\{\boldsymbol{u}_1, \ldots, \boldsymbol{u}_n\}$ を $\mathbb{U}^n$ の任意の正規直交基とし, これに関する f の行列表現を B とする. このとき, $\boldsymbol{u}_1, \ldots, \boldsymbol{u}_n$ を列ベクトルとする行列を U とすれば, U は標準基底を $\{\boldsymbol{u}_1, \ldots, \boldsymbol{u}_n\}$ に移す基底変換の行列であり, 第 6 章 §2.3 で示したように, $B = U^{-1}AU$ が成り立つ. 定理 9.3 で述べたように, U はユニタリー行列であるから, $U^{-1} = U^*$ を満たす. 従って,

$$B = U^{-1}AU = U^*AU. \tag{9.4}$$

このように, 二つの一次変換の行列 A, B がユニタリー行列で互いに変換されるとき, **ユニタリー同値**であるという. ユニタリー空間における行列表現の主要問題は, 与えられた一次変換の行列 A に対しそれにユニタリー同値な行列 B の中で A の特徴を最もよく表すものを求めることである. 以下では行列の対角化の問題に限って説明する.

3. 正規行列の対角化

3.1. 正規行列　対角行列にユニタリー同値な行列を求めよう．まず，

$$\Lambda = \begin{bmatrix} \lambda_1 & & \\ & \ddots & \\ & & \lambda_n \end{bmatrix} \qquad (\text{対角成分以外は } 0)$$

を対角行列とすれば，Λ の随伴行列 $\Lambda^* = \bar{\Lambda}^T$ も対角行列である．実際，Λ の複素共役 $\bar{\Lambda}$ は対角行列で，これは転置しても変らないから，

$$\Lambda^* = \bar{\Lambda} = \begin{bmatrix} \bar{\lambda}_1 & & \\ & \ddots & \\ & & \bar{\lambda}_n \end{bmatrix} \qquad (\text{対角成分以外は } 0)$$

が得られる．従って，$\Lambda\Lambda^* = \Lambda^*\Lambda$ が成り立つ．さらに，対角行列にユニタリー同値な任意の行列 A に対して，

$$A^*A = AA^* \tag{9.5}$$

が成り立つ．実際，$A = U^*\Lambda U$ (Λ は対角，U はユニタリー) とすれば，

$$\begin{aligned} AA^* &= (U^*\Lambda U)(U^*\Lambda U)^* = U^*\Lambda UU^*\Lambda^*U^{**} \\ &= U^*\Lambda\Lambda^*U = U^*\Lambda^*\Lambda U = (U^*\Lambda^*U)(U^*\Lambda U) \\ &= (U^*\Lambda U)^*(U^*\Lambda U) = A^*A. \end{aligned}$$

条件 (9.5) を満たす行列 A を**正規行列**と呼ぶ．

定理 9.5　行列 A が正規行列であるための必要十分条件は

$$\|A^*\boldsymbol{x}\| = \|A\boldsymbol{x}\| \qquad (\boldsymbol{x} \in \mathbb{U}^n). \tag{9.6}$$

証明　まず，A が正規行列であるとすると，

$$\begin{aligned} \|A^*\boldsymbol{x}\|^2 &= (A^*\boldsymbol{x} \mid A^*\boldsymbol{x}) = (AA^*\boldsymbol{x} \mid \boldsymbol{x}) \\ &= (A^*A\boldsymbol{x} \mid \boldsymbol{x}) = (A\boldsymbol{x} \mid A\boldsymbol{x}) = \|A\boldsymbol{x}\|^2. \end{aligned}$$

両端の平方根をとれば (9.6) が得られる．逆を示すために，(9.6) を仮定する．このときは，極化恒等式 (5.31) によって次が成り立つ．

$$\begin{aligned}2(A\boldsymbol{x} \mid A\boldsymbol{y}) &= \|A(\boldsymbol{x}+\boldsymbol{y})\|^2 + i\|A(\boldsymbol{x}+i\boldsymbol{y})\|^2 \\ &\qquad - (1+i)(\|A\boldsymbol{x}\|^2 + \|A\boldsymbol{y}\|^2) \\ &= \|A^*(\boldsymbol{x}+\boldsymbol{y})\|^2 + i\|A^*(\boldsymbol{x}+i\boldsymbol{y})\|^2 \\ &\qquad - (1+i)(\|A^*\boldsymbol{x}\|^2 + \|A^*\boldsymbol{y}\|^2) \\ &= 2(A^*\boldsymbol{x} \mid A^*\boldsymbol{y}).\end{aligned}$$

従って，$(A^*A\boldsymbol{x} \mid \boldsymbol{y}) = (AA^*\boldsymbol{x} \mid \boldsymbol{y})$ $(\boldsymbol{x}, \boldsymbol{y} \in \mathbb{U}^n)$ であるから，A^*A と AA^* の成分が一致する．故に，$A^*A = AA^*$． □

系 正規行列 A について，A と A^* の核は一致する．すなわち，$\mathrm{Ker}\, A = \mathrm{Ker}\, A^*$.

問 9.4 A が正規行列ならば，任意のスカラー λ に対し $A - \lambda E$ も正規行列であることを示せ.

問 9.5 正規行列とユニタリー同値な行列はまた正規行列であることを示せ.

3.2. 正規行列の固有値と固有ベクトル

定理 9.6 (a) λ が正規行列 N の固有値ならば，$\bar{\lambda}$ は N^* の固有値であり，固有ベクトルは共通である.

(b) 正規行列 N の相異なる固有値に対する固有ベクトルは直交する.

証明 (a) λ を N の固有値とし，$\boldsymbol{x}_0$ を対応する固有ベクトルとすると，行列 $N - \lambda E_n$ も正規行列であるから，定理 9.5 によって

$$\|(N - \lambda E_n)^*\boldsymbol{x}_0\| = \|(N - \lambda E_n)\boldsymbol{x}_0\| = 0$$

が得られる．よって，$N^*\boldsymbol{x}_0 = \bar{\lambda}\boldsymbol{x}_0$. 故に，$\bar{\lambda}$ は N^* の固有値であり，$\boldsymbol{x}_0$ はこれに対応する固有ベクトルである.

(b)　次に，λ_1, λ_2 を N の相異なる固有値とし，$\boldsymbol{x}_1, \boldsymbol{x}_2$ をそれぞれに対応する固有ベクトルとする．このときは，

$$\begin{aligned}\lambda_1(\boldsymbol{x}_1 \,|\, \boldsymbol{x}_2) &= (\lambda_1\boldsymbol{x}_1 \,|\, \boldsymbol{x}_2) = (N\boldsymbol{x}_1 \,|\, \boldsymbol{x}_2) \\ &= (\boldsymbol{x}_1 \,|\, N^*\boldsymbol{x}_2) = (\boldsymbol{x}_1 \,|\, \overline{\lambda_2}\boldsymbol{x}_2) = \lambda_2(\boldsymbol{x}_1 \,|\, \boldsymbol{x}_2).\end{aligned}$$

ここで，$\lambda_1 \neq \lambda_2$ であるから，$(\boldsymbol{x}_1 \,|\, \boldsymbol{x}_2) = 0$.　□

$\mathbb{U}^n$ の部分空間 W が

(9.7)　　$\boldsymbol{x} \in W$　ならば　$N\boldsymbol{x}, N^*\boldsymbol{x} \in W$

を満たすとき (N, N^*) **不変**であるという．

定理 9.7　$\mathbb{U}^n$ の部分空間 W が正規行列 N に関して (N, N^*) 不変ならば，W の直交補空間 $W^\perp$ も (N, N^*) 不変である．従って，W と $W^\perp$ の正規直交基を併せたものに基底変換すれば，N は

$$\begin{bmatrix} N_1 & 0 \\ 0 & N_2 \end{bmatrix}$$

にユニタリー同値である．ただし，N_1, N_2 は正規行列でそれぞれ $W, W^\perp$ 上の一次変換である．

証明　$\boldsymbol{x} \in W, \boldsymbol{y} \in W^\perp$ を任意にとると，$(\boldsymbol{x} \,|\, N\boldsymbol{y}) = (N^*\boldsymbol{x} \,|\, \boldsymbol{y}) = 0$ および $(\boldsymbol{x} \,|\, N^*\boldsymbol{y}) = (N\boldsymbol{x} \,|\, \boldsymbol{y}) = 0$ であるから，$W^\perp$ も (N, N^*) 不変である．後半は，$W, W^\perp$ の中に正規直交基を任意にとるとき，それらを併せたものが $\mathbb{U}^n$ 全体の正規直交基になることに注意し，これに関して一次変換 N の成分を計算してみれば分かる (これについては，第 6 章 §2.5 も参照せよ)．　□

3.3. 正規行列の対角化　この章の主な目標は次の定理である．

定理 9.8　正規行列 N はその固有値を重複度だけ並べてできる対角行列にユニタリー同値である．

証明　$\mathbb{U}^n$ が N の固有ベクトルからなる正規直交基を持つことを示そう．これから定理が導かれることは，定理 8.5 の証明で詳しく述べた通りである．

証明は次元 n に関する帰納法による．まず，1 次元のときは，すべての零でない $\mathbb{U}^1$ の元は固有ベクトルであるから，定理は明らかである．よって，帰納法により，$n-1$ 次元 $(n \geqq 2)$ まではこの命題が正しいと仮定する．

さて，N を n 次の正規行列とし，N の固有値 λ_1 とそれに対する固有ベクトル $\boldsymbol{u}_1$ を一つ固定する．我々のスカラーは複素数であるから，このようなものは必ず存在し，$\|\boldsymbol{u}_1\| = 1$ としてよい．しかも定理 9.6 によって，

$$N\boldsymbol{u}_1 = \lambda_1 \boldsymbol{u}_1, \quad N^*\boldsymbol{u}_1 = \bar{\lambda}_1 \boldsymbol{u}_1 \tag{9.8}$$

が成り立つ．ここで，$W = \mathrm{Span}[\boldsymbol{u}_1]$ とおく．(9.8) から W が (N, N^*) 不変であることが分かるから，定理 9.7 により W の直交補空間 $W^\perp$ も (N, N^*) 不変である．$W^\perp$ は $n-1$ 次元であり，この上でも $NN^* = N^*N$ であるから，帰納法の仮定により $W^\perp$ は N の固有ベクトルのみからなる正規直交基を持つ．これを $\{\boldsymbol{u}_2, \ldots, \boldsymbol{u}_n\}$ とすれば，$\{\boldsymbol{u}_1, \ldots, \boldsymbol{u}_n\}$ は $\mathbb{U}^n$ の正規直交基で N の固有ベクトルのみからなるものである．故に，すべての次元 n について $\mathbb{U}^n$ は A の固有ベクトルからなる正規直交基を持つことが示された．□

4. エルミート行列とユニタリー行列の対角化

4.1. エルミート行列　$H^* = H$ を満たす行列 H をエルミート行列と呼ぶ．これは正規行列であるから，対角化できるが，さらに次が成り立つ．

定理 9.9　エルミート行列は実数を成分とする対角行列にユニタリー同値である．

証明　エルミート行列 H が対角行列 Λ にユニタリー同値であるとする．従って，$\Lambda = U^*HU$ (U はユニタリー行列) とする．このとき，

$$\Lambda^* = (U^*HU)^* = U^*HU = \Lambda$$

であるから，Λ もエルミート行列である．ところが，Λ は対角行列であるから Λ はその転置行列と同じである．よって，$\Lambda^* = \bar{\Lambda}$ であるから，上の等式から $\bar{\Lambda} = \Lambda$ を得る．これが示すべきことであった． □

4.2. ユニタリー行列の対角化 S をユニタリー行列とする．この場合は，$S^*S = SS^* = E_n$ であるから，正規行列で，従って対角行列にユニタリー同値であるが，さらに次が成り立つ．

定理 9.10 ユニタリー行列は絶対値 1 の複素数を対角要素とする対角行列にユニタリー同値である．

問 9.6 定理 9.10 を証明せよ．

演習問題

9.1 (1) 行列 $A = \begin{bmatrix} \cos\theta & -\sin\theta \\ \sin\theta & \cos\theta \end{bmatrix}$ $(0 \leqq \theta < 2\pi)$ はユニタリー行列であることを示し，固有値を求めよ．また $\theta \neq 0, \pi$ ならば固有値は実数でないことを示せ．

(2) A をユニタリー行列によって対角化せよ．特にこの場合は，すべての θ に対して共通のユニタリー行列がとれる，つまり U^*AU がすべての θ に対して対角行列になるような U が存在することを示せ．

9.2 次の行列を対角化せよ．ただし，a は実数，ω は $\omega^3 = 1, \omega \neq 0$ を満たす複素数である．

(1) $\begin{bmatrix} 4 & -2 & 0 \\ -2 & 3 & -2 \\ 0 & -2 & 2 \end{bmatrix}$，(2) $\begin{bmatrix} 0 & i & 1 \\ -i & 0 & i \\ 1 & -i & 0 \end{bmatrix}$，(3) $\begin{bmatrix} 0 & 1 & \frac{1-i}{\sqrt{2}} \\ 1 & 0 & \frac{-1+i}{\sqrt{2}} \\ \frac{1+i}{\sqrt{2}} & \frac{-1-i}{\sqrt{2}} & 0 \end{bmatrix}$，

(4) $\begin{bmatrix} a & 1 & 1 \\ 1 & a & 1 \\ 1 & 1 & a \end{bmatrix}$，(5) $\begin{bmatrix} 0 & a+ai & a-ai \\ a-ai & 0 & a+ai \\ a+ai & a-ai & 0 \end{bmatrix}$，(6) $\begin{bmatrix} 0 & a\omega & a\omega^2 \\ a\omega^2 & 0 & a\omega \\ a\omega & a\omega^2 & 0 \end{bmatrix}$．

第 10 章 ジョルダン標準形

1. 固有多項式による空間の分解

1.1. 基本の仮定と結果　この章では，一次変換 A の固有多項式が一次因数の積に分解できる場合を詳しく調べる．すなわち，

$$\phi_A(x) = \left|xE - A\right| = (x-\alpha_1)^{k_1}\cdots(x-\alpha_s)^{k_s} \tag{10.1}$$

が成り立つと仮定する．ただし，

(a)　$\alpha_1, \ldots, \alpha_s$ は相異なるスカラー，

(b)　$k_1, \ldots, k_s$ は自然数で $k_1 + \cdots + k_s = n$

を満たすものとする．従って，スカラーが実数のときは，固有方程式の根がすべて実数になることがこの場合になるための必要十分条件であり，スカラーが複素数のときは，代数学の基本定理によっていつでもこの場合になる．

定理 10.1　一次変換 A の固有多項式が (10.1) のように分解されるとき，V^n は次の性質を持つ A 不変な部分空間 $V_1, \ldots, V_s$ の直和に分解される．

(a)　$\dim V_i = k_i$ $(i = 1, \ldots, s)$.

(b)　A の V_i 上での作用を表す一次変換を B_i とするとき，B_i の固有多項式は $(x-\alpha_i)^{k_i}$ に等しい．

本章の前半ではこの定理を段階を追って証明する．各 B_i の標準形を求める問題は後半の主題となる．以下の議論では，(10.1) を仮定する．

1.2. 固有多項式の分解と空間の分解 $i = 1, \dots, s$ に対して，

$$\phi_i(x) = \phi_{A,i}(x) = \frac{\phi_A(x)}{(x-\alpha_i)^{k_i}}$$

とおく．このとき，$\phi_1(x), \dots, \phi_s(x)$ は x の多項式で共通因数がない (最大公約式が 1 である) から，恒等式

$$a_1(x)\phi_1(x) + \cdots + a_s(x)\phi_s(x) = 1 \tag{10.2}$$

を満たす多項式 $a_1(x), \dots, a_s(x)$ が存在する．これは多項式の最大公約式に関する代数学の基本事項の一つで，ユークリッド互除法の簡単な応用であるから，例 10.1 で計算法を示すだけにしておく．

さて，(10.2) に行列 A を代入すれば，

$$a_1(A)\phi_1(A) + \cdots + a_s(A)\phi_s(A) = E \tag{10.3}$$

となる．ただし，右辺の E は n 次の単位行列 E_n である．ここで，

$$P_1 = a_1(A)\phi_1(A), \dots, P_s = a_s(A)\phi_s(A) \tag{10.4}$$

とおく．この P_i はいわゆる射影の性質を持つ．実際，次が成り立つ．

定理 10.2 (a) $AP_i = P_iA \quad (i = 1, \dots, s)$.

(b) $P_1 + \cdots + P_s = E_n$.

(c) $(A - \alpha_i E)^{k_i} P_i = 0 \quad (i = 1, \dots, s)$.

(d) $P_i^2 = P_i$, $P_iP_j = 0 \quad (i, j = 1, \dots, s,\ i \neq j)$.

証明 (a) 各 P_i は A の多項式であるから，A と交換可能である．

(b) (10.3) と (10.4) を見比べればすぐ分かる．

(c) $(A-\alpha_iE)^{k_i}P_i = a_i(A)(A-\alpha_iE)^{k_i}\phi_i(A) = a_i(A)\phi_A(A)$ であるが，最後の項はケーリー・ハミルトンの定理 (定理 6.7) によって 0 に等しい．

(d)　まず，$i \neq j$ とすれば，$\phi_j(x)$ は因数 $(x-\alpha_i)^{k_i}$ を含むから，$\phi_i(x)\phi_j(x)$ は 因数 $(x-\alpha_i)^{k_i}\phi_i(x)$ を含む．従って，P_iP_j は因数 $(A-\alpha_i E)^{k_i}P_i$ を含むことになり，(c) によって 0 に等しい．これが (d) の後半である．

一方，(b) の等式の両辺に P_i を掛けて，上の関係式を使えば，

$$P_i = P_i E = P_i(P_1 + \cdots + P_s) = P_i^2$$

となるから，(d) の前半も示された．□

ここで，射影 $P_1, \ldots, P_s$ の値域をそれぞれ $V_1, \ldots, V_s$ とする．すなわち，

$$V_1 = P_1 V^n, \ldots, V_s = P_s V^n \tag{10.5}$$

とおくと，次が分かる．

定理 10.3　(a)　各 V_i は V^n の A 不変な部分空間であり，V^n の元 $\boldsymbol{v}$ が V_i に属するための必要十分条件は $P_i\boldsymbol{v} = \boldsymbol{v}$ である．

(b)　V^n は $V_1, \ldots, V_s$ の直和である．すなわち，任意の $\boldsymbol{v} \in V^n$ は

$$\boldsymbol{v} = \boldsymbol{v}_1 + \cdots + \boldsymbol{v}_s \qquad (\boldsymbol{v}_1 \in V_1, \ldots, \boldsymbol{v}_s \in V_s)$$

のように一意に表される．

証明　(a)　V_i は一次変換 P_i の像 $\mathrm{Ran}\, P_i$ であるから，定理 4.11 により V^n の部分空間である．また，定理 10.2 (a) により $AV_i = AP_iV^n = P_iAV^n \subseteqq P_iV^n = V_i$ であるから，V_i は A によって不変である．次に，$\boldsymbol{v} \in V_i$ については，$\boldsymbol{v} = P_i\boldsymbol{w}$ $(\boldsymbol{w} \in V^n)$ と表されるから，$P_i\boldsymbol{v} = P_i^2\boldsymbol{w} = P_i\boldsymbol{w} = \boldsymbol{v}$ が成り立つ．逆に $P_i\boldsymbol{v} = \boldsymbol{v}$ ならば，$\boldsymbol{v} = P_i\boldsymbol{v} \in P_iV^n = V_i$ が得られる．

(b)　任意の $\boldsymbol{v} \in V^n$ に対し，定理 10.2 (b) により

$$\boldsymbol{v} = E_n\boldsymbol{v} = (P_1 + \cdots + P_s)\boldsymbol{v} = P_1\boldsymbol{v} + \cdots + P_s\boldsymbol{v} \tag{10.6}$$

であるから，$\boldsymbol{v}_i = P_i\boldsymbol{v}$ $(i = 1, \ldots, s)$ とおけば，求める分解が得られる．分解の一意性は練習問題とする．□

例 10.1　$\phi_A(x) = (x-1)^2(x-2)^2$ のとき，射影行列 P_1, P_2 を求めよ．

(解) $\phi_1(x) = \dfrac{\phi_A(x)}{(x-1)^2} = (x-2)^2$, $\phi_2(x) = \dfrac{\phi_A(x)}{(x-2)^2} = (x-1)^2$ として，

$$a_1(x)\phi_1(x) + a_2(x)\phi_2(x) = 1 \tag{10.7}$$

を満たす多項式 $a_1(x)$, $a_2(x)$ を求める．そのために，ここでは最大公約式を求めるユークリッドの互除法の計算を素朴にそのまま利用しよう．

1	x^2-4x+4	x^2-2x+1	$-\frac{1}{2}x$
	x^2-2x+1	$x^2-\frac{3}{2}x$	
	$-2x+3$	$-\frac{1}{2}x+1$	$\frac{1}{4}$
		$-\frac{1}{2}x+\frac{3}{4}$	
		$\frac{1}{4}$	

図 10.1: ユークリッドの互除法

これは図 10.1 で示すもので，初等代数でよく知られたものである．もちろん，最大公約式そのものが目的ならば，特に計算するまでもないが，必要なのはユークリッド互除法の途中の計算式である．それで，出てくる係数は全部そのまま計算し，分母を払ったり共通因数を約したりしてはいけない．実際，上の計算を次のように逆にたどり (10.7) が導き出される．

$$\begin{aligned}
\frac{1}{4} &= \phi_2(x) - \Big(-\frac{1}{2}x + \frac{1}{4}\Big)(-2x+3) \\
&= \phi_2(x) - \Big(-\frac{1}{2}x + \frac{1}{4}\Big)(\phi_1(x) - \phi_2(x)) \\
&= -\Big(-\frac{1}{2}x + \frac{1}{4}\Big)\phi_1(x) + \Big(-\frac{1}{2}x + \frac{5}{4}\Big)\phi_2(x)
\end{aligned}$$

であるから，両辺に 4 を掛けて

$$(2x-1)\phi_1(x) + (-2x+5)\phi_2(x) = 1$$

が得られる．従って，$a_1(x) = 2x-1$, $a_2(x) = -2x+5$ である．故に，求める射影は

$$P_1 = (2A-E)(A-2E)^2, \quad P_2 = (-2A+5E)(A-E)^2$$

である．この条件を満たす A の具体例は問 10.9 で扱う． □

注意 10.1　異なる固有値が 3 個以上のときは，上の手続きを因数の数だけ繰り返せばよいが，多少の根気が必要であろう．(10.7) の形の式は，分数関数の積分で使う部分分数分解の特別な場合とも考えられるが，計算が簡単になるとも思えない．

問 10.1　$\phi_A(x) = (x-1)(x-3)^5$ のとき，$\phi_1(x) = (x-3)^5$, $\phi_2(x) = x-1$ として，$a_1(x)\phi_1(x) + a_2(x)\phi_2(x) = 1$ を満たす多項式 $a_1(x)$, $a_2(x)$ を求めよ．

問 10.2　6 次元空間 V^6 上の一次変換

$$A = \begin{bmatrix} 4 & -1 & 1 & 1 & 0 & 0 \\ 1 & 2 & -1 & -1 & 0 & 0 \\ 0 & 0 & 3 & 0 & 1 & 1 \\ 0 & 0 & 0 & 3 & -1 & -1 \\ 0 & 0 & 0 & 0 & 2 & 1 \\ 0 & 0 & 0 & 0 & 1 & 2 \end{bmatrix} \tag{10.8}$$

について次に答えよ．

(1)　A の固有多項式 $\phi_A(x)$ は $\phi_A(x) = (x-1)(x-3)^5$ を満たすことを示せ．

(2)　$\phi_1(x) = (x-3)^5$, $\phi_2(x) = (x-1)$ として射影 P_1, P_2 を求めよ．

(3)　さらに，A 不変な部分空間 $V_1 = P_1V^6$, $V_2 = P_2V^6$ を決定せよ．

1.3. 一次変換の分解　定理 10.3 で示した空間 V^n の分解 $V_1 \oplus \cdots \oplus V_s$ に合わせて一次変換 A を分解することができる．これを見るため，まず $l_i = \dim V_i$ $(i = 1, \ldots, s)$ とし，$V_1, \ldots, V_s$ のそれぞれの基底

$$\boldsymbol{v}_1^{(1)}, \ldots, \boldsymbol{v}_{l_1}^{(1)}; \ldots; \boldsymbol{v}_1^{(s)}, \ldots, \boldsymbol{v}_{l_s}^{(s)} \tag{10.9}$$

を任意に選ぶ．V_i は射影 P_i の値域であるから，V_i の基底としては行列 P_i の列ベクトルから一次独立なものを選べばよい．

次に，これらをこの順序に並べて V^n の基底を作る．各 V_i は A によって不変であるから，一次変換 A の新しい基底に関する行列を B とすれば，第 6 章 §2.5 で示したように，対角型のブロック行列となる．しかも，上の基底ベクトルを第 1, ..., 第 n 列ベクトルとする行列を P とおけば，P は基底

変換の行列であって，ブロック型対角行列の表示

$$P^{-1}AP = B = \begin{bmatrix} B_1 & & \\ & \ddots & \\ & & B_s \end{bmatrix} \tag{10.10}$$

が得られる．ここで，対角線上のブロック B_i は部分空間 V_i 上での A の作用を新しい基底によって表した l_i 次行列であり，それ以外の成分は 0 である．

次に，V_i への射影 P_i をこの基底による行列で表示しよう．P_i は V_i 上では恒等作用 (すなわち，$P_i\boldsymbol{v} = \boldsymbol{v}$) であり，$V_j$ $(j \neq i)$ 上では零作用 (すなわち，$P_i\boldsymbol{v} = \boldsymbol{0}$) であるから，(10.10) と同様なブロック表示で

$$P^{-1}P_iP = \begin{bmatrix} 0_{l_1} & & \overset{i}{\cdot} & & \\ & \ddots & \vdots & & \\ & & E_{l_i} & \cdots & \cdot \\ & & & \ddots & \\ & & & & 0_{l_s} \end{bmatrix} (i \tag{10.11}$$

が得られる．ここで，E_{l_i} は l_i 次の単位行列であり，0_{l_j} $(j \neq i)$ は l_j 次の (正方) 零行列である．また，対角線上以外のブロック成分は全部 0 である．

定理 10.4 行列 $B = P^{-1}AP$ の成分 B_i の固有多項式は $(x - \alpha_i)^{k_i}$ に等しい．従って，B_i は k_i 次行列であり，$\dim V_i = k_i$ が成り立つ．

証明 まず，定理 10.2 (c) によって，$(A - \alpha_i E)^{k_i} P_i = 0$ が成り立つ．この式を P で変換してみれば，(10.10) と (10.11) を使って，

$$0 = P^{-1}(A - \alpha_i E)^{k_i} P_i P = (BP^{-1}P_iP - \alpha_i P^{-1}P_iP)^{k_i}$$

$$= \begin{bmatrix} 0_{l_1} & & & & \\ & \ddots & & & \\ & & (B_i - \alpha_i E_{l_i})^{k_i} & & \\ & & & \ddots & \\ & & & & 0_{l_s} \end{bmatrix}$$

となるが，これは V_i 上の一次変換 $N_i = B_i - \alpha_i E_{l_i}$ が巾零であることを示している．従って，N_i の固有多項式 $\phi_{N_i}(x)$ は x^{l_i} に等しいことが分かる (演習問題 6.4)．すなわち，$\left|xE_{l_i} - N_i\right| = x^{l_i}$．これから，$B_i$ の固有多項式 $\phi_{B_i}(x)$ については，

$$\begin{aligned}\phi_{B_i}(x) &= \left|xE_{l_i} - B_i\right| = \left|xE_{l_i} - (N_i + \alpha_i E_{l_i})\right| = \left|(x-\alpha_i)E_{l_i} - N_i\right| \\ &= (x-\alpha_i)^{l_i} \qquad (i = 1, \ldots, s)\end{aligned} \tag{10.12}$$

が得られる．これで前半が示された．

これらの結果を利用して A の固有多項式を計算すれば，

$$\begin{aligned}\phi_A(x) &= \left|xE - A\right| = \left|P^{-1}(xE-A)P\right| \\ &= \left|xP^{-1}(P_1 + \cdots + P_s)P - P^{-1}AP\right| \\ &= \begin{vmatrix} xE_{l_1} - B_1 & & \\ & \ddots & \\ & & xE_{l_s} - B_s \end{vmatrix} \\ &= \left|xE_{l_1} - B_1\right| \cdots \left|xE_{l_s} - B_s\right| = \phi_{B_1}(x) \cdots \phi_{B_s}(x) \\ &= (x-\alpha_1)^{l_1} \cdots (x-\alpha_s)^{l_s}\end{aligned}$$

となる．これを最初の仮定 (10.1) と比較すれば，

$$l_1 = k_1, \ \ldots, \ l_s = k_s \tag{10.13}$$

が成り立つことが分かる．□

以上で定理 10.1 の証明は終ったのであるが，定理 10.3, 10.4 の結果を固有値の言葉で述べるために，用語を一つ準備する．

定義 10.1　α を V^n の一次変換 A の固有値とするとき，零でないベクトル $\boldsymbol{x} \in V^n$ が α に対する A の**広義の固有ベクトル**であるとは，

$$(\alpha E - A)^k \boldsymbol{x} = \boldsymbol{0} \tag{10.14}$$

を満たす正整数 k が存在することをいう．また，(10.14) を満たすすべてのベクトル $\boldsymbol{x}$ の集合を固有値 α に対する A の**広義の固有空間**と呼ぶ．

この言葉を使えば，以上の結果は次のように表される．

定理 10.5　行列 A の固有多項式は §1.1 の仮定を満たすものとすると，§1.2 で定義された V_i $(i=1,\ldots,s)$ について次が成り立つ．

(a)　V_i は α_i に対する A の広義の固有空間で，$\dim V_i = k_i$ を満たす．

(b)　$A-\alpha_i E$ は V_i 上では指数 $\leqq k_i$ の巾零行列で表される．

A の標準形を求めるには，各 V_i から基底を選び，それに関して A を行列に表して B_i と書き，それを対角成分とする行列を作ればよい．すなわち，

$$\begin{bmatrix} B_1 & & \\ & \ddots & \\ & & B_s \end{bmatrix}.$$

対角成分 B_i は $B_i-\alpha_i E_{k_i}$ が V_i 上の巾零行列であるという特徴を持つ．従って，残る問題は巾零行列の標準形を求めることで，これが後半の主題である．結論は定理 10.7 で与えられるが，それによれば，各 B_i は固有値 α_i のジョルダン細胞を対角成分とする対角行列にさらに分解されることになる．

注意 10.2　固有値 α に対する A の広義の固有空間は，α に対する A の広義の固有ベクトル全体に零ベクトル $\mathbf{0}$ を加えたもので，V^n の部分空間である．$k=1$ の場合が本来の固有ベクトルである．従って，広義固有ベクトルの価値は $k>1$ が起る場合にある．

問 10.3　問 10.2 の A に対し，基底変換の行列 P を選んで A を変換し，空間 V^6 の直和分解 $V^6=V_1\oplus V_2$ に対応する対角型ブロック行列 B を求めよ．

問 10.4　問 10.3 で得られた，対角型ブロック行列の各ブロックについて定理 10.4 の事実を確かめよ．特に，B_2-3E_5 の巾零指数を求めよ．

2. 巾零行列の標準形

2.1. 巾零行列　V^n の一次変換 A が巾零である場合を調べよう．零行列は自明であるから考察から除外することとし，A の**巾零指数** q は 2 以上で

あると仮定する．具体的には，

$$A^{q-1} \neq 0, \quad A^q = 0 \qquad (q \geqq 2) \tag{10.15}$$

を仮定する．この節の目的はこのような行列 A の標準形を求めることである．

2.2. 巾零行列の零空間 まず，写像 $A, A^2, \ldots$ の核，すなわち

$$\mathcal{N}_0 = \{\mathbf{0}\}, \quad \mathcal{N}_j = \operatorname{Ker} A^j = \{\, \boldsymbol{v} \in V^n : A^j \boldsymbol{v} = \mathbf{0} \,\} \qquad (j = 1, 2, \ldots)$$

を観察する．これらは A の**広義の零空間** (または，**広義の核**) と呼ばれるもので，この構造が標準形を求める鍵である．まず，これらは一次写像 A^j の核として V^n の部分空間であり，A に関する仮定と写像の基本性質から

$$\{\mathbf{0}\} = \mathcal{N}_0 \subsetneqq \mathcal{N}_1 \subsetneqq \mathcal{N}_2 \subsetneqq \cdots \subsetneqq \mathcal{N}_{q-1} \subsetneqq \mathcal{N}_q = V^n \tag{10.16}$$

が成り立つことが分かる (演習問題 10.5 参照)．そこで，

$$d_j = \dim \mathcal{N}_j - \dim \mathcal{N}_{j-1} \qquad (j = 1, 2, \ldots, q) \tag{10.17}$$

とおき，広義零空間の**次元差列**と呼ぶことにする．これが A の標準形の構造を決めるものである．

定理 10.6 指数 q ($\geqq 2$) の巾零行列 A について次が成り立つ．

$$d_1 \geqq d_2 \geqq \cdots \geqq d_q \geqq 1. \tag{10.18}$$

証明 広義の零空間の包含関係式 (10.16) から，まず $d_j \geqq 1$ ($1 \leqq j \leqq q$) であることが分かる．次に，$2 \leqq j \leqq q$ に対して $d_j \leqq d_{j-1}$ を示そう．d_j の定義から，$\mathcal{N}_j$ の d_j 個のベクトル $\boldsymbol{v}_1, \ldots, \boldsymbol{v}_{d_j}$ で $\mathcal{N}_{j-1}$ を法として一次独立であるものが存在する (演習問題 4.7 参照)．このとき，$A\boldsymbol{v}_1, \ldots, A\boldsymbol{v}_{d_j}$ は $\mathcal{N}_{j-1}$ のベクトルであるが，これは $\mathcal{N}_{j-2}$ を法として一次独立である．実際，スカラー $c_1, \ldots, c_{d_j}$ を

$$c_1 A\boldsymbol{v}_1 + \cdots + c_{d_j} A\boldsymbol{v}_{d_j} \in \mathcal{N}_{j-2}$$

のように選べば，$A(c_1\boldsymbol{v}_1 + \cdots + c_{d_j}\boldsymbol{v}_{d_j}) \in \mathcal{N}_{j-2}$ であるから，

$$c_1\boldsymbol{v}_1 + \cdots + c_{d_j}\boldsymbol{v}_{d_j} \in \mathcal{N}_{j-1}$$

が得られる．従って，$\boldsymbol{v}_1, \ldots, \boldsymbol{v}_{d_j}$ についての仮定から $c_1 = \cdots = c_{d_j} = 0$ が成り立つ．よって，$\mathcal{N}_{j-1}$ のベクトル $A\boldsymbol{v}_1, \ldots, A\boldsymbol{v}_{d_j}$ は $\mathcal{N}_{j-2}$ を法として一次独立である．故に，$d_{j-1} = \dim\mathcal{N}_{j-1} - \dim\mathcal{N}_{j-2} \geqq d_j$ が成り立つ．□

問 10.5 (1) n 次行列 A が，指数 q $(q \geqq 2)$ の巾零行列で，A^{q-1} の第 j 列が $\mathbf{0}$ でないならば，行列 $E, A, \ldots, A^{q-1}$ の第 j 列を $\boldsymbol{v}_1, \ldots, \boldsymbol{v}_q$ とおくとき，

$$\boldsymbol{v}_1 \in \mathcal{N}_q,\ \ldots,\ \boldsymbol{v}_q \in \mathcal{N}_1 \quad \text{かつ} \quad A\boldsymbol{v}_1 = \boldsymbol{v}_2,\ \ldots,\ A\boldsymbol{v}_{q-1} = \boldsymbol{v}_q,\ A\boldsymbol{v}_q = \mathbf{0}$$

が成り立つことを示せ．ただし，$\mathcal{N}_1, \ldots, \mathcal{N}_k$ は A の広義の零空間を表す．

(2) n 次行列 A の固有多項式が (10.1) を満たすとして，$B = \phi_1(A)$ とおく．ある k $(1 \leqq k \leqq k_1)$ に対し $(A - \alpha_1 E)^{k-1}B \neq 0$, $(A - \alpha_1 E)^k B = 0$ が成り立ち，$(A - \alpha_1 E)^{k-1}B$ の第 j 列が $\mathbf{0}$ でないとする．その時，行列 $B, (A - \alpha_1 E)B, \ldots, (A - \alpha_1 E)^{k-1}B$ の第 j 列を $\boldsymbol{v}_1, \ldots, \boldsymbol{v}_k$ とおけば，$\boldsymbol{v}_1 \in \mathcal{N}_k, \ldots, \boldsymbol{v}_k \in \mathcal{N}_1$ かつ

$$(A - \alpha_1 E)\boldsymbol{v}_1 = \boldsymbol{v}_2,\ \ldots,\ (A - \alpha_1 E)\boldsymbol{v}_{k-1} = \boldsymbol{v}_k,\ (A - \alpha_1 E)\boldsymbol{v}_k = \mathbf{0},$$

が成り立つことを示せ．ただし，$\mathcal{N}_1, \ldots, \mathcal{N}_k$ は $A - \alpha_1 E$ の広義の零空間を表す．

2.3. 巾零行列のジョルダン標準形 任意の自然数 l と任意のスカラー λ に対し，対角成分は全部 λ, そのすぐ下の成分が全部 1 で，その他の成分は全部 0 であるような l 次の行列を $E_{\lambda,l}$ で表し，固有値 λ に対する l 次の**ジョルダン細胞**と呼ぶ．すなわち，

$$E_{\lambda,l} = \begin{bmatrix} \lambda & & & \\ 1 & \lambda & & \\ & \ddots & \ddots & \\ & & 1 & \lambda \end{bmatrix}. \tag{10.19}$$

これを l 次元ベクトル空間の一次変換と思えば，固有多項式は

$$\phi_{\lambda,l}(x) = \left| xE_l - E_{\lambda,l} \right| = (x - \lambda)^l$$

であるから，λ が重複度 l の固有値である．特に巾零行列の標準化には固有値が 0 の場合が主役である．すなわち，l 次行列

$$E_{0,l} = \begin{bmatrix} 0 & & & \\ 1 & 0 & & \\ & \ddots & \ddots & \\ & & 1 & 0 \end{bmatrix}$$

が固有値 0 のジョルダン細胞の標準形である．

注意 10.3 ジョルダン細胞を上三角行列の形式に書くこともあるが，これは基底の並べ方が違うだけで本質的な差ではない．

さて，A を指数 q $(\geqq 2)$ の巾零行列とし，(10.17) で定義される次元差列

$$d_1 \geqq d_2 \geqq \cdots \geqq d_{q-1} \geqq d_q \geqq 1$$

を考える．さらに，ジョルダン細胞の重複度 $m_1, \ldots, m_q$ を

$$m_j = d_j - d_{j+1} \qquad (j = 1, 2, \ldots, q) \tag{10.20}$$

によって定義する．ただし，$d_{q+1} = 0$ である．このとき，次が成り立つ．

定理 10.7 指数 $q \geqq 2$ の巾零行列 A はブロック型対角行列

$$\begin{bmatrix} J_{q,m_q} & & & \\ & J_{q-1,m_{q-1}} & & \\ & & \ddots & \\ & & & J_{1,m_1} \end{bmatrix} \qquad (m_q \geqq 1) \tag{10.21}$$

に相似である．ただし，$J_{k,m}$ はジョルダン細胞 $E_{0,k}$ を m 個並べた対角行列であり，特に q 次のジョルダン細胞 J_{q,m_q} は必ず現れる．

2.4. 巾零行列による空間の分解 A は V^n 上の巾零な一次変換で巾零指数を q $(\geqq 2)$ とし，§2.2, §2.3 で定義した記号を用いる．まず，行列 A の広義の零空間の列に適合した V^n の基底を構成しよう．

第一段　まず，$m_q = d_q = \dim \mathcal{N}_q - \dim \mathcal{N}_{q-1}$ であるから，$\mathcal{N}_{q-1}$ を法とする $\mathcal{N}_q = V^n$ の基底は m_q 個のベクトルからなる．それを

$$\boldsymbol{v}_1^{(q)}, \ldots, \boldsymbol{v}_{m_q}^{(q)}$$

とする．基底の構成を続けるために，次の簡単な《移動原理》を利用する．

補題 10.8　$\boldsymbol{w}_1, \ldots, \boldsymbol{w}_s \in \mathcal{N}_j$ が $\mathcal{N}_{j-1}$ を法として一次独立ならば，任意の $1 \leqq k < j$ に対して $A^k \boldsymbol{w}_1, \ldots, A^k \boldsymbol{w}_s$ は $\mathcal{N}_{j-k}$ のベクトルで $\mathcal{N}_{j-k-1}$ を法として一次独立である．

証明　$c_1 A^k \boldsymbol{w}_1 + \cdots + c_s A^k \boldsymbol{w}_s \in \mathcal{N}_{j-k-1}$ を満たす任意のスカラー $c_1, \ldots, c_s$ に対し，$A^{j-1}(c_1 \boldsymbol{w}_1 + \cdots + c_s \boldsymbol{w}_s) = A^{j-k-1}(c_1 A^k \boldsymbol{w}_1 + \cdots + c_s A^k \boldsymbol{w}_s) = \boldsymbol{0}$ であるから，$c_1 \boldsymbol{w}_1 + \cdots + c_s \boldsymbol{w}_s \in \mathcal{N}_{j-1}$ が成り立つ．従って，$\boldsymbol{w}_1, \ldots, \boldsymbol{w}_s$ についての仮定から，$c_1 = \cdots = c_s = 0$ を得る．これが示すべきことであった．□

第二段　$\mathcal{N}_{q-2}$ を法とする $\mathcal{N}_{q-1}$ の基底を選ぶ．まず, 移動原理 (補題 10.8) により $\{A\boldsymbol{v}_1^{(q)}, \ldots, A\boldsymbol{v}_{m_q}^{(q)}\}$ は $\mathcal{N}_{q-1}$ のベクトルで $\mathcal{N}_{q-2}$ を法として一次独立である．もし $d_{q-1} = d_q$，すなわち $m_{q-1} = 0$ ならば，これが求める基底である．もし $m_{q-1} \geqq 1$ ならば，$\mathcal{N}_{q-1}$ から m_{q-1} 個のベクトル $\{\boldsymbol{v}_1^{(q-1)}, \ldots, \boldsymbol{v}_{m_{q-1}}^{(q-1)}\}$ を適当に取って

$$A\boldsymbol{v}_1^{(q)}, \ldots, A\boldsymbol{v}_{m_q}^{(q)};\ \boldsymbol{v}_1^{(q-1)}, \ldots, \boldsymbol{v}_{m_{q-1}}^{(q-1)}$$

が $\mathcal{N}_{q-2}$ を法とする $\mathcal{N}_{q-1}$ の基底であるようにできる．

第三段　以下，基底の移動と追加を繰り返す．作業は単純であるので詳細は省略し，選択された結果 (の一つ) を表 10.1 にして示そう．この表で，$\mathcal{N}_j/\mathcal{N}_{j-1}$ とあるのは $\mathcal{N}_{j-1}$ を法として $\mathcal{N}_j$ から基底を選ぶという意味である．

以上では部分空間 $\mathcal{N}_j$ を法とする基底を選ぶ操作を繰り返したが，これらの $\mathcal{N}_j$ は一次写像の核という特徴を持っている．この場合には，次の事実に注意しておくと何かと便利である．

表 10.1: 広義零空間に適合した基底の選択

$\mathcal{N}_q/\mathcal{N}_{q-1}$	$\boldsymbol{v}_i^{(q)}$				
$\mathcal{N}_{q-1}/\mathcal{N}_{q-2}$	$A\boldsymbol{v}_i^{(q)}$	$\boldsymbol{v}_i^{(q-1)}$			
$\cdots$					
$\mathcal{N}_2/\mathcal{N}_1$	$A^{q-2}\boldsymbol{v}_i^{(q)}$	$A^{q-3}\boldsymbol{v}_i^{(q-1)}$		$\boldsymbol{v}_i^{(2)}$	
$\mathcal{N}_1$	$A^{q-1}\boldsymbol{v}_i^{(q)}$	$A^{q-2}\boldsymbol{v}_i^{(q-1)}$		$A\boldsymbol{v}_i^{(2)}$	$\boldsymbol{v}_i^{(1)}$
番 号	$1 \leqq i \leqq m_q$	$0 \leqq i \leqq m_{q-1}$	$\cdots$	$0 \leqq i \leqq m_2$	$0 \leqq i \leqq m_1$
ジョルダン細胞の形	$E_{0,q}$	$E_{0,q-1}$		$E_{0,2}$	$E_{0,1}$

補題 10.9　N を V^n から W への一次写像 f の核とする．このとき，$\boldsymbol{v}_1, \ldots, \boldsymbol{v}_s \in V^n$ が N を法として一次独立であるためには，$f(\boldsymbol{v}_1), \ldots, f(\boldsymbol{v}_s)$ が一次独立なことが必要十分である．

証明　まず，$\boldsymbol{v}_1, \ldots, \boldsymbol{v}_s \in V^n$ は N を法として一次独立であるとし，スカラー $c_1, \ldots, c_s$ を $c_1 f(\boldsymbol{v}_1) + \cdots + c_s f(\boldsymbol{v}_s) = \boldsymbol{0}$ を満たすようにとる．このときは，$c_1\boldsymbol{v}_1 + \cdots + c_s\boldsymbol{v}_s \in \operatorname{Ker} f = N$ であるから，仮定により $c_1 = \cdots = c_s = 0$ が成り立つ．よって，$f(\boldsymbol{v}_1), \ldots, f(\boldsymbol{v}_s)$ は一次独立である．

逆に，$f(\boldsymbol{v}_1), \ldots, f(\boldsymbol{v}_s)$ は一次独立であると仮定し，スカラー $c_1, \ldots, c_s$ を $c_1\boldsymbol{v}_1 + \cdots + c_s\boldsymbol{v}_s \in N$ を満たすようにとる．N は f の核であるから，$c_1 f(\boldsymbol{v}_1) + \cdots + c_s f(\boldsymbol{v}_s) = f(c_1\boldsymbol{v}_1 + \cdots + c_s\boldsymbol{v}_s) = \boldsymbol{0}$ が成り立つ．よって，$f(\boldsymbol{v}_1), \ldots, f(\boldsymbol{v}_s)$ は一次独立であると仮定したから，$c_1 = \cdots = c_s = 0$. 故に，$\boldsymbol{v}_1, \ldots, \boldsymbol{v}_s \in V^n$ は N を法として一次独立である．□

2.5. 巾零行列の標準化　巾零行列 A の標準形を作るために，表 10.1 で得られた基底を次のように並べかえる．

第一段　指数 q を持つベクトル $\boldsymbol{v}_1^{(q)}, \ldots, \boldsymbol{v}_{m_q}^{(q)}$ から始めることにしよう．まず，$\boldsymbol{v}_1^{(q)}$ に対して，

$$\boldsymbol{w}_1^{(q,1)} = \boldsymbol{v}_1^{(q)},\ \boldsymbol{w}_2^{(q,1)} = A\boldsymbol{v}_1^{(q)}, \ldots,\ \boldsymbol{w}_q^{(q,1)} = A^{q-1}\boldsymbol{v}_1^{(q)}$$

とおけば，$W_{q,1} = \mathrm{Span}[\boldsymbol{w}_1^{(q,1)}, \ldots, \boldsymbol{w}_q^{(q,1)}]$ は A 不変であって，

$$A\boldsymbol{w}_1^{(q,1)} = \boldsymbol{w}_2^{(q,1)},\ A\boldsymbol{w}_2^{(q,1)} = \boldsymbol{w}_3^{(q,1)}, \ldots,\ A\boldsymbol{w}_{q-1}^{(q,1)} = \boldsymbol{w}_q^{(q,1)},\ A\boldsymbol{w}_q^{(q,1)} = \boldsymbol{0}$$

を満たす．そこで，$\boldsymbol{w}_1^{(q,1)}, \ldots, \boldsymbol{w}_q^{(q,1)}$ を $W_{q,1}$ の基底とすれば，A は

$$C_1 = \begin{bmatrix} 0 & & & \\ 1 & 0 & & \\ & \ddots & \ddots & \\ & & 1 & 0 \end{bmatrix}$$

の形に行列表現される．すなわち，$C_1 = E_{0,q}$ であり，q 次のジョルダン細胞が必ず現れることが示された．

もし $m_q \geqq 2$ ならば，各 $\boldsymbol{v}_j^{(q)}$ $(2 \leqq j \leqq m_q)$ についても同様で，

$$\boldsymbol{w}_1^{(q,j)} = \boldsymbol{v}_j^{(q)},\ \boldsymbol{w}_2^{(q,j)} = A\boldsymbol{v}_j^{(q)}, \ldots,\ \boldsymbol{w}_q^{(q,j)} = A^{q-1}\boldsymbol{v}_j^{(q)}$$

とおくと，$W_{q,j} = \mathrm{Span}[\boldsymbol{w}_1^{(q,j)}, \ldots, \boldsymbol{w}_q^{(q,j)}]$ 上でもこの基底に関して A は $E_{0,q}$ に変形される．

以上の考察をまとめると，V^n の部分空間 $W_{q,1} \oplus W_{q,2} \oplus \cdots \oplus W_{q,m_q}$ 上で A は m_q 個の $E_{0,q}$ を対角成分とする対角行列

$$J_{q,m_q} = \begin{bmatrix} E_{0,q} & & \\ & \ddots & \\ & & E_{0,q} \end{bmatrix}$$

に相似になることが分かる．

第二段　もし $m_{q-1} \geqq 1$ ならば，$\boldsymbol{v}_1^{(q-1)}, \ldots, \boldsymbol{v}_{m_{q-1}}^{(q-1)}$ について同様な手続きにより，m_{q-1} 次のブロック型対角行列

$$J_{q-1,m_{q-1}} = \begin{bmatrix} E_{0,q-1} & & \\ & \ddots & \\ & & E_{0,q-1} \end{bmatrix}$$

が得られる．もし $m_{q-1} = 0$ ならば，この段階は飛ばして次に移ってゆく．

以下同様にして，V^n の新しい基底 $\{\boldsymbol{w}_1, \ldots, \boldsymbol{w}_n\}$ が作られ，これについて A を行列表現すれば，ブロック型の対角行列

$$P^{-1}AP = \begin{bmatrix} E_{0,q} & & \\ & \ddots & \\ & & E_{0,1} \end{bmatrix} \tag{10.22}$$

が得られる．ただし，対角成分となる固有値 0 のジョルダン細胞の個数は

$$m_q \geqq 1, \quad m_1 + 2m_2 + \cdots + qm_q = n \tag{10.23}$$

を満たす．ただし，$m_1, \ldots, m_q$ の意味は次の表 10.2 の通りである．

表 10.2: ジョルダン細胞の形と数

ジョルダン細胞の形	$E_{0,1}$	$E_{0,2}$	$\ldots$	$E_{0,q-1}$	$E_{0,q}$
個 数	m_1	m_2	$\ldots$	m_{q-1}	m_q

(10.22) を巾零行列 A の**ジョルダン標準形**という．この標準形は対角成分の順序を別とすれば唯一通りしかない．

例 10.2　次の巾零行列のジョルダン標準形を求めよ．

$$A = \begin{bmatrix} 0 & 1 & 1 & 0 & 1 & 0 \\ 0 & 0 & 1 & 0 & 1 & 0 \\ 0 & 0 & 0 & 0 & 0 & 0 \\ 0 & -1 & 0 & 0 & 0 & -1 \\ 0 & 0 & 0 & 0 & 0 & 0 \\ 0 & 0 & -1 & 0 & -1 & 0 \end{bmatrix}$$

(解)　A を 6 次元の空間 V^6 の一次変換と考えよう．V^6 の任意のベクトル $\boldsymbol{x}$ の標準基底に関する座標を $(x_1, \ldots, x_6)$ とする．すなわち，

$$\boldsymbol{x} = \sum_{j=1}^{6} x_j \boldsymbol{e}_j$$

とおくと，$\boldsymbol{x}$ 等を列ベクトルとして計算すれば，

$$
\begin{aligned}
A\boldsymbol{x} &= (x_2+x_3+x_5)\boldsymbol{e}_1+(x_3+x_5)\boldsymbol{e}_2-(x_2+x_6)\boldsymbol{e}_4-(x_3+x_5)\boldsymbol{e}_6,\\
A^2\boldsymbol{x} &= (x_3+x_5)\boldsymbol{e}_1,\\
A^3\boldsymbol{x} &= \boldsymbol{0}
\end{aligned} \tag{10.24}
$$

が得られる．よって，A は指数 3 の巾零行列である．この A のジョルダン標準形を求めるために，一般論に従って，A の広義零空間を構成すると次のようになる．

$$
\begin{aligned}
\mathcal{N}_1 &= \{\, \boldsymbol{x} \in V^6 : x_2 = x_6 = 0,\ x_3 + x_5 = 0 \,\},\\
\mathcal{N}_2 &= \{\, \boldsymbol{x} \in V^6 : x_3 + x_5 = 0 \,\},\\
\mathcal{N}_3 &= V^6.
\end{aligned} \tag{10.25}
$$

これから，$\dim \mathcal{N}_1 = 3$, $\dim \mathcal{N}_2 = 5$, $\dim \mathcal{N}_3 = 6$ および

$$
d_1 = \dim \mathcal{N}_1 = 3,\ d_2 = \dim \mathcal{N}_2 - \dim \mathcal{N}_1 = 2,\ d_3 = \dim \mathcal{N}_3 - \dim \mathcal{N}_2 = 1
$$

が分かるから，ジョルダン細胞の重複度は次のようになる．

$$
m_1 = d_1 - d_2 = 1,\ m_2 = d_2 - d_3 = 1,\ m_3 = d_3 = 1.
$$

従って，求めるジョルダン標準形は基底変換の行列を P として

$$
P^{-1}AP = \begin{bmatrix} E_{0,3} & & \\ & E_{0,2} & \\ & & E_{0,1} \end{bmatrix}
$$

である．次に，P を求めるために，一般論に従って基底を選ぼう．

第一段　$\mathcal{N}_2$ を法とする $\mathcal{N}_3$ $(= V^6)$ の基底 $\{\boldsymbol{v}_i^{(3)}\}$ を選ぶ．$d_3 = 1$ であるから，$\mathcal{N}_2$ に入らないベクトルを 1 個選べばよい．$\mathcal{N}_2$ の定義式 $x_3 + x_5 = 0$ から，例えば，$\boldsymbol{v}_1^{(3)} = \boldsymbol{e}_3$ とおく．

第二段　次に，$\mathcal{N}_1$ を法とする $\mathcal{N}_2$ の基底を選ぶ．$d_2 = 2$ であるから，2 個選べばよいが，その中の 1 個はまず $A\boldsymbol{v}_1^{(3)} = A\boldsymbol{e}_3$ である．$\mathcal{N}_1$ は A の核であることに注意すれば，残りの 1 個 $\boldsymbol{v}_1^{(2)} \in \mathcal{N}_2$ は補題 10.9 により，$\{A(A\boldsymbol{v}_1^{(3)}), A\boldsymbol{v}_1^{(2)}\}$ が一次独立になればよい．

さて，(10.24) の第一式に $\mathcal{N}_2$ の定義式 $x_3+x_5=0$ を代入して，A の $\mathcal{N}_2$ 上での作用を求めると，

$$A\boldsymbol{x}=x_2\boldsymbol{e}_1-(x_2+x_6)\boldsymbol{e}_4 \qquad (\boldsymbol{x}\in\mathcal{N}_2)$$

で定義されることが分かる．$A^2\boldsymbol{v}_1^{(3)}=\boldsymbol{e}_1$ であるから，$\boldsymbol{v}_1^{(2)}\in\mathcal{N}_2$ としては，$A\boldsymbol{v}_1^{(2)}$ が $\boldsymbol{e}_1$ と一次独立であるようにできればよい．例えば $\boldsymbol{v}_1^{(2)}=\boldsymbol{e}_2$ とする．

第三段　最後に $\mathcal{N}_1$ の基底を選ぼう．まず，最初に選ばれるものは

$$A^2\boldsymbol{v}_1^{(3)}=\boldsymbol{e}_1,\ A\boldsymbol{v}_1^{(2)}=\boldsymbol{e}_1-\boldsymbol{e}_4$$

の 2 個である．$d_1=3$ より，残りは 1 個である．(10.25) で示した $\mathcal{N}_1$ の定義式から $\boldsymbol{e}_1$ と $\boldsymbol{e}_4$ に一次独立なものとして $\boldsymbol{v}_1^{(1)}=\boldsymbol{e}_3-\boldsymbol{e}_5$ をとればよいことが分かる．

以上から，求める基底 (の一つ) は

$$\boldsymbol{v}_1^{(3)},\ A\boldsymbol{v}_1^{(3)},\ A^2\boldsymbol{v}_1^{(3)},\ \boldsymbol{v}_1^{(2)},\ A\boldsymbol{v}_1^{(2)},\ \boldsymbol{v}_1^{(1)}$$

であることが分かった．基底変換行列を作るために標準基底を使って書けば，

$$\boldsymbol{e}_3,\ \boldsymbol{e}_1+\boldsymbol{e}_2-\boldsymbol{e}_6,\ \boldsymbol{e}_1,\ \boldsymbol{e}_2,\ -\boldsymbol{e}_4,\ \boldsymbol{e}_3-\boldsymbol{e}_5$$

となる．従って，これらを列ベクトルとする基底変換行列 P は次の通りである．

$$P=\begin{bmatrix}0&1&1&0&0&0\\0&1&0&1&0&0\\1&0&0&0&0&1\\0&0&0&0&-1&0\\0&0&0&1&0&1\\0&-1&0&0&0&0\end{bmatrix}.\quad\square$$

問 10.6　問 10.4 の巾零行列 B_2-3E_5 のジョルダン標準形を求めよ．それから，ブロック行列 B_2 のジョルダン標準形を求めよ．

3. 問題の練習

例 10.3　3 次行列 $A=\begin{bmatrix}7&6&3\\-10&-9&-5\\8&8&5\end{bmatrix}$ について，次の問に答えよ．

(1)　A の固有多項式は $(x-1)^3$ であり，最小多項式は $(x-1)^2$ であることを示せ．

(2)　$A-E$ および A のジョルダン標準形はそれぞれ

$$\begin{bmatrix} 0 & 0 & 0 \\ 1 & 0 & 0 \\ 0 & 0 & 0 \end{bmatrix}, \qquad \begin{bmatrix} 1 & 0 & 0 \\ 1 & 1 & 0 \\ 0 & 0 & 1 \end{bmatrix}$$

であることを示せ．

(3)　$A-E$ の列ベクトルは互いに比例することを確かめよ．また，それらは A の固有値 1 の固有ベクトルであることも確かめよ．

(4)　$\boldsymbol{v}_1$ と $\boldsymbol{v}_2$ をそれぞれ E と $A-E$ の第 3 列のベクトルとすれば，$(A-E)\boldsymbol{v}_1 = \boldsymbol{v}_2$ および $(A-E)\boldsymbol{v}_2 = \boldsymbol{0}$ が成り立つことを確かめよ．また，$\boldsymbol{v}_1, \boldsymbol{v}_2$ を利用して変換の行列を作れ．

(解)　(1)　固有多項式は定義に従って計算すればよい．すなわち，

$$|xE-A| = \begin{vmatrix} x-7 & -6 & -3 \\ 10 & x+9 & 5 \\ -8 & -8 & x-5 \end{vmatrix} = (x-1)^3.$$

最小多項式は固有多項式の因数であるから，$x-1$ の巾である．いま，

$$A-E = \begin{bmatrix} 6 & 6 & 3 \\ -10 & -10 & -5 \\ 8 & 8 & 4 \end{bmatrix} \neq 0, \quad (A-E)^2 = 0 \tag{10.26}$$

であるから，$(x-1)^2$ が A の最小多項式であることが分かる．

(2)　(1) により，$A-E$ は指数 2 の巾零行列である．従って，定理 10.7 により $A-E$ のジョルダン標準形 J_{A-E} は 2 次のジョルダン細胞 $E_{0,2}$ を含む．J_{A-E} は 3 次であるから，残るジョルダン細胞は 1 次のもの 1 個以外には可能性がない．故に，$J_{A-E} = \begin{bmatrix} E_{0,2} & 0 \\ 0 & E_{0,1} \end{bmatrix}$．従って，$J_A = \begin{bmatrix} E_{1,2} & 0 \\ 0 & E_{1,1} \end{bmatrix}$．

(3)　$A-E$ の列ベクトルが互いに比例することは，行列 $A-E$ を調べてみれば分かる．次に，$(A-E)^2 = 0$ であるから，$A-E$ の零でない列ベクトル $\boldsymbol{v}$ は $(A-E)\boldsymbol{v} = \boldsymbol{0}$ を満たす．従って，$\boldsymbol{v}$ は A の固有値 1 の固有ベクトルであることが分かる．実は，これらは行列を具体的に調べなくとも分かる事柄である (問 10.7 参照)．

(4) $\boldsymbol{v}_1 = \boldsymbol{e}_3$ であるから, $(A-E)\boldsymbol{v}_1 = (A-E)\boldsymbol{e}_3$ は $A-E$ の第 3 列のベクトルである. よって, $\boldsymbol{v}_2 = (A-E)\boldsymbol{v}_1$ が成り立つ. さらに, $(A-E)\boldsymbol{v}_2 = (A-E)^2\boldsymbol{v}_1 = \mathbf{0}$ は $(A-E)^2 = 0$ から分かる.

次に, $\mathcal{N}_1, \mathcal{N}_2, \ldots$ を $A-E$ の広義の零空間とする. まず, $\mathcal{N}_2 = \{\, \boldsymbol{x} \in V^3 : (A-E)^2\boldsymbol{x} = \mathbf{0} \,\} = V^3$ は明らかである. また, $A-E$ の行ベクトルは $(2,2,1)$ に比例しているから, $\boldsymbol{x} = (x_1, x_2, x_3)^T$ として

$$\mathcal{N}_1 = \{\, \boldsymbol{x} \in V^3 : (A-E)\boldsymbol{x} = \mathbf{0} \,\} = \{\, \boldsymbol{x} \in V^3 : 2x_1 + 2x_2 + x_3 = 0 \,\}.$$

これから, $\dim \mathcal{N}_1 = 2$ が出る. すでに見たように, $\boldsymbol{v}_2 \in \mathcal{N}_1$ であるから, $\mathcal{N}_1$ には $\boldsymbol{v}_2$ に比例しないベクトルが 1 個ある. これは, $\boldsymbol{v}_2 = \begin{bmatrix} 3 \\ -5 \\ 4 \end{bmatrix}$ に比例しない $2x_1 + 2x_2 + x_3 = 0$ の解をベクトルにすればよいから, 例えば $x_1 = -x_2 = 1$, $x_3 = 0$ とすればよい. すなわち, $\boldsymbol{v}_3 = \begin{bmatrix} 1 \\ -1 \\ 0 \end{bmatrix}$ であるから, 変換の行列として,

$$P = \begin{bmatrix} 0 & 3 & 1 \\ 0 & -5 & -1 \\ 1 & 4 & 0 \end{bmatrix}$$

が得られる. この P はもちろん一意ではないが, 変換の結果は

$$J_A = P^{-1}AP = \begin{bmatrix} E_{1,2} & \\ & E_{1,1} \end{bmatrix} = \begin{bmatrix} 1 & 0 & 0 \\ 1 & 1 & 0 \\ 0 & 0 & 1 \end{bmatrix}$$

となり, ジョルダン細胞の順序を別とすれば唯一通りである. □

問 10.7 N は 3 次行列で, 指数 2 の巾零行列であるとするとき, N のジョルダン標準形 J_N は $\begin{bmatrix} E_{0,2} & 0 \\ 0 & E_{0,1} \end{bmatrix}$ に等しいことを示せ. また, $\operatorname{rank} N = 1$ であることを示せ.

問 10.8 4 次行列

$$A = \begin{bmatrix} 3 & -4 & 3 & 0 \\ 4 & -6 & 9 & 1 \\ 3 & -5 & 9 & 1 \\ -10 & 17 & -28 & -2 \end{bmatrix}$$

について次の問に答えよ．

(1)　固有多項式は $(x-1)^4$ であることを示せ．次に，$A-E$ の巾を計算して最小多項式も同じであることを示せ．

(2)　$A-E$ のジョルダン標準形は $E_{0,4}$ であることを示せ．また，A のジョルダン標準形は $E_{1,4}$ であることを示せ．

(3)　$A-E$ の広義の零空間について，$\{\mathbf{0}\} = \mathcal{N}_0 \subsetneqq \mathcal{N}_1 \subsetneqq \mathcal{N}_3 \subsetneqq \mathcal{N}_4 = V^4$ を示せ．

(4)　$(A-E)^3$ の零でない列ベクトルは互いに比例する．また，それらは A の固有値 1 の固有ベクトルである．それはなぜか．

(5)　ジョルダン標準形への変換の行列は次のようにして作られることを確かめよ．$(A-E)^3$ の零でない列ベクトルを任意に一つ選び，それを第 j 列とする．このとき，E, $A-E$, $(A-E)^2$, $(A-E)^3$ の第 j 列をそれぞれ $\boldsymbol{v}_1$, $\boldsymbol{v}_2$, $\boldsymbol{v}_3$, $\boldsymbol{v}_4$ とおくとき，

$$(A-E)\boldsymbol{v}_1 = \boldsymbol{v}_2,\ (A-E)\boldsymbol{v}_2 = \boldsymbol{v}_3,\ (A-E)\boldsymbol{v}_3 = \boldsymbol{v}_4,\ (A-E)\boldsymbol{v}_4 = \mathbf{0}$$

が成り立つ．さらに，$P = \begin{bmatrix}\boldsymbol{v}_1,\ \boldsymbol{v}_2,\ \boldsymbol{v}_3,\ \boldsymbol{v}_4\end{bmatrix}$ とおけば $P^{-1}AP = E_{1,4}$ が成り立つ．

問 10.9　4 次行列

$$A = \begin{bmatrix} 1 & 2 & 1 & -1 \\ 0 & 2 & 0 & 0 \\ 3 & -5 & 1 & 1 \\ 3 & -5 & 0 & 2 \end{bmatrix}$$

について次の問に答えよ．

(1)　固有多項式は $(x-1)^2(x-2)^2$ で，最小多項式も同じであることを示せ．

(2)　$(A-2E)^2$, $(A-E)(A-2E)^2$ の第 3 列をそれぞれ $\boldsymbol{v}_1$, $\boldsymbol{v}_2$ とすれば，$\{\boldsymbol{v}_1, \boldsymbol{v}_2\}$ は A の固有値 1 に対する広義の固有空間であることを確かめよ．

(3)　$(A-E)^2$, $(A-E)^2(A-2E)$ の第 2 列をそれぞれ $\boldsymbol{v}_3$, $\boldsymbol{v}_4$ とおくと，$\{\boldsymbol{v}_3, \boldsymbol{v}_4\}$ は A の固有値 2 の広義の固有空間であることを確かめよ．

(4)　$(A-E)\boldsymbol{v}_1 = \boldsymbol{v}_2$, $(A-E)\boldsymbol{v}_2 = \mathbf{0}$, $(A-2E)\boldsymbol{v}_3 = \boldsymbol{v}_4$, $(A-2E)\boldsymbol{v}_4 = \mathbf{0}$ が成り立つことと，$P = [\boldsymbol{v}_1, \boldsymbol{v}_2, \boldsymbol{v}_3, \boldsymbol{v}_4]$ とおけば $P^{-1}AP$ はジョルダン標準形 $\begin{bmatrix} E_{1,2} & \\ & E_{2,2} \end{bmatrix}$ であることを示せ．

問 10.10 問 10.9 の行列 A のジョルダン標準形を次の方法で求めよ．

(1) 連立方程式 $(A-E)\boldsymbol{x}=\boldsymbol{0}$ の解は $\boldsymbol{x}=(a,0,-3a,-3a)^T$ (a は任意) と書けることを示せ．$\boldsymbol{p}_2=(1,0,-3,-3)^T$ とおく．

(2) 連立方程式 $(A-E)\boldsymbol{x}=\boldsymbol{p}_2$ の解の一つをとり $\boldsymbol{p}_1$ とおけ．

(3) 連立方程式 $(A-2E)\boldsymbol{x}=\boldsymbol{0}$ の解は $\boldsymbol{x}=(0,0,a,a)^T$ (a は任意) と書けることを示せ．$\boldsymbol{p}_4=(0,0,1,1)^T$ とおく．

(4) 連立方程式 $(A-2E)\boldsymbol{x}=\boldsymbol{p}_4$ の解の一つをとり $\boldsymbol{p}_3$ とおけ．

(5) $P=[\boldsymbol{p}_1,\boldsymbol{p}_2,\boldsymbol{p}_3,\boldsymbol{p}_4]$ とおけば $P^{-1}AP=\begin{bmatrix}E_{1,2} & \\ & E_{2,2}\end{bmatrix}$ となり，ジョルダン標準形になっていることを確かめよ．

演習問題

10.1 次の行列をジョルダン標準形に直せ．

$$(1)\ \begin{bmatrix}2 & 3 & -1\\ -1 & -2 & 1\\ -1 & -5 & 3\end{bmatrix},\quad (2)\ \begin{bmatrix}3 & 1 & 1\\ -2 & 0 & -2\\ 1 & 1 & 3\end{bmatrix},\quad (3)\ \begin{bmatrix}-1 & 0 & 1 & -1\\ 0 & -1 & 1 & -1\\ 0 & 0 & 0 & -1\\ 1 & -2 & 2 & -2\end{bmatrix}.$$

10.2 正方行列 A が複素数の範囲で対角化できるための必要十分条件は，A の異なる固有値を $\lambda_1,\ldots,\lambda_s$ としたとき，A の最小多項式が $(x-\lambda_1)\cdots(x-\lambda_s)$ となることである．これを証明せよ．

10.3 (ジョルダン細胞の巾) (1) ジョルダン細胞 $E_{\lambda,n}$ の k 乗の (i,j) 成分を $a_{ij}^{(k)}$ とすると，

$$a_{ij}^{(k)}=\begin{cases}{}_kC_{i-j}\lambda^{k-i+j} & (0\leqq i-j\leqq k),\\ 0 & (\text{それ以外})\end{cases}$$

が成り立つことを示せ．

(2) $(E_{\lambda,n})^k$ の第 i 行は，$(1+\lambda)^k$ の展開の後ろ i 個を取って ($i>k+1$ のときには，前に $i-k-1$ 個 0 を付ける)，その後ろに $n-i$ 個の 0 を並べればできることを示せ．

(3) $(E_{\lambda,6})^5$ を求めよ．

10.4　(1)　一次変換 A とベクトル $\boldsymbol{p}_1, \ldots, \boldsymbol{p}_s$ が

$$A(\boldsymbol{p}_1, \ldots, \boldsymbol{p}_s) = (\boldsymbol{p}_1, \ldots, \boldsymbol{p}_s)E_{\lambda,s}$$

を満たせば,

$$A^k\boldsymbol{p}_j = \lambda^k\boldsymbol{p}_j + {}_kC_1\lambda^{k-1}\boldsymbol{p}_{j-1} + \cdots + {}_kC_{j-1}\lambda^{k-j+1}\boldsymbol{p}_1$$

が成り立つことを示せ. つまり, $(\lambda+1)^k$ の各項に, 前から順に $\boldsymbol{p}_j, \ldots, \boldsymbol{p}_1$ を付けた形になる.

(2)　次の等式を示せ.

$$\sum_{k=0}^{\infty}\frac{t^kA^k}{k!}\boldsymbol{p}_j = e^{\lambda t}\boldsymbol{p}_j + te^{\lambda t}\boldsymbol{p}_{j-1} + \frac{t^2}{2!}e^{\lambda t}\boldsymbol{p}_{j-2} + \cdots + \frac{t^{j-1}}{(j-1)!}e^{\lambda t}\boldsymbol{p}_1$$

10.5　ベクトル空間 V 上の任意の一次変換 f について, 次を示せ.

(1)　任意の自然数 k に対して, $\mathrm{Ker}(f^k) \subseteqq \mathrm{Ker}(f^{k+1})$.

(2)　ある k に対して $\mathrm{Ker}(f^k) = \mathrm{Ker}(f^{k+1})$ ならば, すべての $l > k$ に対して $\mathrm{Ker}(f^l) = \mathrm{Ker}(f^{l+1})$ が成り立つ.

10.6　ベクトル空間 V 上の任意の一次変換 f について, 次を示せ.

(1)　任意の自然数 k に対して, $\mathrm{Ran}(f^k) \supseteqq \mathrm{Ran}(f^{k+1})$.

(2)　ある k に対して $\mathrm{Ran}(f^k) = \mathrm{Ran}(f^{k+1})$ ならば, すべての $l > k$ に対して $\mathrm{Ran}(f^l) = \mathrm{Ran}(f^{l+1})$ が成り立つ.

付録 A 平面と空間の座標と二三の公式

1. 平面の座標

1.1. 座標の導入 平面に座標を導入しよう．座標にはいろいろあるが，ここでは最も基本的な直交座標を定義する．このため，まず平面上に左から右に水平に直線を引き $\boldsymbol{x}$ **軸**または**横軸**と呼ぶ．この直線上に基準となる点 O を取り，また単位の長さを決めておく．次に，点 O に座標 0 (ゼロ) を割り当て，そこから右へ a 単位の長さだけ行ったところに座標 $+a$ を，左へ a 単位の長さだけ行ったところに座標 $-a$ を割り当てる．次に，O を通って x 軸に直交し下から上に向かう直線を $\boldsymbol{y}$ **軸**または**縦軸**と呼ぶ．y 軸上にも x 軸と同じように座標を決める．原点 (座標が 0 の点) はやはり O とし，上の側をプラスとする．単位の長さは必ずしも x 軸の方と同じとする必要はない．

さて，x 軸上の座標 a の点を通って y 軸に平行な直線と y 軸上の座標 b の点を通って x 軸に平行な直線の交点 P に $P(a,b)$ という標識をつける．このとき，a と b を点 P の x 座標，y 座標と呼ぶ．逆に，平面上の任意の点 P に対し P を通って y 軸に平行な直線が x 軸と交わる点の座標を a，x 軸に平行な直線が y 軸と交わる点の座標を b とするとき，数の組 (a,b) (順序は大切) を点 P の**座標**と呼ぶ．このようにして，すべての点に座標がつけられた平面を**座標平面**と呼ぶ．座標としては (x,y) が基本であるが，(x_1,x_2) と書くこともあり，座標の数が増えたとき便利である．

このように，2 本の座標軸は平面を四つの部分に区切るが，それぞれの部分を**象限**，詳しくは第 1 ～ 第 4 象限と呼ぶ．図 A.1 ではこれらを I, II, III, IV で表した．

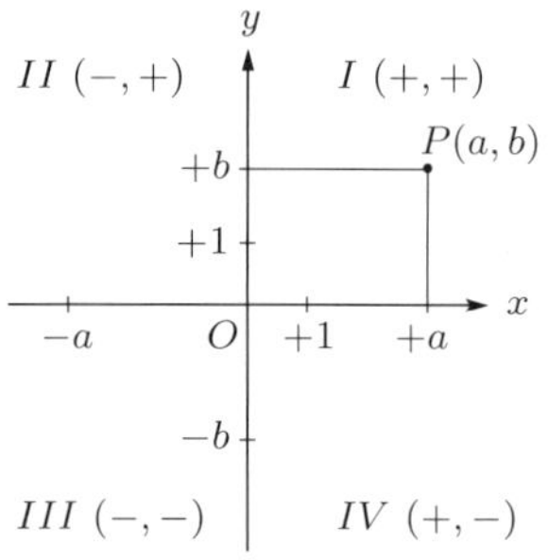

図 A.1: 平面座標の導入

上で説明したように，座標を導入するために使った単位の長さは，x 軸と y 軸で違ってもよい．このことは，x と y が表すものが，時間と距離とか生産量と費用のように，質が違う場合には当然と考えられる．しかし，測量の図の場合などでは，東西の向きの 1 キロと南北の向きの 1 キロは同じでなければなるまい．従って，三角法の図では x 軸と y 軸の単位の長さは同じにするのが普通である．また，解析幾何学でも単位の長さは同じにするのが習慣である．円が丸く見えなくては奇妙であろう．以下では，長さを考えるため，**単位の長さを同じにとる**ことにする．

1.2. 2 点間の距離 平面上の 2 点 $P_1(x_1, y_1)$, $P_2(x_2, y_2)$ を結ぶ線分 P_1P_2 の長さを考えよう．このため，線分 P_1P_2 を図 A.2 (a) のように，x 軸に平行な成分 P_1Q と y 軸に平行な成分 QP_2 に分解すると，$\triangle P_1QP_2$ において $\overline{P_1Q} = |x_2 - x_1|$, $\overline{QP_2} = |y_2 - y_1|$ であり，$\angle Q$ は直角である．従って，ピタゴラスの定理によって

$$\overline{P_1P_2}^2 = \overline{P_1Q}^2 + \overline{QP_2}^2.$$

よって，2 点 P_1, P_2 の間の距離は公式

$$\text{(A.1)} \qquad \overline{P_1P_2} = \sqrt{(x_2 - x_1)^2 + (y_2 - y_1)^2}$$

で与えられる．

1.3. 角を測る 原点 O から出る 2 本の線分 OP_1 と OP_2 のなす角を測ろう．角が意味を持つために，P_1, P_2 のどちらも原点ではないとし，点 P_1, P_2 の座標をそれぞれ (x_1, y_1), (x_2, y_2) とする．また，O, P_1, P_2 は一直線上にはないとする．こ

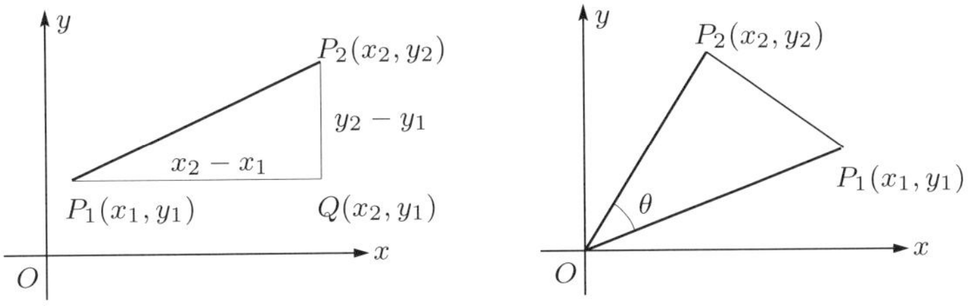

(a) 2 点間の距離　(b) 角を測る

図 A.2: 平面内の距離と角

の場合，OP_1 と OP_2 がなす角とは，$\triangle OP_1P_2$ の頂点 O における角 θ のことである (図 A.2 (b) 参照)．このとき，三角法の (第二) 余弦定理によって

$$\overline{P_1P_2}^2 = \overline{OP_1}^2 + \overline{OP_2}^2 - 2\,\overline{OP_1}\,\overline{OP_2}\cos\theta \tag{A.2}$$

が成り立つ．ここで，線分の長さの公式 (A.1) を使って得られる

$$\overline{OP_1}^2 = x_1^2 + y_1^2,\ \overline{OP_2}^2 = x_2^2 + y_2^2,\ \overline{P_1P_2}^2 = (x_2 - x_1)^2 + (y_2 - y_1)^2$$

を (A.2) に代入すれば，基本的な等式

$$\cos\theta = \frac{x_1x_2 + y_1y_2}{\sqrt{x_1^2 + y_1^2}\,\sqrt{x_2^2 + y_2^2}} \tag{A.3}$$

が得られる．

2. 空間の座標

2.1. 座標の定義　空間 (ここでは 3 次元空間を指す) の座標も平面の場合と同様である．すなわち，空間内の 1 点 O で互いに直交する 3 本の直線を引き，それぞれを x 軸，y 軸，z 軸と呼ぶ．次に，O を原点としてそれぞれの上に座標を導入する (図 A.3)．この場合，単位の長さは 3 本の座標軸とも同じとし，座標は右手系をなすとする．座標が**右手系**であるとは，z 軸を軸として $90°$ 回転して x 軸上の単位点 (座標が $+1$ の点) を y 軸上の単位点に重ねるとき，右ネジが z 軸の正の方向に進むことをいう．右手系でないとき，**左手系**であるという．

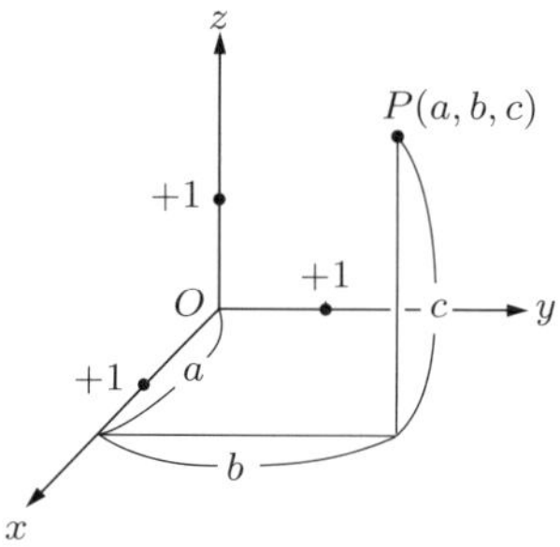

図 A.3: 空間の座標

2.2. 2 点間の距離　空間の 2 点 $P_1(x_1, y_1, z_1)$ と $P_2(x_2, y_2, z_2)$ の距離 $\overline{P_1P_2}$ を測ろう．そのため，図 A.4 に示すように，線分 P_1P_2 を z 軸に平行な成分 P_2Q と垂直な成分 P_1Q に分解する．このとき，$\triangle P_1P_2Q$ は $\angle Q$ が直角である直角三角

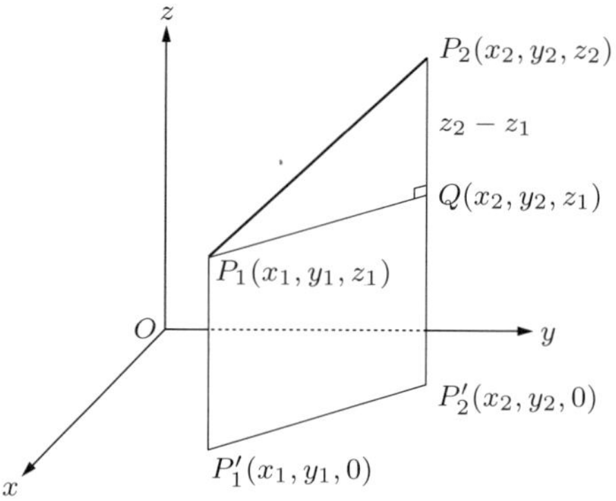

図 A.4: 空間の 2 点間の距離

形であるから，ピタゴラスの定理によって，$\overline{P_1P_2}^2 = \overline{P_1Q}^2 + \overline{QP_2}^2$ を得る．P_1Q は $P_1'P_2'$ と平行で長さが等しいから，平面の距離公式 (A.1) より

$$\overline{P_1Q} = \overline{P_1'P_2'} = \sqrt{(x_2 - x_1)^2 + (y_2 - y_1)^2}$$

である．また，$\overline{QP_2} = |z_2 - z_1|$. 従って，

$$\overline{P_1P_2}^2 = (x_2 - x_1)^2 + (y_2 - y_1)^2 + (z_2 - z_1)^2$$

となる．故に，

$$\overline{P_1P_2} = \sqrt{(x_2 - x_1)^2 + (y_2 - y_1)^2 + (z_2 - z_1)^2}. \tag{A.4}$$

2.3. 線分のなす角　空間で原点 O から出る 2 本の線分 OP_1 と OP_2 のなす角 $\angle P_1OP_2$ を測ろう．P_1, P_2 の座標をそれぞれ (x_1, y_1, z_1), (x_2, y_2, z_2) とする．角が意味を持つために，線分 OP_1, OP_2 のどちらも長さが 0 ではないと仮定する．ここで, OP_1 と OP_2 がなす角とは, 3 点 O, P_1, P_2 を通る平面の上の三角形である $\triangle OP_1P_2$ の頂点 O における角 θ のことである (図 A.5 参照). 従って, 平面の場合と全く同様で, 三角法の余弦定理によって

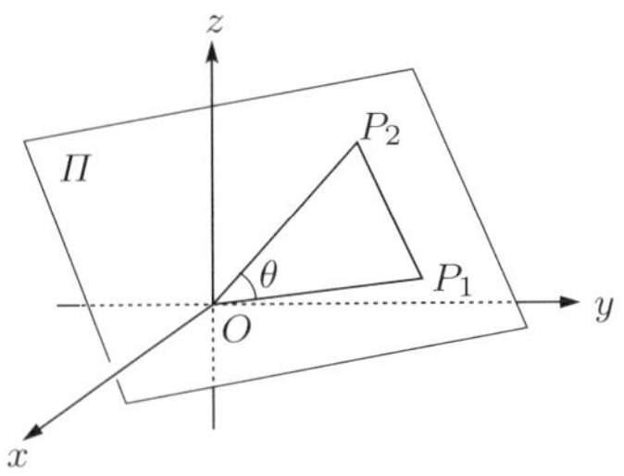

図 A.5: 空間の角

$$\overline{P_1P_2}^2 = \overline{OP_1}^2 + \overline{OP_2}^2 - 2\,\overline{OP_1}\,\overline{OP_2}\cos\theta \tag{A.5}$$

であるから，空間の線分の長さの公式 (A.4) を使って得られる

$$\overline{OP_1}^2 = x_1^2 + y_1^2 + z_1^2, \qquad \overline{OP_2}^2 = x_2^2 + y_2^2 + z_2^2,$$
$$\overline{P_1P_2}^2 = (x_2 - x_1)^2 + (y_2 - y_1)^2 + (z_2 - z_1)^2$$

を (A.5) に代入すれば，空間座標による $\cos\theta$ の表現

$$\cos\theta = \frac{x_1x_2 + y_1y_2 + z_1z_2}{\sqrt{x_1^2 + y_1^2 + z_1^2}\,\sqrt{x_2^2 + y_2^2 + z_2^2}} \tag{A.6}$$

が得られる．

付録 B 略解とヒント

第 1 章

問 1.1. $\boldsymbol{v}$ を表す数ベクトルを (a, b) とすると，$\boldsymbol{v} = a\boldsymbol{i} + b\boldsymbol{j}$ より $\|\boldsymbol{v}\| = \sqrt{a^2 + b^2}$ が成り立つ．従って，$\|\boldsymbol{v}\| = 0$ と $a = b = 0$ は同等である．

問 1.3. (1) 3,　(2) 11,　(3) 6,　(4) 7.

問 1.4. $\boldsymbol{c} = t\,\boldsymbol{a}$ とおいて計算すればよい．結果は,$\boldsymbol{c} = \dfrac{(\boldsymbol{b}\,|\,\boldsymbol{a})}{(\boldsymbol{a}\,|\,\boldsymbol{a})}\,\boldsymbol{a}$. 後半は,$(\boldsymbol{a}\,|\,\boldsymbol{a}) = 9$, $(\boldsymbol{b}\,|\,\boldsymbol{a}) = 18$ より，$\boldsymbol{c} = 2\boldsymbol{a} = 2\boldsymbol{i} - 4\boldsymbol{j} + 4\boldsymbol{k}$.

問 1.5. $\boldsymbol{a}$ と $\boldsymbol{b}$ のなす角を θ とすれば,$(\boldsymbol{a}\,|\,\boldsymbol{b}) = \|\boldsymbol{a}\|\|\boldsymbol{b}\|\cos\theta$ であるから,$\cos\theta = 0$ と $(\boldsymbol{a}\,|\,\boldsymbol{b}) = 0$ は同等である．

演習問題

1.1. (1) $3\boldsymbol{a} + 5\boldsymbol{b} - 9\boldsymbol{c} = (-39, 86, 13)$,　(2) $-2\boldsymbol{a} + 5\boldsymbol{b} + \boldsymbol{c} = (-14, 26, -7)$.

1.2. $y = 5$.

1.3. 正しくない．等しくなるのは $\boldsymbol{a}$ 方向の成分である．

1.4. ベクトルの和とスカラー倍の定義に従って計算すればよい．

1.5. 両辺を計算し，ベクトルの相等の定義に当てはめてみよ．

1.6. 線分 AB の中点は $\boldsymbol{a}$ に $\boldsymbol{b} - \boldsymbol{a}$ の半分を足したもので表されるから,AB の中点 $= \boldsymbol{a} + \frac{1}{2}(\boldsymbol{b} - \boldsymbol{a}) = \frac{1}{2}(\boldsymbol{a} + \boldsymbol{b})$.

1.7. 平行四辺形 $ABCD$ の二辺 $\overrightarrow{AB}, \overrightarrow{AD}$ を $\boldsymbol{a}, \boldsymbol{b}$ とすると，対角線 AC, BD の中点はそれぞれ $\frac{1}{2}(\boldsymbol{a}+\boldsymbol{b})$, $\boldsymbol{a}+\frac{1}{2}(\boldsymbol{b}-\boldsymbol{a})$ で表されることから分かる．

1.8. A, B を表すベクトルをそれぞれ $\boldsymbol{a}, \boldsymbol{b}$ とすると, 求める点は $\boldsymbol{a}+\dfrac{m}{m+n}(\boldsymbol{b}-\boldsymbol{a}) = \dfrac{n\boldsymbol{a}+m\boldsymbol{b}}{m+n}$ となる．これを座標で表せばよい．m, n が異符号のときは, $|m|>|n|$ または $|m|<|n|$ に従って，$\boldsymbol{b}$ の側または $\boldsymbol{a}$ の側への外分点を与えることになる．

1.9. 前問において，$\alpha = \dfrac{n}{m+n}$, $\beta = \dfrac{m}{m+n}$ とおいてみよ．

1.10. (1.11) については付録 A §2.1 を参照せよ．(1.14) については，(1.13) と (1.10) を組合せて計算すればよい．

1.11. $\boldsymbol{a}\times\boldsymbol{b}$ は $\boldsymbol{a}$ および $\boldsymbol{b}$ と直交することに注意せよ．

1.12. (1) まず, $\boldsymbol{a}\perp\boldsymbol{b}$ を仮定する．このときは, $\boldsymbol{a}$ の方向に $\boldsymbol{i}$, $\boldsymbol{b}$ の方向に $\boldsymbol{j}$ をとれば, $\boldsymbol{a}=\|\boldsymbol{a}\|\boldsymbol{i}$, $\boldsymbol{b}=\|\boldsymbol{b}\|\boldsymbol{j}$ であるから, $\boldsymbol{a}\times\boldsymbol{b}=\|\boldsymbol{a}\|\|\boldsymbol{b}\|(\boldsymbol{i}\times\boldsymbol{j})=\|\boldsymbol{a}\|\|\boldsymbol{b}\|\boldsymbol{k}$ を得る．そこで, $\boldsymbol{c}=\alpha\boldsymbol{i}+\beta\boldsymbol{j}+\gamma\boldsymbol{k}$ とおけば, $\|\boldsymbol{a}\|\alpha=\|\boldsymbol{a}\|(\boldsymbol{c}\,|\,\boldsymbol{i})=(\boldsymbol{c}\,|\,\boldsymbol{a})$, $\|\boldsymbol{b}\|\beta=\|\boldsymbol{b}\|(\boldsymbol{c}\,|\,\boldsymbol{j})=(\boldsymbol{c}\,|\,\boldsymbol{b})$ であるから，$\|\boldsymbol{a}\|\|\boldsymbol{b}\|\boldsymbol{c}=\|\boldsymbol{b}\|(\boldsymbol{c}\,|\,\boldsymbol{a})\boldsymbol{i}+\|\boldsymbol{a}\|(\boldsymbol{c}\,|\,\boldsymbol{b})\boldsymbol{j}+\|\boldsymbol{a}\|\|\boldsymbol{b}\|\gamma\boldsymbol{k}$ となり，(1.11) より $(\boldsymbol{a}\times\boldsymbol{b})\times\boldsymbol{c}=\|\boldsymbol{a}\|\|\boldsymbol{b}\|\,\boldsymbol{k}\times\boldsymbol{c}=-\|\boldsymbol{a}\|(\boldsymbol{c}\,|\,\boldsymbol{b})\boldsymbol{i}+\|\boldsymbol{b}\|(\boldsymbol{c}\,|\,\boldsymbol{a})\boldsymbol{j}=-(\boldsymbol{c}\,|\,\boldsymbol{b})\boldsymbol{a}+(\boldsymbol{c}\,|\,\boldsymbol{a})\boldsymbol{b}$.
次に，$\boldsymbol{a}\not\perp\boldsymbol{b}$ のときは，$\boldsymbol{b}$ から $\boldsymbol{a}$ に平行なベクトル $k\boldsymbol{a}$ $(k\in\mathbb{R})$ を引いて $\boldsymbol{a}$ と直交するようにすると，$\boldsymbol{a}\times\boldsymbol{a}=\boldsymbol{0}$ といま証明した公式により，

$$\begin{aligned}(\boldsymbol{a}\times\boldsymbol{b})\times\boldsymbol{c}&=(\boldsymbol{a}\times(\boldsymbol{b}-k\boldsymbol{a}))\times\boldsymbol{c}=-(\boldsymbol{c}\,|\,\boldsymbol{b}-k\boldsymbol{a})\boldsymbol{a}+(\boldsymbol{c}\,|\,\boldsymbol{a})(\boldsymbol{b}-k\boldsymbol{a})\\&=-(\boldsymbol{c}\,|\,\boldsymbol{b})\boldsymbol{a}+(\boldsymbol{c}\,|\,\boldsymbol{a})\boldsymbol{b}=-(\boldsymbol{b}\,|\,\boldsymbol{c})\boldsymbol{a}+(\boldsymbol{a}\,|\,\boldsymbol{c})\boldsymbol{b}.\end{aligned}$$

第 2 章

問 2.1. (1) 2×2 型, (2) 2×3 型, (3) 1×3 型.

問 2.2. (1) $\begin{bmatrix}7 & -8\\ 0 & 13\\ 2 & -3\end{bmatrix}$, (2) $\begin{bmatrix}-2 & -9 & -1\\ 3 & 6 & -10\end{bmatrix}$.

問 2.3. (1) $\begin{bmatrix}8 & -2 & -12\\ -3 & 1 & 5\end{bmatrix}$, (2) $\begin{bmatrix}-7 & 9\\ 10 & -6\end{bmatrix}$.

問 2.4. 和は, $A_2+B_2=\begin{bmatrix}3 & 0\\ 0 & 3\end{bmatrix}$, $A_3+B_1=\begin{bmatrix}5 & -1\\ -1 & -2\\ 6 & 1\end{bmatrix}$. 積は, $A_1B_1=\begin{bmatrix}6 & 0\\ 4 & 4\end{bmatrix}$,

$A_1B_3=\begin{bmatrix}6 & 0 & 0 & 0\\ 6 & 4 & -6 & 8\end{bmatrix}$, $A_2B_2=\begin{bmatrix}1 & 0\\ 0 & 1\end{bmatrix}$, $A_3B_2=\begin{bmatrix}5 & -3\\ -4 & 2\\ 5 & -2\end{bmatrix}$.

問 2.5. 操作 (a), (b), (c) の逆はそれぞれ (a′) 第一式の 3 倍を第二式に足す, (b′) 第一式を第三式に足す, (c′) 第二式の $\dfrac{5}{2}$ を第三式に足す.

問 2.6. (1) $x=0, y=1$, (2) $x=1, y=-1$, (3) $x=-3, y=2$.

問 2.7. (1) $x=2, y=-2, z=1$, (2) $x=-\frac{1}{3}, y=\frac{2}{3}, z=1$.

問 2.8. (1) $x=-11z, y=4z$, (2) $x=-\frac{5}{3}z, y=\frac{1}{3}z+1$, (どちらも z は任意).

問 2.9. ガウスの消去法によって矛盾を導け.

演習問題

2.1. 定義に従って計算すればすぐに分かる.

2.2. (1) AB が対称行列ならば, $AB=(AB)^T=B^TA^T=BA$. (2) $AB=BA$ ならば, $(AB)^T=B^TA^T=BA=AB$. BA についても同様.

2.3. $c_{ii}=\sum_{j=1}^{n}a_{ij}b_{ji}$ であるが, A, B が上三角行列ならば $i\neq j$ のとき a_{ij}, b_{ji} のどちらか一方は 0 となるので $c_{ii}=a_{ii}b_{ii}$. 下三角行列の場合も同様.

2.4. $a^2-(b+c)a+bc=(a-b)(a-c)$, $b^2-(a+c)b+ac=(b-a)(b-c)$, $c^2-(a+b)c+ab=(c-a)(c-b)$ が成り立つことに注意して計算すればよい.

2.5. (1) 解と係数の関係を使えば, $\begin{bmatrix}\alpha & 0\\ 0 & \beta\end{bmatrix}$. (2) 直接計算すればよい. (3) 前半は (2) で $\lambda=\alpha,\beta,\gamma$ とした式を横に並べれば結論を得る. 後半は, 前半の結論に前問の結果を用いて $\begin{bmatrix}\alpha & 0 & 0\\ 0 & \beta & 0\\ 0 & 0 & \gamma\end{bmatrix}$.

2.6. (1) $x=-1, y=1, z=0, w=-1$, (2) $x=4, y=-8, z=-8, w=-\frac{3}{2}$.

第 3 章

問 3.1. (1) 11, (2) 5, (3) 0, (4) 0.

問 3.2. (1) -28, (2) 30, (3) 3.

問 3.3. (1) $x=-8, y=7$, (2) $x=-1/8, y=1/4$, (3) $x=3, y=2$.

問 3.4. (1) $x=4,\ y=7,\ z=5$, (2) $x=1/8,\ y=5/4,\ z=3/8$, (3) $x=3, y=1, z=-3$.

問 3.5. (1) $(3,2), (3,1), (2,1)$ の 3 個, (2) 逆転は 8 個ある.

問 3.6. (1) -1, (2) 1, (3) 0.

問 3.7. (1) $abc(a-b)(b-c)(c-a)$, (2) $-(ab+bc+ca)(a-b)(b-c)(c-a)$, (3) $-(a-b)(b-c)(c-a)$.

問 3.8. i, j, k に同じものがあるときは，左の二つの行列式は 0 に等しいが，符号 $\mathrm{sgn}\begin{pmatrix}1 & 2 & 3\\ i & j & k\end{pmatrix}$ も 0 であるから，等式は正しい．i, j, k が全部異なるときは，まず $i=1, j=2, k=3$ のときに等しいことに注意する．さらに，行列式も符号も二つを交換するごとに符号が変るから，すべての i, j, k について等式は正しい．

問 3.9. 右辺の因数の一つを転置してから掛け算をしてみよ．

問 3.10. (1) -7, (2) 50, (3) 8.

問 3.12. 第 1 行に関する余因子展開では，$|A|=\begin{vmatrix}1 & 1\\ 2 & 0\end{vmatrix}+2\begin{vmatrix}1 & 1\\ -1 & 2\end{vmatrix}=-2+2\times 3=4$. 第 1 列については，$|A|=\begin{vmatrix}1 & 1\\ 2 & 0\end{vmatrix}-\begin{vmatrix}0 & 2\\ 2 & 0\end{vmatrix}-\begin{vmatrix}0 & 2\\ 1 & 1\end{vmatrix}=-2-(-4)-(-2)=4$.

問 3.13. $n=2$ については直接計算する．$n-1$ については正しいと仮定し，n の場合を証明する．例えば，$j=n-1, n-2, \ldots, 1$ と変化させて，第 j 行に x_n を掛けたものを第 $j+1$ 行から引く操作を行う．この結果として得られた行列式を第 n 列について余因子展開し，共通因数を括りだせば，帰納法の仮定が使える形になる．

問 3.14. $abc+abd+acd+bcd+abcd$.

問 3.15. $\boldsymbol{A}=\begin{bmatrix}2 & -1 & -11\\ -2 & 6 & 16\\ 2 & -1 & -1\end{bmatrix}$.

問 3.16. (1) $\frac{1}{3}\begin{bmatrix} 0 & -1 & 1 \\ 0 & 2 & 1 \\ -3 & 2 & 1 \end{bmatrix}$, (2) $\begin{bmatrix} 2 & 2 & 1 \\ 0 & -1 & -1 \\ 1 & 2 & 1 \end{bmatrix}$, (3) $\frac{1}{5}\begin{bmatrix} -11 & 5 & 2 \\ -7 & 5 & -1 \\ 3 & 0 & -1 \end{bmatrix}$.

問 3.17. (1) $x = 2,\ y = -2,\ z = 1$, (2) $x_1 = -7,\ x_2 = 7,\ x_3 = 1,\ x_4 = 4$.

演習問題

3.1. 共通因数を括りだしてから余因子展開を行えばよい.

3.2. 等式 $AA^{-1} = E$ の両辺の行列式を計算してみよ.

3.3. 恒等式 $\boldsymbol{A}^T A = |A|\,E$ より, $|\boldsymbol{A}|\,|A| = |A|^n$. よって, もし $|A| \neq 0$ ならば, $|\boldsymbol{A}| = |A|^{n-1}$. $|A| = 0$ ならば, $|\boldsymbol{A}| = 0$ である. もし仮に $|\boldsymbol{A}| \neq 0$ とすれば, $\boldsymbol{A}$ は逆行列を持つが, $\boldsymbol{A}^T A = |A|\,E$ の両辺に左から $(\boldsymbol{A}^{-1})^T$ を掛ければ, $A = (\boldsymbol{A}^{-1})^T \boldsymbol{A}^T A = |A|\,(\boldsymbol{A}^{-1})^T = 0$ となるから, A は零行列となる. 従って, $\boldsymbol{A}$ も零行列になって矛盾である.

3.4. 方程式 $\begin{vmatrix} x & y & z \\ a_1 & b_1 & c_1 \\ a_2 & b_2 & c_2 \end{vmatrix} = 0$ を考えてみよ.

3.5. 共通点の座標を (x_0, y_0) とするとき, $x = x_0,\ y = y_0,\ z = 1$ を解とする斉次連立方程式を考えよ. 逆は成立しない. 3 直線が平行な場合が反例である.

3.6. A は可逆であるから, $AB = E_n$ を満たす行列 B を列ベクトル表示して $\begin{bmatrix} \boldsymbol{b}_1 & \ldots & \boldsymbol{b}_n \end{bmatrix}$ と書くとき, $A\boldsymbol{b}_j = \boldsymbol{e}_j$ $(1 \leqq j \leqq n)$ であり, これは $\begin{bmatrix} A, \boldsymbol{e}_j \end{bmatrix}$ が行基本変形で $\begin{bmatrix} E_n, \boldsymbol{b}_j \end{bmatrix}$ に変換されることと同等であることに注意すればよい.

3.7. 指定値をとるという条件は, 係数 $a_0, \ldots, a_n$ を未知数とする連立方程式

$$\begin{aligned} &a_0 + x_1 a_1 + x_1^2 a_2 + \cdots + x_1^n a_n = b_1, \\ &a_0 + x_2 a_1 + x_2^2 a_2 + \cdots + x_2^n a_n = b_2, \\ &\qquad\qquad \cdots\cdots \\ &a_0 + x_{n+1} a_1 + x_{n+1}^2 a_2 + \cdots + x_{n+1}^n a_n = b_{n+1} \end{aligned}$$

で表せる. 係数行列の行列式は $\{x_i\}$ のヴァンデルモンド行列式 D の転置であるが, $x_1, \ldots, x_{n+1}$ が相異なることからこれは 0 ではない. よって, 解は唯一つであって,

クラメールの公式により，次のように表される：

$$a_j = \frac{1}{D}\begin{vmatrix} 1 & x_1 & x_1^2 & \ldots & \overset{j+1}{\overbrace{b_1}} & \ldots & x_1^n \\ 1 & x_2 & x_2^2 & \ldots & b_2 & \ldots & x_2^n \\ \vdots & \vdots & \vdots & & \vdots & & \vdots \\ 1 & x_{n+1} & x_{n+1}^2 & \ldots & b_{n+1} & \ldots & x_{n+1}^n \end{vmatrix} \quad (j = 0, 1, \ldots, n).$$

第 4 章

問 4.1. 定義に従って計算すればよい．

問 4.2. $\boldsymbol{u}, \boldsymbol{v} \in W$ とすると，すべての $\alpha \in A$ に対して $\boldsymbol{u}, \boldsymbol{v} \in W_\alpha$ であるから，$\boldsymbol{u} + \boldsymbol{v} \in W_\alpha$ かつ $c\boldsymbol{u} \in W_\alpha$ $(c \in \mathbb{R})$ が成り立つ．従って，$\boldsymbol{u} + \boldsymbol{v}, c\boldsymbol{u} \in W$.

問 4.3. (1) $\{\boldsymbol{v}\}$ が一次独立ならば，$\boldsymbol{v} \neq \boldsymbol{0}$ である．もし仮に $\boldsymbol{v} = \boldsymbol{0}$ ならば，$1 \cdot \boldsymbol{v} = \boldsymbol{v} = \boldsymbol{0}$ となって，一次独立性に反するからである．逆に，$\boldsymbol{v} \neq \boldsymbol{0}$ とし，$c\boldsymbol{v} = \boldsymbol{0}$ を満たすスカラー c をとる．もし $c \neq 0$ ならば, c^{-1} を掛けて $\boldsymbol{v} = 1 \cdot \boldsymbol{v} = (c^{-1}c)\boldsymbol{v} = c^{-1}(c\boldsymbol{v}) = c^{-1}\boldsymbol{0} = \boldsymbol{0}$ となって矛盾である．従って，$c = 0$ を得るから，$\{\boldsymbol{v}\}$ は一次独立である．

(2) $a\boldsymbol{u} + b\boldsymbol{v} = \boldsymbol{0}$ を満たすスカラー a, b でどちらかが 0 でないものがあることと，$\boldsymbol{u}$ と $\boldsymbol{v}$ の一方が他方のスカラー倍になることが同等であることを示せばよい．

問 4.4. 問 4.3 (2) を利用せよ．

問 4.5. (1) 一次独立， (2) 一次独立， (3) 一次従属.

問 4.6. (1) $\begin{vmatrix} 1 & 1 & 1 \\ 1 & 1 & 2 \\ 1 & 2 & 3 \end{vmatrix} \neq 0$ に注意する， (2) $\boldsymbol{v} = \boldsymbol{u}_1 - \boldsymbol{u}_2 - 2\boldsymbol{u}_3 = -(2, 4, 7)$, (3) 一次従属.

問 4.7. $c_1\boldsymbol{v}_1 + \cdots + c_m\boldsymbol{v}_m = \boldsymbol{0}$ において，係数 c_i の中に 0 でないものがあったとし，その中で番号の一番大きいものを k とすると，$\boldsymbol{v}_k$ は $\boldsymbol{v}_1, \ldots, \boldsymbol{v}_{k-1}$ の一次結合となるが，これは $\boldsymbol{v}_k \notin \mathrm{Span}[\boldsymbol{v}_1, \ldots, \boldsymbol{v}_{k-1}]$ に反する．

問 4.9. (1) 2 次元， (2) 1 次元， (3) 3 次元.

問 4.10. 任意に $\boldsymbol{v} \in V$ をとると，$\{\boldsymbol{v}, \boldsymbol{v}_1, \ldots, \boldsymbol{v}_n\}$ は一次独立にはなれないから，$c\boldsymbol{v} + c_1\boldsymbol{v}_1 + \cdots + c_n\boldsymbol{v}_n = \boldsymbol{0}$ を満たすスカラー $c, c_1, \ldots, c_n$ で少なくとも一つは 0 ではないものがある．$\{\boldsymbol{v}_1, \ldots, \boldsymbol{v}_n\}$ は一次独立であるから，$c \neq 0$ となり，$\boldsymbol{v}$ は $\boldsymbol{v}_1, \ldots, \boldsymbol{v}_n$ の一次結合で表される．

問 4.11. $\{\boldsymbol{w}_1, \ldots, \boldsymbol{w}_l\}$ を W の任意の基底とし，$\{\boldsymbol{v}_1, \ldots, \boldsymbol{v}_n\}$ を V の基底とすると，定理 4.6 により，$l \leqq n$ が成り立つ．もし $l < n$ ならば，$\{\boldsymbol{w}_1, \ldots, \boldsymbol{w}_l\}$ は一次独立であるから，シュタイニッツの交換定理 (定理 4.5) により $\{\boldsymbol{v}_1, \ldots, \boldsymbol{v}_n\}$ の一部分を $\{\boldsymbol{w}_1, \ldots, \boldsymbol{w}_l\}$ で置き換えて V の基底を作ることができる．

問 4.12. f の線型性は $f(\boldsymbol{x})$ の座標 $x_2 - x_3,\ x_1 + 2x_2 + x_3$ が $\boldsymbol{x}$ の座標の斉次一次式であることから分かる．$f(\boldsymbol{x}) = A\boldsymbol{x}$ と行列で表せば，$A = \begin{bmatrix} 0 & 1 & -1 \\ 1 & 2 & 1 \end{bmatrix}$.

問 4.13. (a) の証明：$\boldsymbol{v}_1, \boldsymbol{v}_2 \in \operatorname{Ker} f,\ a_1, a_2 \in \mathbb{R}$ ならば，$f(a_1\boldsymbol{v}_1 + a_2\boldsymbol{v}_2) = a_1 f(\boldsymbol{v}_1) + a_2 f(\boldsymbol{v}_2) = \boldsymbol{0}$ であるから，$a_1\boldsymbol{v}_1 + a_2\boldsymbol{v}_2 \in \operatorname{Ker} f$.

(b) の証明：$\boldsymbol{w}_1, \boldsymbol{w}_2 \in \operatorname{Ran} f,\ a_1, a_2 \in \mathbb{R}$ ならば，$f(\boldsymbol{v}_1) = \boldsymbol{w}_1,\ f(\boldsymbol{v}_2) = \boldsymbol{w}_2$ を満たす $\boldsymbol{v}_1, \boldsymbol{v}_2 \in V$ があるから，$a_1\boldsymbol{w}_1 + a_2\boldsymbol{w}_2 = f(a_1\boldsymbol{v}_1 + a_2\boldsymbol{v}_2) \in \operatorname{Ran} f$.

問 4.14. $\boldsymbol{v}_1, \ldots, \boldsymbol{v}_n$ を V の生成系とするとき，f の値域は $f(\boldsymbol{v}_1), \ldots, f(\boldsymbol{v}_n)$ から生成されることを確かめよ．

問 4.15. $\dim V = \dim W = n$ とし，f を V から W への一次写像とする．まず，f が上への写像ならば，$\operatorname{Ran} f = W$ であるから，定理 4.13 により $\dim \operatorname{Ker} f = n - \dim \operatorname{Ran} f = 0$. 従って，$\operatorname{Ker} f = \{\boldsymbol{0}\}$ であるから，f は 1 対 1 である．次に，f が 1 対 1 の写像とすれば，$\operatorname{Ker} f = \{\boldsymbol{0}\}$ であるから，定理 4.13 により $\dim \operatorname{Ran} f = n - \dim \operatorname{Ker} f = n - 0 = n$ を得るから，f は W の上への写像である．故に，どちらの場合も f は同型写像である．

問 4.16. $Z_W \circ f \circ Z_V^{-1}$ の行列は $\left[(Z_W \circ f \circ Z_V^{-1})(\boldsymbol{e}_1)\ \ldots\ (Z_W \circ f \circ Z_V^{-1})(\boldsymbol{e}_n)\right]$ に等しいことを思い出せ．

演習問題

4.1. (1) $c_1 f(\boldsymbol{v}_1) + \cdots + c_n f(\boldsymbol{v}_n) = \boldsymbol{0}$ とすると，線型性から $f(c_1\boldsymbol{v}_1 + \cdots + c_n\boldsymbol{v}_n) = \boldsymbol{0}$ となる．f は 1 対 1 であるから $c_1\boldsymbol{v}_1 + \cdots + c_n\boldsymbol{v}_n = \boldsymbol{0}$. また，$\boldsymbol{v}_1, \ldots, \boldsymbol{v}_n$ は一

次独立であるから $c_1 = \cdots = c_n = 0$. 故に $f(\boldsymbol{v}_1), \ldots, f(\boldsymbol{v}_n)$ も一次独立. (2) 同型写像は 1 対 1 であるから (1) より $f(\boldsymbol{v}_1), \ldots, f(\boldsymbol{v}_n)$ も一次独立. f は V を W 全体に写すから，任意の $\boldsymbol{w} \in W$ に対して $\boldsymbol{w} = f(\boldsymbol{v})$ となる $\boldsymbol{v} \in V$ が存在する. $\{\boldsymbol{v}_i\}$ は基底であるから $\boldsymbol{v} = c_1\boldsymbol{v}_1 + \cdots + c_n\boldsymbol{v}_n$ と書けるが，f は一次写像であるから $\boldsymbol{w} = f(\boldsymbol{v}) = c_1 f(\boldsymbol{v}_1) + \cdots + c_n f(\boldsymbol{v}_n)$ となり，W の任意の元が $\{f(\boldsymbol{v}_i)\}$ の一次結合で表せたから，これは W の基底である. (3) $f(\boldsymbol{v}) = f(\boldsymbol{v}')$ とすると $f(\boldsymbol{v} - \boldsymbol{v}') = \boldsymbol{0}$. $\boldsymbol{v} - \boldsymbol{v}' = c_1\boldsymbol{v}_1 + \cdots + c_n\boldsymbol{v}_n$ とおくと $c_1 f(\boldsymbol{v}_1) + \cdots + c_n f(\boldsymbol{v}_n) = f(\boldsymbol{v} - \boldsymbol{v}') = \boldsymbol{0}$ で，$\{f(\boldsymbol{v}_i)\}$ は一次独立であるから $c_1 = \cdots = c_n = 0$ となり $\boldsymbol{v} = \boldsymbol{v}'$. よって，$f$ は 1 対 1 である. $\{f(\boldsymbol{v}_i)\}$ は W の基底であるから，任意の $\boldsymbol{w} \in W$ は $\boldsymbol{w} = d_1 f(\boldsymbol{v}_1) + \cdots + d_n f(\boldsymbol{v}_n)$ と書けて $\boldsymbol{w} = f(d_1\boldsymbol{v}_1 + \cdots + d_n\boldsymbol{v}_n)$ となる. よって，f は V を W 全体に写す. 故に f は同型写像.

4.2. f が一次写像であることは，定義に当てはめればすぐ分かる. $c_j = 1$, 他は 0 とおけば $\boldsymbol{w}_j = f(\boldsymbol{v}_j)$ となるから，前問の (3) により f は同型写像.

4.3. 演習問題 4.1 の (2) から，同型ならば次元は等しい. また，前問により，次元が等しければ同型写像が存在するから同型.

4.4. $\mathrm{Ker}\, f$ は平面 $x_1 + 2x_2 - 3x_3 = 0$ で，次元は 2.

4.5. (1) $(af + bg)' = af' + bg'$ を利用せよ. (2) $L1, \ldots, Lx^4$ を計算すれば

$$(L1, Lx, Lx^2, Lx^3, Lx^4) = (1, x, x^2, x^3, x^4)\begin{bmatrix} 0 & 0 & -2 & 0 & 0 \\ 0 & 2 & 0 & -6 & 0 \\ 0 & 0 & 6 & 0 & -12 \\ 0 & 0 & 0 & 12 & 0 \\ 0 & 0 & 0 & 0 & 20 \end{bmatrix}.$$

(3) $f_1 = 1$, $f_2 = x$, $f_3 = 3x^2 - 1$, $f_4 = 5x^3 - 3x$, $f_5 = 35x^4 - 30x^2 + 3$ とおく. $c_1 f_1 + c_2 f_2 + c_3 f_3 + c_4 f_4 + c_5 f_5 = 0$ ならば 4 次の項の係数を比較して $c_5 = 0$. 以下同様にして $c_1 = \cdots = c_5 = 0$ を得るから，$f_1, \ldots, f_5$ は一次独立. 行列は

$$(Lf_1, Lf_2, Lf_3, Lf_4, Lf_5) = (f_1, f_2, f_3, f_4, f_5)\begin{bmatrix} 0 & 0 & 0 & 0 & 0 \\ 0 & 2 & 0 & 0 & 0 \\ 0 & 0 & 6 & 0 & 0 \\ 0 & 0 & 0 & 12 & 0 \\ 0 & 0 & 0 & 0 & 20 \end{bmatrix}.$$

4.6. (1) 定義に当てはめればすぐ分かる．(2) 二項定理より

$$(T1, Tx, Tx^2, Tx^3, Tx^4) = (1, x, x^2, x^3, x^4)\begin{bmatrix}1 & 1 & 1 & 1 & 1\\0 & 1 & 2 & 3 & 4\\0 & 0 & 1 & 3 & 6\\0 & 0 & 0 & 1 & 4\\0 & 0 & 0 & 0 & 1\end{bmatrix}.$$

パスカルの三角形を上三角行列にしたものである．

4.7. (1) $\boldsymbol{v}_1, \ldots, \boldsymbol{v}_s \in V$ が W を法として一次独立であるとし, $c_1\boldsymbol{v}_1 + \cdots + c_s\boldsymbol{v}_s = \boldsymbol{0}$ であるとすれば，$c_1\boldsymbol{v}_1 + \cdots + c_s\boldsymbol{v}_s \in W$ であるから，$c_1 = \cdots = c_s = 0$ が成り立つ．　(2) W の任意の基底は k 個のベクトルを付け加えて V の基底にできる (問 4.11)．このような k 個のベクトルは求める性質を持つ．

第 5 章

問 5.2. 例えば，(c) は (B3) と (B5) を組合せて計算する．

問 5.3. $|a_1b_1 + a_2b_2| \leqq \sqrt{a_1^2 + a_2^2}\sqrt{b_1^2 + b_2^2}$,
$|a_1b_1 + a_2b_2 + a_3b_3| \leqq \sqrt{a_1^2 + a_2^2 + a_3^2}\sqrt{b_1^2 + b_2^2 + b_3^2}$.

問 5.4. 二次式 $\|t\boldsymbol{a} + \boldsymbol{b}\|^2 = t^2\|\boldsymbol{a}\|^2 + 2t(\boldsymbol{a} \,|\, \boldsymbol{b}) + \|\boldsymbol{b}\|^2$ の判別式が 0 の場合である．

問 5.5. $\mathit{\Pi}:\ x - 3y - 2z = -1$, $d = 5/\sqrt{14}$, $Q = (\frac{33}{14}, \frac{13}{14}, \frac{2}{7})$.

問 5.6. $\dfrac{1}{\sqrt{2}}(0, 1, -1, 0)$, $\dfrac{1}{2}(1, 1, 1, -1)$, $\dfrac{1}{3\sqrt{2}}(-1, 2, 2, 3)$.

問 5.7. $\dfrac{1}{\sqrt{2}}$, $\dfrac{\sqrt{6}}{2}t$, $\dfrac{\sqrt{10}}{4}(3t^2 - 1)$.

問 5.8. 定理 5.2 の証明と同様であるが，途中が $(\boldsymbol{a} \,|\, \boldsymbol{b}) + (\boldsymbol{b} \,|\, \boldsymbol{a}) = 2\,\mathrm{Re}\,(\boldsymbol{a} \,|\, \boldsymbol{b}) \leqq 2|(\boldsymbol{a} \,|\, \boldsymbol{b})| \leqq \|\boldsymbol{a}\|\|\boldsymbol{b}\|$ に変るところに注意すればよい．

問 5.9. $\|\boldsymbol{a}\| = \|(\boldsymbol{a} - \boldsymbol{b}) + \boldsymbol{b}\| \leqq \|\boldsymbol{a} - \boldsymbol{b}\| + \|\boldsymbol{b}\|$ から $\|\boldsymbol{a}\| - \|\boldsymbol{b}\| \leqq \|\boldsymbol{a} - \boldsymbol{b}\|$ が得られる．後は，$\boldsymbol{a}$ と $\boldsymbol{b}$ を交換して考えればよい．

演習問題

5.1. (1) 条件から，$\boldsymbol{v}_k \in \mathrm{Span}[\boldsymbol{u}_1, \ldots, \boldsymbol{u}_k]$ なので $\boldsymbol{v}_k = p_{1k}\boldsymbol{u}_1 + \cdots + p_{kk}\boldsymbol{u}_k$ と書ける．故に P は上三角行列である．(2) (1) の条件が満たされることを確かめよ．

5.2. (1)　定理 5.6 より $\mathrm{Span}[\boldsymbol{v}_1, \ldots, \boldsymbol{v}_k] = \mathrm{Span}[\boldsymbol{u}_1, \ldots, \boldsymbol{u}_k]$ $(k = 1, \ldots, n)$ であるから．(2) 第一の条件より $\boldsymbol{w}_k = \sum_{j=1}^{k} c_j \boldsymbol{u}_j$ と書ける．一方，$\boldsymbol{u}_j$ は $\boldsymbol{v}_1, \ldots, \boldsymbol{v}_j$ の一次結合であるから第二の条件より $\boldsymbol{w}_k \perp \boldsymbol{u}_1, \ldots, \boldsymbol{w}_k \perp \boldsymbol{u}_{k-1}$ が成り立つ．よって $c_j = (\boldsymbol{w}_k \,|\, \boldsymbol{u}_j)$ は $j = k$ 以外すべて 0 となり，$\boldsymbol{w}_k = c_k \boldsymbol{u}_k$ が成り立つ．$\boldsymbol{u}_1, \ldots, \boldsymbol{u}_n$ は直交系であるから $\boldsymbol{w}_1, \ldots, \boldsymbol{w}_n$ も V の直交系である．

(3)　(1) の結果と $\boldsymbol{w}_k$ も $\boldsymbol{u}_k$ も長さが 1 であることから $\boldsymbol{w}_1 = \pm\boldsymbol{u}_1, \ldots, \boldsymbol{w}_n = \pm\boldsymbol{u}_n$. 一方，直交化の定義式 (5.20) と $\boldsymbol{w}_k = \sum_{j=1}^{k} c_j \boldsymbol{u}_j$ を用いれば，$(\boldsymbol{w}_k \,|\, \boldsymbol{u}_k) = (\boldsymbol{w}_k \,|\, \boldsymbol{v}_k)/\|\boldsymbol{v}_k - (\boldsymbol{v}_k \,|\, \boldsymbol{u}_1)\boldsymbol{u}_1 - \cdots - (\boldsymbol{v}_k \,|\, \boldsymbol{u}_{k-1})\boldsymbol{u}_{k-1}\| > 0$ となり，結論を得る．

5.3. (1) $n-1$ 次以下の任意の多項式は $\{1, \ldots, x^{n-1}\}$ の一次結合で書けるから，$\boldsymbol{u}_n = f_n(x)$, $\boldsymbol{v}_k = x^k$ として演習問題 5.2 の (1) を用いればよい．(2) 第一の条件から $\mathrm{Span}[1, \ldots, x^n] = \mathrm{Span}[p_0, \ldots, p_n]$ $(n = 0, 1, 2, \ldots)$，第二の条件から $p_n \perp 1, \ldots, p_n \perp x^{n-1}$ $(n = 0, 1, 2, \ldots)$ を得るから，前問の (2) の結果が使える．

5.4. $p_n = P_n$ として演習問題 5.3 の (2) を用いればよい．

5.5. 三角関数の積分の計算である．

5.6. (a) ならば (b) は明らかであろう．逆を示すために，$\boldsymbol{x} == x_1\boldsymbol{e}_1 + \cdots + x_n\boldsymbol{e}_n$, $\boldsymbol{y} = y_1\boldsymbol{e}_1 + \cdots + y_n\boldsymbol{e}_n$ とおけば，$(\boldsymbol{x} \,|\, \boldsymbol{y}) = \sum_{i,j=1}^{n} x_i y_j (\boldsymbol{e}_i \,|\, \boldsymbol{e}_j) = \sum_{i,j=1}^{n} x_i y_j \delta_{ij} = x_1 y_1 + \cdots + x_n y_n$ を得る．

第 6 章

問 6.1. 線型であることは，$f(x, y)$ の各座標が x, y の斉次一次式であることから分かる．(1) $\begin{bmatrix} -1 & 0 \\ 0 & 1 \end{bmatrix}$,　(2) $\begin{bmatrix} 1 & 0 \\ -1 & 1 \end{bmatrix}$,　(3) $\begin{bmatrix} 0 & 1 \\ 1 & 0 \end{bmatrix}$.

問 6.2. V の恒等写像を Id と書くとき，λ の固有空間は一次変換 $f - \lambda\,\mathrm{Id}$ の核に等しいことに注意し，定理 4.11 を利用する．

問 6.3. $\phi_A(\lambda) = \begin{vmatrix} \lambda - 1 & -2 \\ -2 & \lambda - 1 \end{vmatrix} = \lambda^2 - 2\lambda - 3$ に A を代入して計算すればよい.

問 6.4. n 次行列 A の固有値が全部 0 ならば，固有多項式は $\phi_A(x) = x^n$ であるから，ケーリー・ハミルトンの定理により $A^n = 0$.

演習問題

6.1. 固有値は 1, 2, 3, 固有ベクトルはそれぞれ $(-1, 0, 1)$, $(-2, 1, 0)$, $(0, -1, 1)$.

6.2. A が正則であるのは $|A| \neq 0$ が必要十分であることに注意せよ.

6.3. 行列式は転置しても同じであるから.

6.4. 例 6.1 により A の固有方程式の根は 0 しかないから.

6.5. A を対角行列に変換する基底変換行列の各列ベクトルは A の固有ベクトルである.

6.6. 固有値が相異なるからである.

6.7. (1) $\operatorname{tr} A$ は固有多項式 $\phi_A(x)$ の x^{n-1} の係数の符号を変えたものに等しいことに注意せよ.　(2) 固有多項式を (複素数の範囲で) 因数分解してみよ.

6.8. 定義に従って計算すればよい.

第 7 章

問 7.1. $\boldsymbol{a}_{j_1}, \ldots, \boldsymbol{a}_{j_s}$ を $\boldsymbol{a}_1, \ldots, \boldsymbol{a}_n$ に含まれる一次独立なベクトルで個数が最大のものとすれば，これは $\mathrm{Span}[\boldsymbol{a}_1, \ldots, \boldsymbol{a}_n]$ の基底である. これから第一の等式が導かれる. 他も同様である.

問 7.2. P を直交行列とし，$Q = P^T$ とおくと，$P^T P = PP^T = E$ が成り立つ. これを $Q^T = (P^T)^T = P$ を使って書き換えれば，$QQ^T = Q^T Q = E$ を得るから，$Q = P^T$ も直交行列である.

問 7.3. P, Q を直交行列とすれば, $P^T P = PP^T = E$, $Q^T Q = QQ^T = E$ が成り立つ. 従って，$(PQ)^T(PQ) = Q^T P^T PQ = E$ および $PQ(PQ)^T = PQQ^T P^T = E$ となるから，PQ は直交行列である.

問 7.4. 座標軸を θ だけ回転することによって (x, y) が (x', y') になるとすれば,

$$\begin{bmatrix} x' \\ y' \end{bmatrix} = \begin{bmatrix} \cos\theta & \sin\theta \\ -\sin\theta & \cos\theta \end{bmatrix} \begin{bmatrix} x \\ y \end{bmatrix}$$

が成り立つ. いま, 角 θ の回転によって A_1 を x' 軸の正の部分に移動したときの新座標を $A_1 = (a_1', b_1')$, $A_2 = (a_2', b_2')$ とすれば, $a_1' > 0$ かつ $b_1' = 0$ である. 従って,

$$\begin{bmatrix} a_1' & a_2' \\ 0 & b_2' \end{bmatrix} = \begin{bmatrix} \cos\theta & \sin\theta \\ -\sin\theta & \cos\theta \end{bmatrix} \begin{bmatrix} a_1 & a_2 \\ b_1 & b_2 \end{bmatrix}$$

両辺の行列式を計算すれば,

$$\text{左辺} = a_1' b_2', \quad \text{右辺} = \begin{vmatrix} \cos\theta & \sin\theta \\ -\sin\theta & \cos\theta \end{vmatrix} \begin{vmatrix} a_1 & a_2 \\ b_1 & b_2 \end{vmatrix} = \begin{vmatrix} a_1 & a_2 \\ b_1 & b_2 \end{vmatrix}.$$

ここで, a_1' は三角形の辺 OA_1 の長さであり, b_2' (の絶対値) は OA_1 を底辺とするときの高さであるから, 求める結果が得られる.

問 7.5. 例 7.2 の行列式とその転置行列式を掛け合わせてみよ.

演習問題

7.1. (1) 部分積分により $(Lf \mid g) = \int_{-1}^{1} \{(x^2 - 1)f''(x) + 2xf'(x)\}g(x)\,dx = 2(f(1)g(1) - f(-1)g(-1)) - \int_{-1}^{1} \{(x^2-1)f'(x)g'(x) + 2x(f'(x)g(x) + f(x)g'(x)) + 2f(x)g(x)\}\,dx = (f \mid Lg)$ だから対称. (2) 前半は直接計算すればよい. この前半により $\mathcal{P}_n$ の基底 $\{1, x, \dots, x^n\}$ に関する L の表現行列は, k 番目の対角成分が $k(k+1)$ の上三角行列である. 三角行列の行列式は対角成分の積であるから, 表現行列の固有多項式は $t(t-2)\cdots(t-n(n+1))$ となって後半が成り立つ. (3) 帰納法で示す. $n = 0$ のときは明らかに $f =$ 定数 が条件を満たす. $n-1$ のときまで示されたと仮定して, 各多項式を $f_0(x), \dots, f_{n-1}(x)$ とおく. (2) により $Lf(x) = n(n+1)f(x)$ を満たす n 次以下の多項式 $f(x)$ が存在し, また $n+1$ 次元空間 $\mathcal{P}_n$ で異なる固有値が $n+1$ 個存在するから, 固有値の重複度はすべて 1 となり, 定数倍を除いて唯一つである. また各固有ベクトルはすべて一次独立で, 帰納法の仮定から $f(x)$ 以外の固有ベクトルは $f_0(x), \dots, f_{n-1}(x)$ かつ $\mathrm{Span}[f_0, \dots, f_{n-1}] = \mathrm{Span}[1, \dots, x^{n-1}]$ だから $f(x)$ は n 次でなければならない. 故に n のときも成立する. (4) $n-1$ 次以下だから $Q(x)$ は $\{P_1(x), \dots, P_{n-1}(x)\}$ の一次結合. 対称だから L の固有値 0, 2, ..., $n(n+1)$ の固有ベクトルはすべて互いに直交する. よって $(P_n \mid Q) = 0$.

7.2. 係数が実数の三次方程式は必ず実数解を持つから，U の固有値 $\lambda_1, \lambda_2, \lambda_3$ は λ_1 が実数で $\lambda_2 = a+bi, \lambda_3 = a-bi$ の形になるとしてよいが，すべて絶対値が 1 だから $|\lambda_1| = 1, a^2+b^2 = 1$. 一方 $1 = \left|U\right| = \lambda_1\lambda_2\lambda_3 = \lambda_1(a^2+b^2) = \lambda_1$ であるから, U は 1 を固有値に持つ．いま，$\boldsymbol{v}$ が $\boldsymbol{a}$ と直交すれば，$(U\boldsymbol{v}\,|\,\boldsymbol{a}) = (U\boldsymbol{v}\,|\,U\boldsymbol{a}) = (\boldsymbol{v}\,|\,\boldsymbol{a}) = 0$ となるから，$U\boldsymbol{v}$ も $\boldsymbol{a}$ と直交し，かつ長さは $\boldsymbol{u}$ に等しい．よって，U は $\boldsymbol{a}$ の直交補空間内の回転 (または，$\boldsymbol{a}$ を軸とする回転) である．

第 8 章

問 8.1. 正規直交基 $\{\boldsymbol{u}_1, \ldots, \boldsymbol{u}_n\}$ に関する f の行列を $A = \left[a_{ij}\right]$ とすれば，$f(\boldsymbol{u}_j) = a_{1j}\boldsymbol{u}_1 + \cdots + a_{nj}\boldsymbol{u}_n$ であるから，$a_{ij} = (f(\boldsymbol{u}_j)\,|\,\boldsymbol{u}_i) = (\boldsymbol{u}_j\,|\,f^T(\boldsymbol{u}_i)) = (f^T(\boldsymbol{u}_i)\,|\,\boldsymbol{u}_j) = a_{ji}$. よって，$A$ は対称行列である．逆は省略．

問 8.2. (1) 固有値は $4, -\sqrt{2}, \sqrt{2}$, 固有ベクトルはそれぞれ, $(0,1,1), (-\sqrt{2},-1,1), (\sqrt{2},-1,1)$. (固有ベクトルはスカラー倍の違いがあってもよい)　(2) 固有値は -2, $1, 3$, 対応する固有ベクトルはそれぞれ，$(-1,-1,1), (-1,2,1), (1,0,1)$.　(3) 固有値は -1 (重複度 2), 2, 固有ベクトルは $\lambda = -1$ に対しては，$(1,0,1), (-1,1,0)$ の一次結合で直交するもの 2 個，$\lambda = 2$ に対しては $(-1,-1,1)$.

問 8.3. (1) 階数 2, 符号定数 $(2,0)$,　(2) 階数 3, 符号定数 $(2,1)$.

演習問題

8.1. (1) 解と係数の関係により，α, β は二次方程式 $x^2 - ax + b = 0$ の解であるから．　(2) 単純な計算である．ただし，$p = b - \frac{a^2}{3}, q = c - \frac{ab}{3} + \frac{2a^3}{27}$.　(3) 方程式に $x = u+v, p = -3uv$ を代入すると，$u^3 + v^3 = -q, u^3v^3 = -\frac{p^3}{27}$.　(4) (1) を (3) に適用すると $u^3, v^3 = \frac{1}{2}\{q \pm \sqrt{q^2 + 4p^3/27}\}$ なので，立方根をとって足し合わせる．　(5) カルダノの公式では $\sqrt[3]{i} + \sqrt[3]{-i}$, 因数分解による解は $0, \pm\sqrt{3}$. 複素数平面を使って正しく立方根を求めれば等しいことが分かるが，見掛けは全く異なる．

8.2. (1) 単純な変形である．(2) $\tilde{A}' = \begin{bmatrix} P^TAP & P^T(\boldsymbol{b} + A\boldsymbol{q}) \\ (\boldsymbol{b}^T + \boldsymbol{q}^TA)P & c + \boldsymbol{b}^T\boldsymbol{q} + \boldsymbol{q}^T\boldsymbol{b} + \boldsymbol{q}^T\boldsymbol{q} \end{bmatrix}$.

8.3. (1) $\operatorname{rank} A = 3$ であるから $A\boldsymbol{q} = -\boldsymbol{b}$ の解 $\boldsymbol{q}$ をとれば，$P^T(A\boldsymbol{q} + \boldsymbol{b}) = \boldsymbol{0}$ となり，演習問題 8.2 の結果から $\tilde{\boldsymbol{x}}^T\tilde{A}\tilde{\boldsymbol{x}} = \begin{bmatrix} P^TAP & \boldsymbol{0} \\ \boldsymbol{0}^T & c - 2\boldsymbol{b}^TA^{-1}\boldsymbol{b} + \boldsymbol{b}^T(A^{-1})^2\boldsymbol{b} \end{bmatrix}$

が得られる．(2) $\operatorname{rank} A = 2$ であるから $\lambda_1, \lambda_2 \neq 0$, $\lambda_3 = 0$ としてよい．$P = (\boldsymbol{p}_1, \boldsymbol{p}_2, \boldsymbol{p}_3)$ とおくと $\{\boldsymbol{p}_i\}$ は正規直交基なので $\boldsymbol{b} = c_1\boldsymbol{p}_1 + c_2\boldsymbol{p}_2 + \mu\boldsymbol{p}_3$ と書ける．$\boldsymbol{q} = -\frac{c_1}{\lambda_1}\boldsymbol{p}_1 - \frac{c_2}{\lambda_2}\boldsymbol{p}_2$ とおけば $\boldsymbol{b} + A\boldsymbol{q} = \mu\boldsymbol{p}_3$, $P^T(\boldsymbol{b} + A\boldsymbol{q}) = \mu P^T\boldsymbol{p}_3 = \mu\boldsymbol{e}_3$ となって成り立つ．(3) 今度は $\lambda_1 \neq 0$, $\lambda_2, \lambda_3 = 0$ としてよい．$\boldsymbol{b} = c\boldsymbol{p}_1 + \mu_1\boldsymbol{p}_2 + \mu_2\boldsymbol{p}_3$ とおき，$\boldsymbol{q} = -\frac{c}{\lambda_1}\boldsymbol{p}_1$ とおけば $\boldsymbol{b} + A\boldsymbol{q} = \mu_1\boldsymbol{p}_2 + \mu_2\boldsymbol{p}_3$, $P^T(\boldsymbol{b} + A\boldsymbol{q}) = \mu_1 P^T\boldsymbol{p}_2 + \mu_2 P^T\boldsymbol{p}_3 = \mu_1\boldsymbol{e}_2 + \mu_2\boldsymbol{e}_3$ となって成り立つ．

8.4. (1) $9x^2+30y^2+\frac{10}{3}z = 0$, (2) $8x^2-6y^2+2\sqrt{3}z = 0$, (3) $6x^2+3y^2+8z = 0$, (4) $18x^2-9y^2+6z = 0$, (5) $18x^2+9y^2-9z^2-9 = 0$, (6) $18x^2+9y^2+9z^2-9 = 0$.

8.5. 直交行列 U に対して U^TAU が対角行列になるとすれば，対角行列は対称行列であるから，$(U^TAU)^T = U^TAU$ が成り立つ．これから，$U^TA^TU = U^TAU$ を得るから，左右から U と U^T を掛けて $A^T = A$ が得られる．

8.6. (1) 右辺の行列式を $\varDelta$ とおく．まず，$\varDelta$ を最終列について余因子展開し，$\varDelta = \sum_i (-1)^{i+n+1}A_i x_i$ とおけば，A_i は $\varDelta$ から i 行と $n+1$ 列を除いたものに等しい．次に，A_i を最終行について余因子展開し $A_i = \sum_j (-1)^{j+n}B_{ij}x_j$ とおけば，B_{ij} は A から i 行と j 列を除いてできる行列式に等しい．従って，$B_{ij} = (-1)^{i+j}\alpha_{ij}$ が成り立つ．従って，これらを次々に代入すれば，求める式が得られる．　(2) $|A| = 0$ を仮定する．まず，余因子が全部 0 のときは，$D = 0$ となり，自明な意味で完全平方である．次に，0 でない余因子が存在すると仮定する．$|A| = 0$ であるから，余因子行列の各行は斉次方程式 $A\boldsymbol{x} = \boldsymbol{0}$ の解であるが，$\operatorname{rank} A = n-1$ であるから，$A\boldsymbol{x} = \boldsymbol{0}$ の一次独立な解は 1 個しかない．従って，A の各行は零でない行 (どれでもよい) のスカラー倍となる．簡単のために，第 1 行が零でないとし，第 i 行は第 1 行の c_i 倍であるとする．ただし，$c_1 = 1$ である．問題の仮定から A は対称であるから，$\boldsymbol{A}$ も対称行列である．これから，$\alpha_{12} = c_2\alpha_{11}, \ldots, \alpha_{1n} = c_n\alpha_{11}$ が得られ，さらに $\alpha_{ij} = c_ic_j\alpha_{11}$ $(i, j = 1, \ldots, n)$ が成り立つ．故に，$D = \sum_{i,j=1}^n \alpha_{11}c_ic_jx_ix_j = \left(\sqrt{\alpha_{11}}\sum_{i=1}^n c_ix_i\right)^2$.

第 9 章

問 9.1. $\boldsymbol{x} = x_1\boldsymbol{e}_1 + \cdots + x_n\boldsymbol{e}_n$, $\boldsymbol{y} = y_1\boldsymbol{e}_1 + \cdots + y_n\boldsymbol{e}_n$ として，$(f(\boldsymbol{x}) \,|\, \boldsymbol{y}) = \sum_{ij}(f(\boldsymbol{e}_j) \,|\, \boldsymbol{e}_i)x_j\bar{y}_i = \sum_{ij} a_{ij}x_j\bar{y}_i = (A\boldsymbol{x} \,|\, \boldsymbol{y})$. 最終辺は数ベクトルのエルミート標準

内積である．一方，f^* の行列は A^* であるから，$(f^*(\boldsymbol{y}) \,|\, \boldsymbol{x}) = (A^*\boldsymbol{y} \,|\, \boldsymbol{x})$. 従って，$(\boldsymbol{x} \,|\, f^*(\boldsymbol{y})) = \overline{(f^*(\boldsymbol{y}) \,|\, \boldsymbol{x})} = \overline{(A^*\boldsymbol{y} \,|\, \boldsymbol{x})} = (\boldsymbol{x} \,|\, A^*\boldsymbol{y})$.

問 9.5. A を正規行列とし，U を任意のユニタリー行列として $B = U^*AU$ とおくとき，$B^*B = BB^*$ であることを検証すればよい．

問 9.6. ユニタリー行列 S の任意の固有値 λ とそれに対する固有ベクトル $\boldsymbol{x}$ $(\neq \boldsymbol{0})$ をとると，ユニタリー行列がベクトルのノルムを変えないことに注意すれば，$S\boldsymbol{x} = \lambda\boldsymbol{x}$ より $\|\boldsymbol{x}\| = \|S\boldsymbol{x}\| = \|\lambda\boldsymbol{x}\| = |\lambda|\|\boldsymbol{x}\|$ が得られるから，$|\lambda| = 1$ が成り立つ．

演習問題

9.1. (1) ユニタリー行列であることは簡単．固有方程式は $\begin{vmatrix} t-\cos\theta & \sin\theta \\ -\sin\theta & t-\cos\theta \end{vmatrix} = t^2 - 2t\cos\theta + 1 = 0$ であるから，固有値は $\cos\theta \pm i\sin\theta$ となり，$\theta \neq 0, \pi$ ならば実数ではない．　(2) $U = \frac{1}{\sqrt{2}}\begin{bmatrix} 1 & 1 \\ -i & i \end{bmatrix}$ とすればよい．

9.2. 対角成分は順序を別として一意であるが，変換の行列 U は一意ではないことに注意せよ．

(1) $\begin{bmatrix} 0 & 0 & 0 \\ 0 & 3 & 0 \\ 0 & 0 & 6 \end{bmatrix}$, $U = \frac{1}{3}\begin{bmatrix} 1 & 2 & 2 \\ 2 & 1 & -2 \\ 2 & -2 & 1 \end{bmatrix}$,

(2) $\begin{bmatrix} -2 & 0 & 0 \\ 0 & 1 & 0 \\ 0 & 0 & 1 \end{bmatrix}$, $U = \frac{1}{\sqrt{6}}\begin{bmatrix} \sqrt{2} & 0 & 2i \\ \sqrt{2}i & \sqrt{3} & 1 \\ -\sqrt{2} & -\sqrt{3}i & i \end{bmatrix}$,

(3) $\begin{bmatrix} 1 & 0 & 0 \\ 0 & 1 & 0 \\ 0 & 0 & -2 \end{bmatrix}$, $U = \frac{1}{2\sqrt{3}}\begin{bmatrix} \sqrt{6} & 1-i & \sqrt{2}(-1+i) \\ \sqrt{6} & -1+i & \sqrt{2}(1-i) \\ 0 & 2\sqrt{2} & 2 \end{bmatrix}$,

(4) $\begin{bmatrix} a-1 & 0 & 0 \\ 0 & a-1 & 0 \\ 0 & 0 & a+2 \end{bmatrix}$, $U = \frac{1}{\sqrt{6}}\begin{bmatrix} \sqrt{3} & -1 & \sqrt{2} \\ 0 & 2 & \sqrt{2} \\ -\sqrt{3} & -1 & \sqrt{2} \end{bmatrix}$,

(5) $\begin{bmatrix} 2a & 0 & 0 \\ 0 & -(\sqrt{3}+1)a & 0 \\ 0 & 0 & (\sqrt{3}-1)a \end{bmatrix}$, $U = \frac{1}{2\sqrt{3}}\begin{bmatrix} 2 & -1+\sqrt{3}\,i & -1-\sqrt{3}\,i \\ 2 & -1-\sqrt{3}\,i & -1+\sqrt{3}\,i \\ 2 & 2 & 2 \end{bmatrix}$,

(6) $\begin{bmatrix} -a & 0 & 0 \\ 0 & -a & 0 \\ 0 & 0 & 2a \end{bmatrix}$, $U = \frac{1}{\sqrt{6}}\begin{bmatrix} -\sqrt{3}\,\omega^2 & -\omega & \sqrt{2}\,\omega^2 \\ 0 & 2 & \sqrt{2}\,\omega \\ \sqrt{3} & -\omega^2 & \sqrt{2} \end{bmatrix}$.

第 10 章

問 10.1. $a_1(x) = -\frac{1}{32}$, $a_2(x) = \frac{1}{32}(x^4 - 14x^3 + 76x^2 - 194x + 211)$.

問 10.2. (1) $\phi_A(x) = \left|xE - A\right|$ (ただし，$E = E_6$) を計算すればよい．

(2)　問 10.1 で示したように，$a_1(x) = -\frac{1}{32}$, $a_2(x) = \frac{1}{32}(x^4 - 14x^3 + 76x^2 - 194x + 211)$. 従って，$P_1 = a_1(A)\phi_1(A)$, $P_2 = a_2(A)\phi_2(A)$ として，

$$P_1 = \begin{bmatrix} 0_{4,4} & & \\ & \frac{1}{2} & -\frac{1}{2} \\ & -\frac{1}{2} & \frac{1}{2} \end{bmatrix}, \quad P_2 = \begin{bmatrix} E_4 & & \\ & \frac{1}{2} & \frac{1}{2} \\ & \frac{1}{2} & \frac{1}{2} \end{bmatrix} \quad (\text{空白の成分は } 0).$$

(3)　$V_1 = P_1 V^6 = \{\, \boldsymbol{x} = (x_1, \ldots, x_6) : x_1 = x_2 = x_3 = x_4 = 0,\ x_5 = -x_6 \,\}$, $V_2 = P_2 V^6 = \{\, \boldsymbol{x} = (x_1, \ldots, x_6) : x_5 = x_6 \,\}$.

問 10.3. 変換の行列 P を作るには，行列 P_1, P_2 から独立な列ベクトルを選べばよい．P_1 からは第 5 列，P_2 からは第 1～5 列のベクトルを選んで並べ P とする．P および対角型ブロック行列 $B = P^{-1}AP$ は

$$P = \begin{bmatrix} 0 & 1 & 0 & 0 & 0 & 0 \\ 0 & 0 & 1 & 0 & 0 & 0 \\ 0 & 0 & 0 & 1 & 0 & 0 \\ 0 & 0 & 0 & 0 & 1 & 0 \\ \frac{1}{2} & 0 & 0 & 0 & 0 & \frac{1}{2} \\ -\frac{1}{2} & 0 & 0 & 0 & 0 & \frac{1}{2} \end{bmatrix}, \quad B = \begin{bmatrix} 1 & 0 & 0 & 0 & 0 & 0 \\ 0 & 4 & -1 & 1 & 1 & 0 \\ 0 & 1 & 2 & -1 & -1 & 0 \\ 0 & 0 & 0 & 3 & 0 & 1 \\ 0 & 0 & 0 & 0 & 3 & -1 \\ 0 & 0 & 0 & 0 & 0 & 3 \end{bmatrix}.$$

問 10.4. 問 10.3 の解から，$B = \begin{bmatrix} B_1 & 0_{1,5} \\ 0_{5,1} & B_2 \end{bmatrix}$ (ただし，B_1 は $(1,1)$ 型，B_2 は $(5,5)$ 型) とおくことができる．まず，$B_1 = 1$ (スカラー) であるから，$B_1 - E_1 = 0$ (1 次零行列) で，巾零指数は 1．$B_2 - 3E_5$ は直接計算して，巾零指数 3.

問 10.5. (1), (2) とも定義に従って式を書いてみれば分かる．

問 10.6. 問 10.4 の解を利用すると，

$$\mathcal{N}_1 = \{\, \boldsymbol{x} \in V_2 : x_1 - x_2 = 0,\ x_3 + x_4 = 0,\ x_5 = 0 \,\},$$

$$\mathcal{N}_2 = \{\, \boldsymbol{x} \in V_2 : x_3 + x_4 = 0 \,\},$$

$$\mathcal{N}_3 = V_2.$$

これから，$\dim \mathcal{N}_1 = 2$, $\dim \mathcal{N}_2 = 4$, $\dim \mathcal{N}_3 = 5$．従って，$d_1 = \dim \mathcal{N}_1 = 2$, $d_2 = \dim \mathcal{N}_2 - \dim \mathcal{N}_1 = 2$, $d_3 = \dim \mathcal{N}_3 - \dim \mathcal{N}_2 = 1$．ジョルダン細胞の重複度は $m_1 = d_1 - d_2 = 0$, $m_2 = d_2 - d_3 = 1$, $m_3 = d_3 = 1$．よって，$B_2 - 3E_5$ は $\begin{bmatrix} E_{0,3} & \\ & E_{0,2} \end{bmatrix}$ に相似であり，B_2 は $\begin{bmatrix} E_{3,3} & \\ & E_{3,2} \end{bmatrix}$ に相似である．

問 10.7. N の広義零空間を $\mathcal{N}_1, \mathcal{N}_2, \ldots$ とすれば，$\mathcal{N}_1 \subsetneq \mathcal{N}_2 = V^3$ が成り立つ．もし N の列ベクトルで比例しないものがあったと仮定する．それを例えば，第 1 列 $\boldsymbol{n}_1$ と第 2 列 $\boldsymbol{n}_2$ とする．このとき，$\boldsymbol{n}_1 = N\boldsymbol{e}_1$, $N\boldsymbol{e}_2 = \boldsymbol{n}_2$ であるから，$\boldsymbol{e}_1$ と $\boldsymbol{e}_2$ は $\mathcal{N}_1$ を法として一次独立である．従って，$\boldsymbol{e}_1$, $N\boldsymbol{e}_1$, $\boldsymbol{e}_2$, $N\boldsymbol{e}_2$ は V^3 の 4 個の一次独立なベクトルとなって矛盾である．$N \neq 0$ に注意すれば，$\operatorname{rank} N = 1$ が得られる．

問 10.8. (1) 直接計算すればよい． (2) $A-E$ の巾零指数は 4 であるから，$A-E$ は 4 次のジョルダン細胞 $E_{0,4}$ を含むが，これだけしかないことは次数を比べれば分かる． (3) (2) より $m_3 = 1$ となり，$\dim \mathcal{N}_j - \dim \mathcal{N}_{j-1} = 1$． (4) $\dim \operatorname{Ker}(A-E)^3 = 3$ より，定理 4.13 によって $\dim \operatorname{Ran}(A-E)^3 = 4 - \dim \operatorname{Ker}(A-E)^3 = 1$ が得られるから． (5) 第 1 列を取れば，

$$P = \begin{bmatrix} 1 & 2 & -3 & 6 \\ 0 & 4 & -3 & 3 \\ 0 & 3 & 0 & 0 \\ 0 & -10 & -6 & -3 \end{bmatrix}.$$

問 10.9. (1) 固有多項式は定義に従って計算すればよい．最小多項式を求めるには，$(A-2E)(A-E)^2 \neq 0$, $(A-E)(A-2E)^2 \neq 0$ に注意する． (2), (3), (4) は $(A-E)^2(A-2E)^2 = 0$ に注意して直接計算してみれば分かる．

問 10.10. (1) 基本変形して $3x_1 + x_4 = 0$, $x_3 - x_4 = 0$, $x_2 = 0$ を得る．$x_1 = a$ とおけばよい． (2) 例えば，$(-1, 0, 1, 0)$． (3) 基本変形して $x_1 = x_2 = 0$, $x_3 = x_4$ を得る． (4) 例えば，$(2, 1, 0, 0)$．

演習問題

10.1. (1) $\begin{bmatrix} 1 & 1 & 0 \\ 0 & 1 & 1 \\ 0 & 0 & 1 \end{bmatrix}$, $P = \begin{bmatrix} -1 & 0 & 1 \\ 1 & 0 & 0 \\ 2 & 1 & 1 \end{bmatrix}$. (2) $\begin{bmatrix} 2 & 1 & 0 \\ 0 & 2 & 0 \\ 0 & 0 & 1 \end{bmatrix}$, $P = \begin{bmatrix} 1 & 1 & -1 \\ -2 & 0 & 0 \\ 1 & 0 & 1 \end{bmatrix}$. (3) $\begin{bmatrix} -1 & 1 & 0 & 0 \\ 0 & -1 & 1 & 0 \\ 0 & 0 & -1 & 0 \\ 0 & 0 & 0 & -1 \end{bmatrix}$, $P = \begin{bmatrix} -1 & 0 & 1 & 2 \\ -1 & 0 & 0 & 1 \\ -1 & 0 & 0 & 0 \\ -1 & 1 & 0 & 0 \end{bmatrix}$.

10.2. ジョルダン標準形に直して考えれば，A の最小多項式が $(x-\lambda_1)\cdots(x-\lambda_s)$ となることは，ジョルダン細胞がすべて 1 次であることと同値であることが，計算すればすぐ分かる (演習問題 10.3 も参照せよ)．ジョルダン細胞が全部 1 次ならば対角行列であるから結論は正しい．

10.3. (1) $k=1$ を代入すると，$a_{ii}^{(1)} = \lambda$, $a_{i+1,i}^{(1)} = 1$, $a_{ij}^{(1)} = 0$ (それ以外) となり成り立つ．これを用いると $a_{ij}^{(k+1)} = \lambda a_{ij}^{(k)} + a_{i,j+1}^{(k)} = \lambda^{k-i+j+1}({}_kC_{i-j} + {}_kC_{i-j-1}) = \lambda^{k-i+j+1}{}_{k+1}C_{i-j}$ となり帰納法で証明される． (2) 二項定理と (1) からすぐ出る． (3) 省略．

10.4. (1) $A^k(\boldsymbol{p}_1,\ldots,\boldsymbol{p}_s) = A^{k-1}(\boldsymbol{p}_1,\ldots,\boldsymbol{p}_s)E_{\lambda,s} = \cdots = (\boldsymbol{p}_1,\ldots,\boldsymbol{p}_s)(E_{\lambda,s})^k$ となることと，前問の (1) から結論を得る． (2) (1) より，$N > s$ ならば

$$\sum_{k=0}^{N} \frac{t^k A^k}{k!}\boldsymbol{p}_j = \sum_{k=0}^{N} \frac{t^k \lambda^k}{k!}\boldsymbol{p}_j + \sum_{k=1}^{N} \frac{t^k \lambda^{k-1}}{(k-1)!}\boldsymbol{p}_{j-1} + \sum_{k=2}^{N} \frac{t^k \lambda^{k-2}}{2!(k-2)!}\boldsymbol{p}_{j-2} + \cdots + \sum_{k=j-1}^{N} \frac{t^k \lambda^{k-j+1}}{(k-j+1)!(j-1)!}\boldsymbol{p}_1.$$

両辺の極限をとれば求める式となる．

10.5. (1) 定義を当てはめればよい． (2) $\boldsymbol{v} \in \mathrm{Ker}(f^{l+1})$ ならば，$f^{l-k}(\boldsymbol{v}) \in \mathrm{Ker}(f^{k+1})$ であるから，仮定により $f^{l-k}(\boldsymbol{v}) = \boldsymbol{w}$ を満たす $\boldsymbol{w} \in \mathrm{Ker}(f^k)$ が存在する．従って，$f^l(\boldsymbol{v}) = f^k(\boldsymbol{w}) = \boldsymbol{0}$ となるから，$\boldsymbol{v} \in \mathrm{Ker}(f^l)$.

10.6. 前問と類似の論法で証明される．

参考書一覧

[1] 浅野啓三：線型代数学提要，共立出版，1949.

[2] 有馬哲：線型代数入門，東京図書，1974.

[3] 伊藤昇・他：行列とその応用，改訂版，紀伊国屋書店，1994.

[4] 佐武一郎：線型代数学，裳華房，1985.

[5] G. ストラング (山口昌哉，井上昭訳)：線形代数とその応用，産業図書 1978.

[6] 高木貞治：代数学講義，改訂新版，共立出版，1965.

[7] 武田二郎：固有値問題，サイエンス社，1975.

[8] 武田二郎：代数系と符号理論，槙書店，1978.

[9] 鶴丸孝司・他：行列と行列式，辞書式配列 1800 問，内田老鶴圃，1992.

[10] 日本数学会 (編)：岩波数学辞典，第 3 版，岩波書店，1985.

[11] 藤原松三郎：行列及び行列式，岩波書店，1947.

[12] 藤原松三郎：代数学，第二巻，訂正第 8 版，内田老鶴圃，1953.

[13] 渡部剛・加賀利広・吉原久夫：線形代数，培風館，1997.

[14] B. Friedman：Principles and Techniques of Applied Mathematics, John Wiley, 1962.

[15] R.A. Horn・C.H. Johnson：Matrix Analysis, Cambridge Univ.Press, 1985.

[16] N. Jacobson：Lectures in Abstract Algebra, Vol. II–Linear Algebra, Van Nostrand, 1953.

[17] S. Mac Lane・G. Birkhoff：Algebra, Macmillan, 1967.

索　　引

あ　行

跡 (トレース)　trace, 128
一次結合　linear combination, 74
一次写像　linear map, 84
一次従属　linearly dependent, 75
一次独立　linearly independent, 76
　— (部分空間を法として), 94
一次変換　linear transformation, 84
一次方程式　linear equation, 25
ヴァンデルモンド行列式　Vandermonde determinant, 54, 64

か　行

解　solution, 27
階数　rank, 40, 88, 134, 152
　行 —　row —, 133
　一次写像の —　— of linear map, 88
　列 —　column —, 133
階段形　echelon form, 33
ガウスの消去法　Gaussian elimination, 27
可逆 (行列)　invertible, 67
基　basis, 81
奇置換　odd permutation, 50
基底　basis, 81
　標準 —　canonical —, 82, 104, 114, 117, 129
基底変換行列　change matrix, 118
基本変形　elementary operation, 40
　対称 —　symmetric —, 154
逆転 (置換の)　inversion, 49
行　row, 17
行基本変形　elementary row operation, 31
行ベクトル　row vector, 18
行列　matrix, 17
　一次写像の —, 93
　上三角 —　upper triangular —, 19
　エルミート —　hermitian —, 19, 163
　逆 —　inverse —, 67
　— 環　— ring, 72
　矩形 —　rectangular —, 18
　三角 —　triangular —, 19
　下三角 —　lower triangular —, 19
　正規 —　normal —, 160
　正則 —　regular —, 67
　正方 —　square —, 17

対角 — diagonal —, 19
対称 — symmetric —, 19
単位 — identity —, 19
直交 — orthogonal —, 137
巾零(べきれい) — nilpotent —, 125
ユニタリー — unitary —, 159
零 — zero —, 19
歪対称 — skew-symmetric —, 19
行列式 determinant, 45, 51
極化 polarization, 112
— 恒等式 — identity, 112
偶奇性 parity, 50
偶置換 even permutation, 50
グラム行列 Gram matrix, 108
グラム行列式 Gramian, Gram determinant, 108
グラム・シュミットの直交化 Gram-Schmidt's orthogonalization, 105
クラメールの公式 Cramer's rule, 47, 68
クロネッカーのデルタ Kronecker's delta, 112
ケーリー・ハミルトンの定理 Cayley-Hamilton theorem, 126
後退代入 back-substitution, 28
固有空間 eigenspace, 122
固有多項式 characteristic polynomial, 123
固有値 eigenvalue, 122, 123
固有直交行列 proper orthogonal matrix, 138
固有ベクトル eigenvector, 122, 123
固有方程式 characteristic equation, 123

さ 行

最小多項式 minimal polynomial, 127
座標 coordinates, 187
座標表現 coordinate representation, 91
座標平面 coordinate plane, 187
サラスの法則 Sarrus' rule, 46
三角多項式 trigonometric polynomial, 73
三角不等式 triangle inequality, 98
次元 dimension, 82
指数 (巾零行列の) index, 125
シュタイニッツの交換定理 Steinitz' exchange theorem, 80
シュミットの直交化 Schmidt's orthogonalization, 105
シュワルツの不等式 Schwarz inequality, 97, 110
ジョルダン細胞 Jordan cell, 174
ジョルダン標準形 Jordan canonical form, 179
随伴行列 adjoint matrix, 158
随伴変換 adjoint transformation, 157
スカラー scalar, 1
— 倍 — multiple, 71
正規 normal
— 行列 — matrix, 160
— 直交基 orthonormal basis, 104
— 直交系 orthonormal set, 104, 112
斉次 homogeneous, 26
生成系 system of generators, 78

成分　element, 17
線型写像　linear map, 84
線型包　linear span, 78
前進消去　forward elimination, 28
双一次　bilinear, 95
相似　similar, 119

た　行

対角成分　diagonal element, 19
対角線　diagonal, 19
退化次数　nullity, 88
単位ベクトル　unit vector, 10, 78
置換　permutation, 48
重複度(ちょうふく)　multiplicity, 124
直和　direct sum, 74
直交　orthogonal, 99, 112
— 行列　— matrix, 137
— 系　— set, 104
直交補空間　orthocomplement, 99
点　point, 72

な　行

内積　inner product, 5, 7, 11, 95, 96
標準 —　standard —, 96, 110, 157
内積空間　inner product space, 96
長さ　length, 11
二次形式　quadratic form, 141, 149
ノルム　norm, 97

は　行

掃き出し法　sweeping-out method, 27
非斉次　inhomogeneous, 26
非斉次項　inhomogeneous term, 26
ピボット (要)　pivot, 27
複素内積空間　complex inner product space, 110, 157
符号　parity, sign, 50
符号定数　signature, 152
部分空間　subspace, 73
平行四辺形の法則　parallelogram law, 2
ベクトル　vector, 1, 72
ベクトル空間　vector space, 71
ベクトル積　vector product, 13

ま　行

右手系　right-hand system, 138

や　行

ユニタリー空間　unitary space, 110, 157
ユニタリー同値　unitarily equivalent, 159

ら　行

列　column, 17
列基本変形　elementary column operation, 31, 40
列ベクトル　column —, 18
連立一次方程式　system of linear equations, 26
— の拡大係数行列　augmented coefficient matrix of —, 26
— の係数行列　coefficient matrix of —, 26

わ　行

和 (ベクトルの)　sum, 71
和 (部分空間の)　sum, 74

著者略歴

荷見　守助（はすみ　もりすけ）
1955 年　茨城大学文理学部理学科卒業
1955 年　茨城大学助手
1962 年　茨城大学講師
1962〜64 年　カリフォルニア大学バークレー校講師
1966 年　茨城大学助教授
1968 年　茨城大学教授
1998 年　茨城大学名誉教授
理学博士(東京大学)，Ph. D.(カリフォルニア大学バークレー校)
主な著書　現代解析の基礎，集合と位相，関数解析入門(内田老鶴圃)
Hardy Classes on Infinitely Connected Riemann Surfaces
(Springer-Verlag(ドイツ))

下村　勝孝（しもむら　かつのり）
1984 年　名古屋大学理学部数学科卒業
1986 年　名古屋大学大学院理学研究科数学専攻博士前期課程修了
1987 年　茨城大学理学部助手
1997 年　茨城大学理学部講師
1997 年　アイヒシュタットカトリック大学(ドイツ)客員研究員
2000 年　茨城大学理学部助教授
2012 年　茨城大学理学部教授，現在に至る
博士(学術)(名古屋大学)
著書　複素解析の基礎，関数解析の基礎(内田老鶴圃)

2002 年 4 月 10 日　第 1 版 発 行
2005 年 4 月 25 日　第 2 版 発 行
2022 年 4 月 10 日　第 2 版 2 刷発行

著者の了解により検印を省略いたします

線型代数入門

著　者　荷 見 守 助
　　　　下 村 勝 孝
発行者　内 田 　 学
印刷者　山 岡 影 光

発行所　株式会社　**内田老鶴圃**　〒112-0012 東京都文京区大塚 3 丁目 34 番 3 号
電話　(03) 3945-6781(代)・FAX (03) 3945-6782
http://www.rokakuho.co.jp/　印刷・製本/三美印刷 K. K.

Published by UCHIDA ROKAKUHO PUBLISHING CO., LTD.
3-34-3 Otsuka, Bunkyo-ku, Tokyo, Japan

U. R. No. 519-3

ISBN 978-4-7536-0098-4 C3041　©2002 荷見守助，下村勝孝

藤原 松三郎 著　浦川 肇・髙木 泉・藤原 毅夫 編著

代数学 改訂新編 第1巻
A5・604頁・定価8250円（本体7500円＋税10%）

代数学 改訂新編 第2巻
A5・720頁・定価8580円（本体7800円＋税10%）

微分積分学 改訂新編 第1巻
A5・660頁・定価8250円（本体7500円＋税10%）

微分積分学 改訂新編 第2巻
A5・640頁・定価8250円（本体7500円＋税10%）

線型代数の基礎
上野 喜三雄 著　A5・296頁
定価3520円（本体3200円＋税10%）

関数解析入門 バナッハ空間とヒルベルト空間
荷見 守助 著　A5・176頁
定価3080円（本体2800円＋税10%）

関数解析入門 線型作用素のスペクトル
荷見 守助・長 宗雄・瀬戸 道生 著　A5・248頁
定価3630円（本体3300円＋税10%）

機械学習のための関数解析入門
ヒルベルト空間とカーネル法
瀬戸 道生・伊吹 竜也・畑中 健志 著
A5・168頁・定価3080円（本体2800円＋税10%）

関数解析の基礎 ∞次元の微積分
堀内 利郎・下村 勝孝 著　A5・296頁
定価4180円（本体3800円＋税10%）

複素解析の基礎 *i*のある微分積分学
堀内 利郎・下村 勝孝 著　A5・256頁
定価3630円（本体3300円＋税10%）

解析入門 微分積分の基礎を学ぶ
荷見 守助 編著／岡 裕和・榊原 暢久・中井 英一 著
A5・216頁・定価2310円（本体2100円＋税10%）

代数曲線束の地誌学
今野 一宏 著　A5・284頁
定価5280円（本体4800円＋税10%）

代数方程式のはなし
今野 一宏 著　A5・156頁
定価2530円（本体2300円＋税10%）

数理統計学 基礎から学ぶデータ解析
鈴木 武・山田 作太郎 著　A5・416頁
定価4180円（本体3800円＋税10%）

統計学への確率論，その先へ
ゼロからの測度論的理解と漸近理論への架け橋
清水 泰隆 著　A5・232頁
定価3850円（本体3500円＋税10%）

Rで学ぶ確率統計学 一変量統計編
神永 正博・木下 勉 著　B5・200頁
定価3630円（本体3300円＋税10%）

Rで学ぶ確率統計学 多変量統計編
神永 正博・木下 勉 著　B5・220頁
定価3850円（本体3500円＋税10%）

計算力をつける線形代数
神永 正博・石川 賢太 著　A5・160頁
定価2200円（本体2000円＋税10%）

計算力をつける微分積分
神永 正博・藤田 育嗣 著　A5・172頁
定価2200円（本体2000円＋税10%）

計算力をつける微分積分 問題集
神永 正博・藤田 育嗣 著　A5・112頁
定価1320円（本体1200円＋税10%）

計算力をつける微分方程式
藤田 育嗣・間田 潤 著　A5・144頁
定価2200円（本体2000円＋税10%）

計算力をつける応用数学
魚橋 慶子・梅津 実 著　A5・224頁
定価3080円（本体2800円＋税10%）

計算力をつける応用数学 問題集
魚橋 慶子・梅津 実 著　A5・140頁
定価2090円（本体1900円＋税10%）

理工系のための微分積分 Ⅰ・Ⅱ
鈴木 武・山田 義雄・柴田 良弘・田中 和永 著
Ⅰ：A5・260頁・定価3080円（本体2800円＋税10%）
Ⅱ：A5・284頁・定価3080円（本体2800円＋税10%）

理工系のための微分積分 問題と解説 Ⅰ・Ⅱ
鈴木 武・山田 義雄・柴田 良弘・田中 和永 著
Ⅰ：B5・104頁・定価1760円（本体1600円＋税10%）
Ⅱ：B5・96頁・定価1760円（本体1600円＋税10%）

微分積分 上・下
入江 昭二・垣田 高夫・杉山 昌平・宮寺 功 著
上：A5・224頁・定価1870円（本体1700円＋税10%）
下：A5・216頁・定価1870円（本体1700円＋税10%）

ルベーグ積分論
柴田 良弘 著　A5・392頁
定価5170円（本体4700円＋税10%）

ルベーグ積分入門
洲之内 治男 著　A5・272頁
定価4180円（本体3800円＋税10%）

リーマン面上のハーディ族
荷見 守助 著　A5・436頁
定価5830円（本体5300円＋税10%）

http://www.rokakuho.co.jp/